Brian Goodwin

Der Leopard,
der seine Flecken verliert

Brian Goodwin

Der Leopard, der seine Flecken verliert

Evolution und Komplexität

Aus dem Englischen
von Thorsten Schmidt

Mit 69 Abbildungen

Piper · München · Zürich

Die Originalausgabe erschien unter dem Titel » How the Leopard Changed Its Spots « 1994 bei Charles Scribner's Sons, New York.

ISBN 3-492-03873-5
© 1994 by Brian Goodwin
Deutsche Ausgabe:
© Piper Verlag GmbH, München 1997
Satz: Gerber Satz GmbH, München
Druck und Bindung: Pustet, Regensburg
Printed in Germany

Inhalt

Naturwissenschaftliche Theorien basieren auf Entscheidungen und Annahmen, die weder willkürlich noch unumgänglich sind. Darwin formulierte bestimmte Annahmen über die Eigenschaften von Organismen und deren Evolution, die zu einer der erfolgreichsten naturwissenschaftlichen Theorien überhaupt führten. Er ging davon aus, daß das Phänomen des Lebens, das vordringlich einer Erklärung bedürfe, die Anpassung der Organismen an ihre Lebensräume sei, und er glaubte, daß man dieses Phänomen mit Zufallsvariationen des Erbgutes der Individuen einer Art und mit der natürlichen Auslese der besser angepaßten Varianten über längere evolutionsgeschichtliche Zeiträume erklären könne. Diese Darwinsche Auffassung wurde zur Grundlage für die Erklärung sämtlicher Aspekte des Lebens auf der Erde. Keiner dieser Aspekte blieb von der Darwinschen Evolutionstheorie unberührt; sie wurde, auf vielfältige Weise abgewandelt, als Erklärungsmodell für wirtschaftliche und politische Vorgänge, für den Ursprung und die Bedeutung der Kunst und sogar für den Gang der Ideengeschichte herangezogen.

All diese Theorien zeichnen sich jedoch durch eine besondere Perspektive, eine spezifische Sichtweise aus, die bestimmte Aspekte der Wirklichkeit deutlich in den Blick nimmt, während andere Aspekte nur verschwommen wahrgenommen werden. Ein verblüffendes Paradox der Darwinschen Herangehensweise an biologische Fragestellungen liegt darin, daß sich die Organismen, die er als grundlegende Beispiele der lebenden Natur betrachtete, unter dem wissenschaftlichen Blick so weit verflüchtigt haben, daß sie heute nicht mehr die fundamentalen und irreduziblen Einheiten des Lebens darstellen. Die Organismen als Grundelemente der biologischen Realität wurden durch die Gene und deren Produkte ersetzt. Dies scheint zwar dem gesunden Menschenverstand völlig zuwiderzulaufen, doch im Namen der Wissenschaft wurden schon ganz andere Dinge fertiggebracht. Zudem gibt es keinen Mangel an Büchern, die auf sehr schlüssige Weise dartun, weshalb Organismen nicht sind, was sie zu sein scheinen – ganzheitliche Gebilde mit eigenem Leben und eigener Natur –, sondern vielmehr komplexe molekulare Maschinen darstellen, die von Genen gesteuert werden, welche die Träger des historischen Erfahrungsschatzes der Spezies sind, zu der die Organismen gehören. Auch wenn Darwin dies zweifellos nicht vorhersah, ist es doch heute die bestimmende Auffassung, die sich ausgehend von seinen Annahmen über das Wesen des Lebens entwickelte, und es läßt sich nicht bestreiten, daß wir dieser Aufklärung der biologischen Vorgänge auf molekularer Ebene bemerkenswerte Erkenntnisse verdanken.

Man zahlt immer einen Preis, wenn man sich allzu einseitig auf einen Aspekt der Realität konzentriert. Die moderne Biologie nimmt heute im Spektrum der Naturwissenschaften eine Extremposition ein, und in ihrem Mittelpunkt stehen historische Erklärungen unter Rückgriff auf die evolutionären Abenteuer der Gene und ein damit verbundener einstufiger molekularer Reduktionismus der Genprodukte. Die Physik hingegen hat Erklärungen für verschiedene – mikroskopische und makroskopische – Ebenen der Realität entwickelt, und zwar in Form von Theorien, die den jeweiligen Ebenen angemessen sind, wie etwa die Quantenmechanik zur Erklärung des Verhaltens mikroskopischer Teilchen (Photonen, Elektronen, Quarks) und die Hydrodynamik zur Erklärung des makroskopischen Verhaltens von Flüssigkeiten. Das Fehlen einer Theorie der Organismen als eigenständiger, irreduzibler Einheiten mit einer spezifischen Form dynamischer Ordnung und Organisation hat dazu geführt, daß der Organismusbegriff aus dem theoretischen Grundmodell der modernen Biologie verschwunden ist; er ist dem Ansturm des durch nichts aufzuhaltenden molekularen Reduktionismus zum Opfer gefallen.

Hier begegnen wir einer weiteren seltsamen Konsequenz der Darwinschen Sicht des Lebens: Obgleich die Molekulargenetik die erblichen Grundlagen der Organismen aufzuklären vermochte, entziehen sich die makroskopischen Aspekte der Evolution einschließlich des Ursprungs der Arten noch immer unserem Verständnis. Es gibt keine »eindeutigen Beweise … für das allmähliche Entstehen irgendeiner neuartigen Lebensform«, sagt Ernst Mayr, einer der bedeutendsten zeitgenössischen Evolutionsbiologen. Neue Typen von Organismen tauchen plötzlich auf der Bühne der Evolution auf, verweilen dort unterschiedlich lange und sterben schließlich aus. Somit ist die Darwinsche Annahme, der Stammbaum des Lebens sei eine Folge der schrittweisen Anhäufung geringfügiger Erbunterschiede, offenbar empirisch nicht ausreichend abgesichert. Irgendein anderer Vorgang ist verantwortlich für die emergenten Eigenschaften des Lebens, also jene spezifischen Merkmale, die eine Gruppe von Organismen von einer anderen Gruppe unterscheidet – Fische von Amphibien, Würmer von Insekten, Schachtelhalme von Gräsern. Offensichtlich klammert die Biologie Wesentliches aus. Die Darwinsche Theorie scheint lediglich die mikroskopischen Aspekte der Evolution abzudecken: Sie kann die innerartlichen Variationen und Adaptationen erklären, welche die Feinabstimmung von Varianten auf verschiedene Lebensräume ermöglichen. Um die makroskopischen Gestaltunterschiede, welche die Grundlage der biologischen Klassifikationssysteme bilden, erklären zu können, bedarf es dagegen offenbar eines anderen Prinzips als der auf geringfügige Variationen einwirkenden natürlichen Selektion, handelt es sich hier doch um einen Vorgang, der deutlich voneinander unterscheidbare Formen von Organismen hervorbringt. Dies ist das Problem der emergenten Ordnung in der Evolution, des Ursprungs neuartiger Strukturen in Organismen, das von jeher einen Schwerpunkt der biologischen Forschung bildete.

Hier nun liefern neue Theorien, die erst in jüngster Zeit in der Mathematik und der Physik entwickelt wurden, aufschlußreiche Einblicke in die Entstehung von Ordnung und Gestalt in der belebten Natur. Während die Physiker sich traditionellerweise mit »einfachen« Systemen befassen, das heißt mit Systemen, die sich aus einigen wenigen *Typen* von Bestandteilen zusammensetzen, und sodann die makroskopische (umfassende) Ordnung mit gleichförmigen Wechselwirkungen zwischen diesen Konstituenten erklären, erforschen die Biologen ungemein komplexe Systeme (Zellen, Organismen) mit Tausenden verschiedener Gen- und Molekültypen, die alle auf unterschiedliche Weise miteinander wechselwirken. Zumindest hat es auf der molekularen Ebene diesen Anschein. Nun haben jedoch die »Wissenschaften der Komplexität«, wie man die Erforschung dieser Systeme hoher Diversität nennt, nachgewiesen, daß es charakteristische *Typen* von Ordnung gibt, die durch die Wechselwirkungen vieler verschiedener Konstituenten entstehen. Dabei ereignet sich etwas ganz Ähnliches wie in »einfachen« physikalischen Systemen. Trotz der außerordentlich hohen Mannigfaltigkeit von Genen und Molekülen in Organismen ist die Anzahl ihrer Wechselwirkungen begrenzt, so daß spezifische Typen von Ordnung hervortreten, insbesondere im Hinblick auf makroskopische Aspekte der Struktur oder Gestalt sowie der entwicklungsgeschichtlichen Verhaltensmuster. Eine besonders bemerkenswerte Eigenschaft dieser komplexen Systeme besteht darin, daß selbst chaotisches Verhalten auf einer Aktivitätsebene – derjenigen der Moleküle, der Zellen oder der Organismen – auf der nächsten Ebene – Gestalt und Verhalten – ein ausgeprägt geordnetes Verhalten hervorbringen kann. Diese Erscheinung wurde in einem der grundlegenden Schlagworte der Komplexitätswissenschaften auf den Punkt gebracht: Ordnung entsteht aus Chaos. Die Quelle der makroskopischen Ordnung in der Biologie mag daher in einem spezifischen Typus von Komplexität des lebenden Systems liegen, der oftmals im Hinblick auf die Rechenkapazität der wechselwirkenden Komponenten und nicht in bezug auf ihr dynamisches Verhalten beschrieben wird. In den beiden Adjektiven *rechnerisch* und *dynamisch* spiegeln sich verschiedene Schwerpunkte wider, die sich jedoch keineswegs ausschließen. Der weitverbreitete Einsatz von Computern zur Erforschung des dynamischen Potentials wechselwirkender informationsverarbeitender Systeme, wie etwa Biomoleküle, Zellen oder Organismen, hat eine neue Theorie dynamischer Systeme hervorgebracht, die unter dem Oberbegriff der *Komplexitätswissenschaften* zusammengefaßt wird, aus denen sich wiederum bedeutende neue Forschungszweige wie etwa die künstliche Erzeugung von Leben entwickelt haben.

In diesem Buch untersuche ich die Konsequenzen, die sich aus diesen Theorien für unser Verständnis der Emergenz biologischer Formen in der Evolution ergeben, insbesondere den Ursprung und das Wesen der morphologi-

schen Merkmale, durch die sich verschiedene Typen von
Organismen voneinander unterscheiden. Diese Fragen
überschneiden sich mit jenen, die schon Darwin zu beantworten suchte, aber sie konzentrieren sich auf die makroskopischen bzw. ganzheitlichen Aspekte der biologischen
Gestalt und nicht auf die mikroskopischen, lokalen Anpassungen. Daher gibt es auch keinen zwangsläufigen
Konflikt zwischen diesen Ansätzen und auch keine Unver-
einbarkeit mit den Erkenntnissen, welche die moderne
Biologie auf genetischer und molekularer Ebene gewonnen
hat. Vielmehr liefern diese Erkenntnisse einen Beitrag zur
Begründung dynamischer Theorien, aus denen sich dann
die höherrangigen Merkmale der biologischen Gestalt und
des ganzheitlichen Verhaltens der Organismen ableiten
lassen. Konflikte ergeben sich nur, wenn Unklarheiten
über die Grundelemente der biologischen Realität bestehen. Ich bin der Auffassung, daß Organismen genauso
real, fundamental und irreduzibel sind wie die Moleküle,
aus denen sie bestehen. Sie bilden eine eigenständige Ebene
der emergenten biologischen Ordnung, und sie stellen
überdies die Ebene dar, mit der wir am unmittelbarsten in
Kontakt stehen.

Die Anerkennung der fundamentalen Natur der Organismen, aus der unmittelbar unsere eigene irreduzible
Natur folgt, wirkt sich nachhaltig auf unsere Einstellung
zum Reich des Lebendigen aus. Hier kommt ein weiterer
Aspekt naturwissenschaftlicher Theorien zum Tragen, der
oftmals als belanglos oder als sekundär gegenüber den von
der Wissenschaft aufgedeckten Tatsachen abgetan wird.
Wie alle Theorien besitzt auch der Darwinismus seine
spezifischen Metaphern, die uns durch die Verwendung
deskriptiver Begriffe wie *Überleben der Bestangepaßten,
zwischenartliche Konkurrenz, egoistische Gene, Überlebensstrategien,* ja sogar *Kriegsspiele* mit *Falken- und Tau-*

benstrategien geläufig sind. Solche Metaphern sind von
großer Bedeutung. Erst sie verleihen naturwissenschaftlichen Theorien einen tieferen Sinn, und sie fördern bestimmte Einstellungen zu den beschriebenen Vorgängen –
im Fall des Darwinismus zur Eigenart des Evolutionsprozesses, als dessen Triebfedern vor allem Konkurrenz, Überleben und Egoismus betrachtet werden. Diese Sichtweise
können wir in eine sinnhafte Beziehung zu unseren Erfahrungen in unserer eigenen Kultur und zu deren Wertvorstellungen setzen. Kultur und Natur wurzeln dann in
ähnlichen Weltbildern, die auf einer tieferen, submetapho-
rischen Ebene durch kulturelle Mythen geformt werden,
aus denen die Metaphern hervorgehen. Die Folgen einer
solchen Betrachtungsweise sind in unserem Jahrhundert
besonders deutlich hervorgetreten, vor allem in der Auffassung, Arten seien zufällige Ansammlungen von Genen,
die den Überlebenstest bestanden hätten. Das Kriterium
des Wertes ist hier rein funktional definiert: Spezies überleben entweder, oder sie überleben nicht. Sie besitzen keinen Eigenwert.

Ich werde versuchen darzutun, daß diese Sichtweise der
Spezies einer beschränkten und unzulänglichen Auffassung vom Wesen der Organismen entspringt. Die Komplexitätswissenschaften legen die Grundlagen für eine dynamische Theorie der Organismen als der Urquelle der
emergenten Eigenschaften des Lebens, die in der Evolution
zum Vorschein gekommen sind. Diese Eigenschaften entstehen während des Prozesses der sogenannten *Morphogenese* (Gestaltbildung), worunter man die Entwicklung der
komplexen Form des geschlechtsreifen Organismus aus
einfachen Anfängen wie einem Ei oder einer Knospe versteht. In der Morphogenese wird die emergente Ordnung
durch verschiedene Typen dynamischer Prozesse erzeugt,
in denen Gene eine wichtige, aber begrenzte Rolle spielen.

Die Morphogenese ist die Quelle emergenter evolutionärer Eigenschaften, und das Fehlen einer Theorie der Organismen, die diesen grundlegenden ordnungsbildenden Prozeß mit einbezieht, hat dazu geführt, daß der Darwinismus sich von den Organismen als den fundamentalen Einheiten des Lebens verabschiedet hat und der Ursprung der emergenten Merkmale, die Spezies kennzeichnen, noch immer ungeklärt ist. Viele Wissenschaftler haben diese Begrenzung der Darwinschen Naturauffassung erkannt, und meine Argumente folgen genau dem Weg, den sie zu einer ganzheitlichen Biologie vorgezeichnet haben. Hier ist insbesondere die herausragende Leistung von D'Arcy Thompson zu erwähnen, der in seinem Buch *On Growth and Form* (1917) als erster das Problem der biologischen Gestalt in mathematischen Begriffen definierte und den Organismus erneut zum dynamischen Träger der biologischen Emergenz machte. Sobald diese Erkenntnis in eine erweiterte Theorie des Lebensvorgangs einbezogen wird, verschiebt sich der Schwerpunkt von der Vererbung und der natürlichen Auslese zur schöpferischen Emergenz als der zentralen Eigenschaft des Evolutionsprozesses. Da Organismen die primären Träger dieser spezifischen Eigenschaft des Lebens sind, werden sie wieder, wie vor Darwin, zu den Grundeinheiten des Lebens. Vererbung und natürliche Selektion spielen zwar weiterhin wichtige Rollen in dieser »erweiterten« Biologie, doch sie gehen in eine umfassendere dynamische Theorie des Lebens ein, die sich auf die Dynamik emergenter Prozesse konzentriert.

Diese veränderte Sichtweise hat weitreichende Folgen, vor allem für den Status von Organismen, ihr schöpferisches Potential und die Eigenschaften des Lebens. Organismen sind nicht länger reine Selbsterhaltungsmaschinen, vielmehr verkörpern sie wie Kunstwerke fortan einen Wert an und für sich. Diese Erkenntnis basiert auf einem veränderten Verständnis des Wesens von Organismen als Zentren selbständigen Wirkens und eigener schöpferischer Kraft, verbunden mit einer Kausalität, die nicht als mechanisch beschrieben werden kann. Die relationale Ordnung zwischen den Komponenten spielt bei biologischen Vorgängen eine wichtigere Rolle als die materielle Zusammensetzung, so daß emergente Qualitäten gegenüber Quantitäten überwiegen. Diese Konsequenz erstreckt sich auch auf die Gesellschaftsstruktur, in der zwischenmenschliche Beziehungen, Kreativität und Wertvorstellungen von grundlegender Bedeutung sind. Infolgedessen spielen Werte eine wichtige Rolle bei der Beurteilung der Wesenseigentümlichkeit des Lebens, und die Biologie wird zu einer qualitativen Wissenschaft. Diese steht nicht im Widerspruch zu der herrschenden quantitativen Wissenschaft, sondern hat lediglich einen anderen Schwerpunkt und eine andere Ausrichtung.

Für den Darwinismus sind Konkurrenz, Vererbung, Egoismus und Überleben die Triebkräfte der Evolution. Dies sind gewiß Aspekte des einzigartigen Dramas, das unsere eigene Geschichte als Spezies einschließt. Aber es ist eine – sowohl wissenschaftlich als auch metaphorisch – sehr bruchstückhafte und kümmerliche Geschichte, die auf einer unzulänglichen Theorie der Organismen basiert; und sie bewirkt eine Verengung unseres evolutiv erworbenen Verhaltensspektrums hinsichtlich unserer Umwelt einschließlich anderer Kulturen und Spezies. Diese Beschränkungen sind mitverantwortlich für einige der Probleme, mit denen wir heute konfrontiert sind, wie etwa die Krisen der Umweltbelastung, Umweltverschmutzung, sinkender Gesundheitsstandards, rückläufiger Lebensqualität und eines Verlusts von Gemeinschaftswerten. Der Darwinismus verkürzt unsere biologische Wesensanlage. Wir sind genauso kooperativ wie kompetitiv; ebenso altruistisch wie egoistisch; ebenso kreativ und verspielt wie destruktiv und eingefahren. Beziehungen, die auf all den verschiedenen Ebenen unserer biologischen Organisation wirksam sind, bilden die Grundlage unseres Wesens als Urheber schöpferischer evolutionärer Emergenz – eine Eigenschaft, die wir mit allen anderen Arten teilen. Dies sind keine romantischen Sehnsüchte und utopischen Ideale. Vielmehr ergibt sich diese Feststellung aus einer Neubestimmung unseres biologischen Wesens, die aus den Komplexitätswissenschaften hervorgeht und zu einer qualitativen Wissenschaft führt. Diese wird uns vielleicht dabei helfen, eine ausgewogenere Beziehung zu den übrigen Mitgliedern unserer irdischen Lebensgemeinschaft herzustellen.

Danksagungen

Ich schulde so vielen Personen Dank für die Erkenntnisse, welche die Grundlage dieses Buches bilden, daß ich nicht mich, sondern all diese Freunde und Kollegen als die eigentlichen Urheber dieses Werkes ansehen könnte. Zu den Personen, die einen nachhaltigen Einfluß auf die hier niedergelegten Vorstellungen ausübten, gehören alte und neue Bekannte, wobei die ersteren zwangsläufig ein stärkeres Gewicht hatten. Hier möchte ich insbesondere Gerry Webster erwähnen, mit dem mich die längste wissenschaftliche Zusammenarbeit verbindet. Sie begann vor über 20 Jahren, als wir beide an der Universität von Sussex arbeiteten, wo wir gemeinsam mit zahlreichen Studenten eingehend über die vermeintlich tieferen Ebenen der biologischen Bedeutung diskutierten. Ein weiterer einflußreicher Mentor aus dieser Zeit war John Maynard Smith, dessen scharfer Intellekt Gerry und mich immer wieder dazu zwang, unsere Überlegungen genauer zu durchdenken. Allerdings wäre John wohl nicht sehr begeistert, wenn ich seinen Namen mit der Richtung und den Schlußfolgerungen dieses Buches in Verbindung bringen würde. Das gleiche gilt für Lewis Wolpert, einen langjährigen Kollegen, dessen Arbeiten mich zu einer Klarstellung der hier vorgestellten alternativen Theorien über die Morphogenese und die Evolution veranlaßten. Eine ebenso lange wissenschaftliche Freundschaft mit Stuart Kauffman ging mit einer stetigen Annäherung unserer Auffassungen einher, die

trotz recht unterschiedlicher analytischer Methoden und
Schwerpunkte zu quasi identischen Schlußfolgerungen
führte. Dies stimmt mich sehr zuversichtlich und festigt
meine Überzeugung, daß wir auf einem vielversprechenden Weg sind.

In den letzten Jahren kamen die wichtigsten Anregun-
gen von meinen Kollegen an der Open University, insbesondere von Mae-Wan Ho, dessen Denken und Phantasie
keine Grenzen kennt und unentwegt anerkannte Schran-
ken in Frage stellt. Danken möchte ich auch Steven Rose
für seine auf einer umfassenderen Perspektive basierenden
dialektischen Konzeption von Biologie und Gesellschaft.
Wir unterscheiden uns mehr in den Schwerpunkten, die
wir setzen, als in den Zielen, die wir verfolgen. Für sehr
hilfreiche Anmerkungen zu verschiedenen Kapiteln
möchte ich mich auch bei Hazel Goodwin, Jane Henry,
Alastair Matheson, Jennifer Wimborne und Françoise
Wemelsfelder bedanken.

Wie den vielen anderen Personen, deren Arbeiten und
Ideen mich beeinflußt haben, muß ich ihnen hier als
Gruppe meinen Dank abstatten, während ich im Text
selbst ausdrücklich die Leistung jedes einzelnen würdigen
kann. Die Wissenschaft ist ein Gemeinschaftsunterneh-
men, ein Ergebnis jenes Typus von relationaler Ordnung,
die allen schöpferischen Aktivitäten zugrunde liegt, so daß
mein eigener Beitrag minimal ist. Allerdings muß irgend
jemand die Verantwortung für die Grenzen dieses Buches
übernehmen, und dieser jemand kann nur ich sein. Mein
ergebenster Dank gilt all denjenigen, mit denen ich im
Laufe der Jahre in einen engen Gedankenaustausch treten
durfte.

1

Wo sind eigentlich die Organismen geblieben?

In den letzten Jahren hat sich in der Biologie etwas sehr Sonderbares und Interessantes ereignet: Die Organismen als Grundeinheiten des Lebens sind auf der Strecke geblieben. Sie wurden von den Genen abgelöst, die sämtliche Grundmerkmale annahmen, die zuvor die Lebewesen kennzeichneten. Gene vermehren sich, indem sie Kopien von sich anfertigen; sie wandeln sich durch Mutationen; der Konkurrenzdruck treibt ihre Evolution voran, wobei die Anzahl der besserangepaßten Varianten gegenüber der der weniger gut angepaßten Spielarten stetig zunimmt. Und zudem bringen Gene Organismen hervor, um auf diese Weise verschiedene Lebensräume auf der Erdoberfläche zu erkunden und sich so weiter zu vermehren und zu gedeihen. Bessere Organismen, durch bessere Gene erzeugt, sind die Überlebenden in der Lotterie des Lebens.

Doch hinter der von uns wahrgenommenen Fassade des lebenden, agierenden und sich fortpflanzenden Organismus wirkt als eigentliche Steuerungsinstanz ein Satz von Genen. Nur die Gene bleiben in der Generationenabfolge erhalten und unterliegen daher der Evolution. Der Organismus selbst ist sterblich und wird schon nach einer Generation hinweggerafft, während die Gene potentiell unsterblich sind und den lebendigen Strom des Erbguts darstellen, der das Wesen des Lebens ausmacht.

Dies ist die Biologie, die wir alle kennen und die viele von uns lieben, das Vermächtnis von Charles Darwins Auffassung des Lebens als Zufallsvariation im Erbgut von Organismen und als Überleben der besser angepaßten Varianten kraft der natürlichen Auslese. Es ist eine wunderbar einfache und elegante Geschichte über das Entstehen und Vergehen der verschiedenen Typen von Organismen, die wir in unserer Umwelt antreffen, und der fossilen Formen, die ihre Spuren hinterlassen haben. Diese Geschichte schildert indes heute nur noch die Abenteuer der Gene, die in den Organismen enthalten sind. Dies führt zwangsläufig zu der Schlußfolgerung, daß wir das Wesen der Organismen verstehen, sobald wir die in ihren Genen gespeicherte Information kennen. Dann könnten wir sämtliche morphologischen und funktionalen Details in der gleichen Weise vorhersagen, in der wir aus der Information, die in einem Computerprogramm enthalten ist, dessen Output vorhersagen können. Aus diesem Grund sind die Organismen als Grundeinheiten des Lebens aus der Biologie verschwunden und von den Genen als den fundamentalsten und wichtigsten Komponenten der Organismen ersetzt worden.

Diese genozentrische Biologie ist eine vollkommen logische Konsequenz der weichenstellenden Darwinschen Entscheidung, die Evolution in Kategorien der Vererbung, Zufallsvariation, natürlichen Selektion und des Überlebens der bestangepaßten Spezies zu beschreiben. Selbstverständlich sah Darwin nicht voraus, welche Folgen dies nach sich ziehen würde, und erst nachdem seine Vorstellungen über die Vererbung in wesentlichen Punkten korrigiert worden waren, konnte sich die Genetik zu jener ungemein einflußreichen Wissenschaft entwickeln, zu der sie in diesem Jahrhundert wurde. Es läßt sich nicht bestreiten, daß wir dem Studium der bemerkenswerten Eigenschaften des genetischen Materials lebender Organismen, der DNS (Desoxyribonukleinsäure), wertvolle Erkenntnisse verdanken. Doch in der Wissenschaft besteht immer die Gefahr, daß eine bestimmte Weise, Dinge zu sehen, zu einer Verengung des Gesichtsfeldes führt – zu dem Irrglauben, sie könne alles erklären; zur Unfähigkeit, die Grenzen der Methode zu erkennen, und zur Abneigung, andere Möglichkeiten in Betracht zu ziehen. Genau dies geschah in der genozentrischen Biologie. Dabei wiederholte sich in gewisser Weise die Geschichte der geozentrischen Kosmologie – der alten Vorstellung, die Erde bilde den Mittelpunkt des Kosmos und alle Planeten und Sterne drehten sich um sie. Diese Theorie funktionierte lange Zeit tadellos, und sie erklärte fast alle astronomischen Beobachtungen. Doch dann kam Kopernikus, der das ältere, heliozentrische Weltbild der Griechen rehabilitierte, in dem die Sonne und nicht die Erde den Mittelpunkt des Universums bildet. Keine der substantiellen Erkenntnisse der geozentrischen Weltsicht ging dabei verloren. Die exakte Beobachtung der Planetenbewegung wurde lediglich in ein neues Bezugssystem eingeordnet, das mathematisch eleganter war und bei den nachfolgenden Prüfungen bessere Vorhersagen lieferte als die alte Theorie.

Die Vorschläge zu einer theoretischen Neuorientierung in der Biologie, die ich in diesem Buch unterbreiten werde, gleichen gewissermaßen dem Paradigmenwechsel vom geozentrischen zum heliozentrischen Weltbild. Trotz der Fähigkeit der genozentrischen Biologie, eine beeindruckende Menge biologischer Daten zu erklären, gibt es grundlegende Bereiche, in denen sie versagt. Der wichtigste Bereich betrifft ihre Behauptung, es reiche zur Erklärung der Eigenschaften der Organismen aus, die Gene und deren Aktivitäten zu verstehen. Ich behaupte, daß dies schlichtweg falsch ist. Meine Argumente stützen sich auf elementare physikalische und biologische Erkenntnisse, und ich werde meine Argumentation anhand von mathematischen Berechnungen und Computermodellen verdeutlichen.

Die Annahmen, auf denen meine Auffassung basiert, sind außerordentlich einfach. Sie führen zu der Erkenntnis, daß sich Organismen nicht auf die Eigenschaften ihrer Gene zurückführen lassen, sondern als dynamische Systeme mit spezifischen Eigenschaften, die den lebenden Zustand kennzeichnen, verstanden werden müssen. Dies hört sich recht abstrakt an, ist aber in Wirklichkeit genauso konkret wie die Frage, weshalb die Erde eine elliptische Umlaufbahn um die Sonne beschreibt, und deren Beantwortung unter Hinweis auf Eigenschaften der Materie – die Massenanziehung, die Bewegungsgesetze und so weiter. Der von mir vertretene Standpunkt ließe sich in Abgrenzung zur herrschenden genozentrischen Auffassung als organozentrisch bezeichnen. Wir werden sehen, daß Organismen in ihrem eigenen Raum leben, der sich durch einen bestimmten Organisationstyp auszeichnet. Dies ist keine neue Erkenntnis, so wenig wie das Kopernikanische Modell neu war, aber es ist ein Befund, der in ein neues Gewand von Ideen gekleidet wird, die in jüngster Zeit in der Physik und in der Mathematik sowie in der Biologie entwickelt wurden.

Dieser Perspektivwechsel von den Genen zu den Organismen scheint auf den ersten Blick nicht sonderlich bedeutsam zu sein. Doch die sich daraus ergebenden Folgen werden um so gravierender, je weiter wir ihnen nachgehen. Denn dieser Wechsel führt zu einem neuen Schwerpunkt in der Biologie, der sich von dem Darwins unterscheidet und die zentrale Bedeutung der natürlichen Auslese und der Adaptation als grundlegende Erklärungsprinzipien der Evolution in Frage stellt. Bei diesem Perspektivwechsel geht nichts von den substantiellen Erkenntnissen der zeitgenössischen Biologie verloren; diese werden lediglich in einen neuen Bezugsrahmen gestellt. Zunächst aber müssen wir uns Klarheit darüber verschaffen, was Gene eigentlich tun.

Das genetische Programm

Gene besitzen einige bemerkenswerte Eigenschaften, doch liefern sie uns nur beschränkte Aufschlüsse über Organismen. Gene sind im Grunde genommen nichts anderes als lange Ketten aneinandergereihter Moleküle (das heißt eine besondere Art von Polymeren), welche die Fähigkeit besitzen, durch einen molekularen Kopiervorgang Ketten ähnlicher Länge zu erzeugen. Die Moleküle, aus denen sich Gene zusammensetzen, werden *Nukleotidbasen* genannt; diese liegen in vier Varianten vor. Das genetische Material eines Organismus besteht aus Sequenzen dieser Basen, die in einer bestimmten Reihenfolge angeordnet sind und die bekannte, in Abbildung 1.1 gezeigte DNS-Doppelhelix bilden. Dies ist das Material, von dem man annimmt, daß es den Schlüssel zur Aufklärung sämtlicher Geheimnisse des Organismus liefert. Wieso? Erstens kann die DNS sich selbst replizieren, wobei jeder Strang der Doppelhelix eine

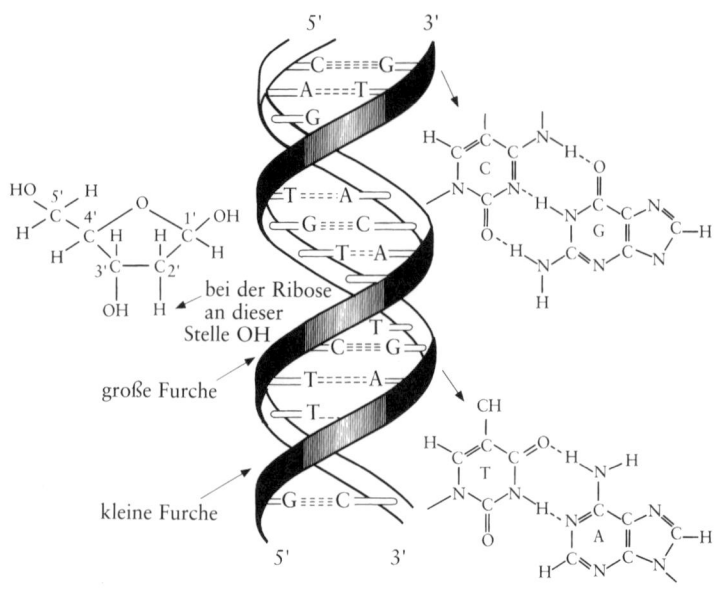

Abbildung 1.1   *Schematische Darstellung der DNS-Doppelhelix und ihrer chemischen Bestandteile.*

Kopie des jeweils anderen Stranges hervorbringt, weil die Basen sich über einen räumlichen Koppelungsprozeß zu komplementären Paaren verbinden. Und zweitens können Basensequenzen auf einem DNS-Strang über einen ähnlichen Kopierprozeß chemisch geringfügig anders aufgebaute Basen (Ribonukleotide) zu RNS (Ribonukleinsäure)-Polymeren verknüpfen. Diese RNS-Moleküle (die als Messenger- oder Boten-RNS, kurz: mRNS, bezeichnet werden) besitzen die bemerkenswerte Fähigkeit, lineare Aminosäuresequenzen zu Proteinen, den Arbeitspferden der lebenden Zelle, zu verknüpfen (Abbildung 1.2). Hier nun kommt der genetische Code ins Spiel, da Basentripletts auf der mRNS bestimmte Aminosäuren codieren, so daß eine spezifische mRNS im allgemeinen ein spezifisches Protein erzeugt. Dies sind die beiden außerordentlichen

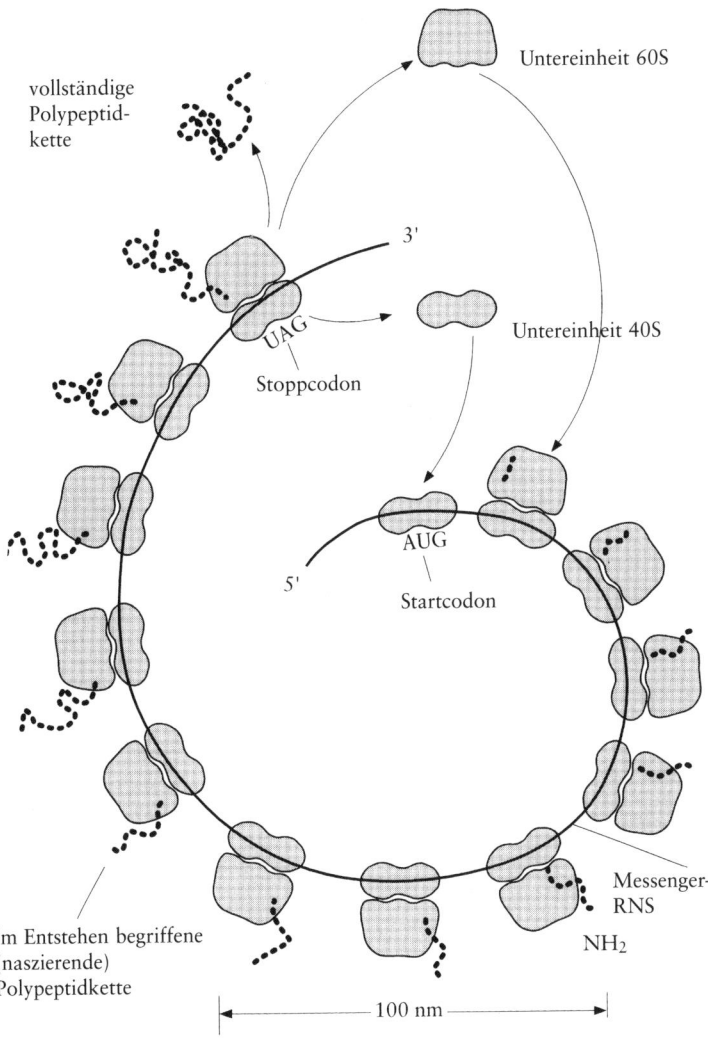

vollständige
Polypeptid-
kette

Untereinheit 60S

3'

UAG

Untereinheit 40S

Stoppcodon

AUG

5'

Startcodon

Messenger-
RNS

NH₂

im Entstehen begriffene
(naszierende)
Polypeptidkette

|← 100 nm →|

Abbildung 1.2 *Proteinsynthese an Ribosomen.*

Leistungen, welche die DNS vollbringen kann. Selbstverständlich schafft sie das nicht ganz allein. Es gibt innerhalb der Zellen ein komplexes Gefüge weiterer Moleküle und Strukturen, das für das Kopieren der DNS (Replikation) und für die Produktion von mRNS und Proteinen unverzichtbar ist. Die Fähigkeit der DNS, fehlerfreie Kopien von sich selbst anzufertigen und mit Hilfe der mRNS Proteine zu produzieren, ist folglich in starkem Maße von einem hochorganisierten Kontext abhängig: der lebenden Zelle.

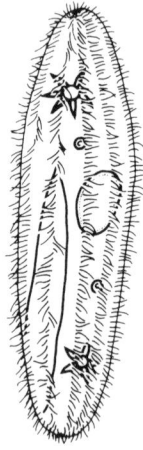

Abbildung 1.3   *Bau des Pantoffeltierchens, eines Einzellers. Die Oberfläche ist mit Wimpernreihen überzogen.*

Innerhalb dieses organisierten Kontextes der Zelle vermag die DNS mehr zu leisten, als lediglich mRNS und, auf dem Umweg über diese, Proteine zu erzeugen. Diese Produkte werden in einer bestimmten zeitlichen Reihenfolge aufgebaut, also ein Proteintyp nach dem anderen. Dies geschieht deshalb, weil die DNS ihrerseits auf bestimmte Proteintypen (Regulatorproteine) reagieren kann, die festlegen, welche DNS-Abschnitte (Gene) aktiv mRNS erzeugen und welche nicht. So kann die DNS ihre eigene Abfolge von Aktivitäten steuern, indem sie Regulatorproteine bildet, die wiederum bestimmen, welche Proteine (einschließlich weiterer Regulatorproteine) als nächstes synthetisiert werden. Daher kann man sagen, daß die DNS vermöge dieser regulatorischen Rückkopplungsschleifen ein Programm zur Herstellung einer bestimmten Proteinsequenz enthält. Genau dies beobachten wir bei der Fortpflanzung. Betrachten wir den einfachen Fall eines einzelligen Organismus wie des in Tümpeln lebenden einzelligen Pantoffeltierchens (*Paramecium*) (Abbildung 1.3). Obgleich es für ein Lebewesen recht klein ist – seine Länge beträgt weniger als ein zehntel Millimeter –, ist es für eine Zelle relativ groß. Aus der Abbildung ist ersichtlich, daß es eine recht komplexe Struktur besitzt, die verdoppelt werden muß, wenn sich der Organismus fortpflanzt und aus einer Zelle zwei entstehen. Die Oberfläche von *Paramecium* ist mit kleinen Strukturelementen überzogen, die *Einheitsflächen* genannt werden und *Wimpern (Zilien)* tragen; dies sind haarfeine Fortsätze auf der Zelloberfläche, die peitschenartige Bewegungen ausführen. Jede Zelle ist mit Hunderten von Wimpern überzogen, alle in regelmäßigen Reihen, sogenannten *Kinetosomreihen*, angeordnet, die vom vorderen zum hinteren Ende des Organismus laufen. Das koordinierte Schlagen der Wimpern treibt den Organismus in einer eleganten Gleitbewegung durch das Wasser. Auf einer Seite der Zelle befindet sich ein Mund, das heißt eine Kammer, die mit Wimpern ausgekleidet ist, welche Nahrungspartikel in den Zellschlund leiten, während der Einzeller umherschwimmt.

Das Zellinnere weist eine genauso komplexe Organisation auf. Die DNS, die kopiert und an ein Duplikat der Zelle weitergegeben wird, ist in Chromosomen enthalten, die im Zellkern liegen. Dieser besitzt seine eigene kom-

plexe Struktur aus Membranen und ein bündelartiges
Netzwerk von Filamenten (Fäden), das die Chromosomen
festhält und dabei hilft, die Aktivitätsmuster der DNS in
verschiedenen Phasen des Fortpflanzungszyklus zu organi-
sieren. Das Zytoplasma weist ebenfalls eine hohe strukturelle Komplexität auf; es enthält die Apparatur für die
Übersetzung der mRNS-Moleküle in Proteine (Transla-
tion) und die kleinen chemischen Fabriken, welche die
Energie einfacher Moleküle wie Zucker umwandeln, so
daß die Zelle sie für verschiedene Arten von Arbeit nutzen
kann. Außerdem gibt es ein hochentwickeltes und äußerst
dynamisches Netzwerk von Filamenten, das sich durch
das gesamte Zytoplasma hindurchzieht; es stellt mechanische Eigenschaften und ein feinverzweigtes strukturelles
Gefüge bereit, das sämtliche Teile der Zelle miteinander
verknüpft und mit den Einheitsflächen auf der aus Proteinen bestehenden Zelloberfläche zusammenhängt, die den
Filamenten im Zytoplasma sehr ähnlich sind.

Die Vermehrung von *Paramecium* vollzieht sich in mehreren Schritten: Zunächst vergrößert sich die Zelle, dann
verdoppeln sich alle Zellorganellen, und schließlich spaltet
sich die eine Zelle in zwei neue auf. In den einzelnen Zeit-
abschnitten dieses Prozesses sind unterschiedliche Gene
aktiv, je nachdem, welche Zellbestandteile gerade dupli-
ziert werden – die DNS selbst, der Zellkern, die verschiedenen Komponenten des Zytoplasmas oder die Strukturen
auf der Zelloberfläche. Viele dieser Aktivitäten erfolgen
gleichzeitig. Andere Vorgänge laufen nacheinander ab,
wobei bestimmte Proteine in einer wohldefinierten Abfolge synthetisiert werden. Diese Abfolge wird von den
Rückkopplungsschleifen der Genaktivitäten determiniert,
welche die Eigenschaften des Zytoplasmas verändern, die
ihrerseits die Genaktivitäten beeinflussen. Diese dynamische Abfolge von Ereignissen mit ihrem wechselnden Mu-

ster von Genaktivitäten während der Fortpflanzung nennt man das genetische Programm, das die Entwicklung eines neuen Organismus steuert. Jede Spezies besitzt ein spezifisches Fortpflanzungsmuster, das eine bestimmte Sequenz von Genaktivitäten umfaßt. Diese Sequenzen wurden in der jüngsten Vergangenheit bis in die kleinsten Einzelheiten aufgeklärt, vor allem im Hinblick auf die Entwicklung komplexerer Organismen wie z. B. der Fruchtfliege *Drosophila*. Hier wurden vom befruchteten Ei über alle Entwicklungsstadien bis zum geschlechtsreifen Individuum alle Sequenzen sorgfältig untersucht und dargestellt. Die molekularbiologischen Techniken, mit deren Hilfe diese veränderlichen Muster der mRNS- und Proteinsynthese nachgewiesen wurden, werden nun auf andere Arten wie Frösche, Hühner, Mäuse und viele Pflanzenarten angewandt. Die Entwicklungsprogramme aller Arten weisen einerseits spezifische Merkmale auf, andererseits jedoch auch einige bemerkenswerte Übereinstimmungen. Die Hoffnung ist groß, daß diese Sequenzen der Molekülsynthese, in denen sich bestimmte genetische Programme widerspiegeln, uns alle erforderlichen Informationen liefern werden, um zu verstehen, wie Organismen bestimmter Spezies gebildet werden. Der Glaube, man könne einen erwachsenen Organismus aus den Informationen in seinen Genen »berechnen«, bezieht sich auf genau diesen Punkt. Diese Auffassung impliziert, daß die Kenntnis des molekularen Aufbaus eines Organismus und dessen Änderung im Zeitablauf genügt, um seine Gestalt vorherzusagen, da Gene nichts anderes tun, als Moleküle zu synthetisieren. Um die Stichhaltigkeit dieser Argumentation zu überprüfen, müssen wir daher jetzt überlegen, was dies im Hinblick auf reale physikalische Kräfte bedeutet. Hierzu müssen wir uns zunächst mit einigen physikalischen Gesetzmäßigkeiten vertraut machen.

Gestaltbildung

Ich halte einen Kristall in meiner Hand, und ich sage Ihnen, daß er aus Kohlenstoff besteht. Können Sie mir sagen, was für eine Form er hat? Es könnte sich um einen Diamanten handeln – den Kristall mit der höchsten Festigkeit –, der eine hübsche, regelmäßige Tetraederform besitzt, in der sich die Struktur des Kohlenstoffatoms widerspiegelt. Es könnte aber auch ein Graphit sein, dessen hexagonale Schichten beim Reiben auf Papier abgehobelt werden; Graphit ist also ein ganz anderes Material als Diamant, überhaupt nicht haltbar, aber hervorragend geeignet zum Zeichnen. Genausogut könnte ich einen exotischen geodätischen »Dom« aus Kristall in meiner Hand halten, zum Beispiel C_6O, mit einer Gestalt, die an einen Fußball mit abwechselnd sechs- und fünfeckigen Lederstücken erinnert und die von dem genialen Architekten Buckminster Fuller vorhergesagt wurde. Ein Stoff, viele Formen. Es gibt auch Kristalle, die nur in einer Form vorkommen, wie etwa Tafelsalz ($NaCl$). In diesem Fall kann man die Struktur vorhersagen, wenn man die Zusammensetzung kennt. Im allgemeinen aber sind Kristalle polymorph (derselbe Stoff liegt in mehr als einer kristallinen Gestalt vor), wie etwa beim Kohlenstoff. Daraus folgt, daß die Kenntnis der Zusammensetzung eines Kristalls im allgemeinen nicht ausreicht, um seine Form zu bestimmen. Wir müssen auch die Bedingungen kennen, unter denen der Kristall hergestellt wurde.

Wie steht es mit Flüssigkeiten? Im Vergleich zu Kristallen erscheinen uns Flüssigkeiten meist als recht formlose Stoffe. Dennoch besitzen sie charakteristische Formen, die allerdings eher dynamisch als statisch sind. Denken wir nur an die Form, die Wasser annimmt, wenn es in den Abfluß einer Badewanne fließt – ein ausgeprägter spiral-

förmiger Wirbel, der sich entweder im oder entgegen dem
Uhrzeigersinn dreht. Und glauben Sie bloß niemandem,
der Ihnen weismachen will, daß Wasser auf der Nordhalbkugel immer in die eine Richtung und auf der Südhalbkugel in die andere Richtung fließe. Sie können dies durch
ein einfaches Experiment selbst herausfinden: Beobachten
Sie mehrere Strömungsspiralen, die das Wasser beim Ab-
fließen aus Ihrer Badewanne formt, und Sie werden feststellen, daß das Wasser je nach Ihren Bewegungen beim
Aussteigen aus der Wanne entweder in die eine oder in die
andere Richtung abfließt. Und indem Sie das Wasser einfach in die andere Richtung wirbeln, können Sie die Ausrichtung der Spirale, die sich zuerst bildete, beliebig um-
kehren. Die Corioliskraft, die durch die Drehung der Erde
um ihre eigenen Achse entsteht, ist sehr schwach, und es
bedarf ganz besonderer Bedingungen, um ihre Auswirkungen auf die Strömungsmuster von Flüssigkeiten zu erkennen. Nur wenn keine andere, stärkere Kraft einen Wirbel
auslöst, bricht die Corioliskraft die Symmetrie des Wasser-
abflusses und ruft auf der Nordhalbkugel eine Spiralströmung im Uhrzeigersinn und auf der Südhalbkugel eine
Spiralströmung entgegen dem Uhrzeigersinn hervor.

Nun stellt sich die Frage: Könnten Sie den spiralförmigen Wirbel einer Flüssigkeit, die aus einer Wanne abfließt,
erklären, wenn ich Ihnen deren molekulare Zusammensetzung verraten würde? Angenommen, ich teile Ihnen mit,
daß sie aus H_2O oder aus C_2H_5OH oder aus Hg(Quecksil-
ber) besteht. Liefert Ihnen dies die Information, die Sie benötigen, um die Form vorherzusagen? Die Zusammensetzung der Flüssigkeit spielt eigentlich überhaupt keine
Rolle – alle Flüssigkeiten bilden Wirbel, wenn sie einen
Abfluß hinunterlaufen. Was also müssen wir wissen, um
diese Formen erklären zu können? Wir müssen die Gleichungen kennen, die das Verhalten von Flüssigkeiten be-

33

schreiben. Diese sind abhängig von den physikalischen Eigenschaften der Flüssigkeit – ihren Fließeigenschaften, ihrer Nichtzusammenpreßbarkeit, ihrer Viskosität, ihrer Adhäsionskraft und so weiter; nicht aber von ihrer Zusammensetzung. Diese Eigenschaften von Flüssigkeiten werden von speziellen Gleichungen beschrieben, welche die Mathematiker Claude Louis Marie Henri Navier, ein Franzose, und George Gabriel Stokes, ein Engländer, im 19. Jahrhundert unabhängig voneinander herleiteten und die ihnen zu Ehren als Navier-Stokes-Gleichungen bezeichnet werden. Wenn diese für die speziellen Bedingungen einer Wasserströmung aus einer Wanne gelöst werden – ein Behälter mit einem Loch, der mit einer Flüssigkeit gefüllt ist, auf welche die Schwerkraft einwirkt –, kommen als Lösungen für die Bewegung durchweg Spiralen heraus, die sich im oder entgegen dem Uhrzeigersinn drehen. Um herauszufinden, welche von beiden auftreten, müssen wir die spezifischen Bedingungen berücksichtigen, die auf die Flüssigkeit einwirken, wie etwa die Anfangsströmung der Flüssigkeit, die durch eine Person ausgelöst wird, die aus der Wanne heraussteigt oder die Flüssigkeit bewußt in eine Richtung wirbelt, oder die Wirkung der Corioliskraft. Und um das Gefälle und die Strömungsgeschwindigkeit der Spirale zu bestimmen, müssen wir solche Faktoren wie die Temperatur, die Gravitationsfeldstärke und auch das spezifische Gewicht und die Viskosität der Flüssigkeit kennen. Erst hier nun spielt auch die Zusammensetzung eine Rolle – als ein recht nachrangiges, wenn auch mitentscheidendes Merkmal.

Na schön, werden Sie jetzt denken, genug von dieser Physik und Mathematik. Was hat dies alles mit der Gestaltbildung bei Organismen zu tun, die weder Kristalle noch Flüssigkeiten sind? Sehr viel, denn auch Organismen unterliegen den Naturgesetzen, und die Kristallisation liefert einen sehr bedeutsamen Beitrag zur Gestaltbildung bei Organismen einschließlich ihrer einzelnen Körperteile. Ich denke hierbei nicht nur an Knochen und Zähne, die aus kristallinen Stoffen bestehen, sondern auch an Strukturen wie die Linse des Auges, die ein Kristall aus Protein ist! Trotz ihrer Größe (Proteine sind mehrere Tausend mal größer als ein Kohlenstoffatom, das nur eines ihrer Bestandteile darstellt) bilden Proteine wunderschöne Kristalle. In Anbetracht ihrer Komplexität würden wir erwarten, bei den Kristallproteinen die gleichen Polymorphismen zu finden wie bei den Kohlenstoffkristallen. Dazu ein Beispiel.

Bakterien bewegen sich im Wasser weitgehend auf die gleiche Weise fort wie Pantoffeltierchen, nämlich durch die peitschenartige Bewegung von Filamenten, die aus der Zelle herauswachsen. Diese Filamente werden *Geißeln* bzw. *Flagellen* genannt, und jede Zelle trägt in der Regel zwei Geißeln, im Gegensatz zu den Hunderten von Wimpern auf der Oberfläche des Pantoffeltierchens, das auch sehr viel größer ist als ein Bakterium (gemessen am Volumen etwa zehntausendmal größer). Die Bakteriengeißel besteht aus einem gestreckten Kristall eines einzigen Proteins, das *Flagellin* genannt wird und sich aus zahlreichen Molekülen zusammensetzt, die sich geordnet ineinanderfügen. Der Kristall ist nicht starr, weil die einzelnen Eiweißmoleküle biegsam sind und sich auch bis zu einem gewissen Grad gegeneinander verschieben können, ohne daß sie ihre Struktur verlieren. Bei einem bestimmten Bakterientyp, *Salmonella* (eine der tückischen Mikroben, die an Lebensmittelvergiftungen beteiligt sind), hat man zwei verschiedene Geißelformen nachgewiesen. Das eine ist die Normalform, die *wellig* genannt wird, weil die Geißel von Natur aus eine wellenförmige Struktur aufweist. Eine seltene Geißelmutante besitzt eine kürzere Wellenlänge und

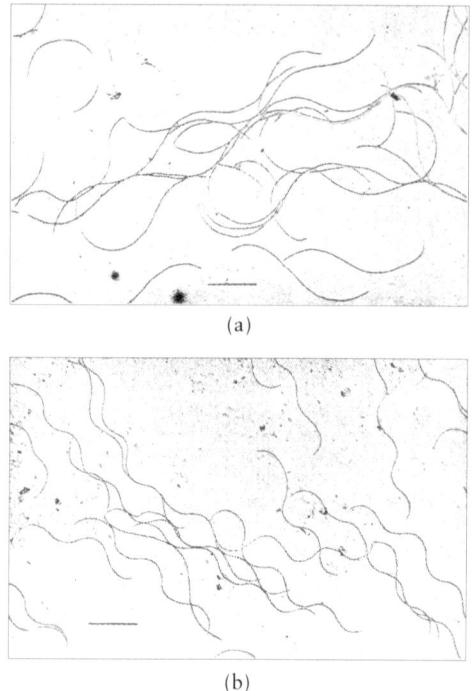

(a)

(b)

Abbildung 1.4 *Die Gestalt (a) welliger Geißeln und (b) gekräuselter Geißeln.*

wird *gekräuselt* genannt (siehe Abbildung 1.4). Nehmen wir einmal an, wir sammeln eine große Menge welliger Geißeln und zerlegen sie in die Proteinmoleküle, aus denen sie bestehen, was ohne Beschädigung des Proteins, Flagellin, möglich ist. Nun lassen wir das Protein erneut kristallisieren, um wieder geißelartige Strukturen zu erhalten. Wie erwartet, bilden sich wellige Geißeln. Wenn wir das gleiche mit gekräuselten Geißeln tun, erhalten wir auch wieder die gekräuselte Form, wenn sich das Protein erneut zu Filamenten kristallisiert. Nun können wir weitere Experimente zur Überprüfung des Polymorphismus durchführen. Wir können die Geißeln in Fragmente statt in einzelne Flagellinmoleküle zerlegen. Angenommen, wir nehmen einige Fragmente von gekräuselten Geißeln und geben sie in eine Lösung reinen, molekularen Flagellins von welligen Geißeln. Das Ergebnis? Gekräuselte Geißeln. Das Flagellin welliger Geißeln kann demnach beide Geißeltypen erzeugen! Von sich aus erzeugt es spontan wellige Geißeln. In Gegenwart gekräuselter Fragmente dagegen, die als »Impfkristalle« wirken, welche die Kristallisation des Flagellins welliger Geißeln lenken, kann die gekräuselte Form enstehen. Folglich ist das Flagellin welliger Geißeln wie der Kohlenstoff polymorph. Daher genügt es nicht, die Zusammensetzung des Proteins zu kennen, um die Gestalt der Kristallform, der Geißel, vorhersagen zu können. Wir müssen auch wissen, wie der Kristallisationsprozeß begonnen hat – das heißt, welche Impfkristalle anwesend waren.

Wie sieht es bei dem umgekehrten Experiment aus: Flagellin gekräuselter Geißeln (Proteinmoleküle) und Fragmente von welligen Geißeln (Impfkristalle)? Jetzt erhalten wir gekräuselte Geißeln. In diesem Fall wird die Form durch das Protein und nicht durch die Impfkristalle bestimmt. Eigentlich hätten wir dies vorhersagen können, wenn wir genau durchdacht hätten, was es bedeutet, wenn eine Geißelmutante auftritt. Unmittelbar bevor ein Bakterium sich in zwei Zellen aufspaltet, bildet es neue Geißeln. Dabei werden die vorhandenen Geißeln einfach kopiert, das heißt, sie werden als »Impfkristalle« für die neuen Geißeln verwendet, die aus neugebildeten Flagellinmodulen aufgebaut werden, so daß die neuen Geißeln an den richtigen Stellen der sich verdoppelnden Zellen gebildet werden. Angenommen, das Gen, das Flagellin codiert, verändert sich (mutiert), so daß Flagellin des gekräuselten Typs statt des normalen, welligen Typs gebildet wird.

37

Wenn dieses Flagellin des gekräuselten Typs unter der Einwirkung der normalen welligen Geißel, die als »Impfkristall« fungiert, eine wellige Geißel erzeugt, käme die Mutation niemals in Form einer gekräuselten Geißel daher. Damit eine neue Form entstehen kann, muß sich das mutierte Protein gegen den gestaltprägenden Einfluß der bereits in der Zelle vorhandenen welligen Geißel durchsetzen. Wir hätten also vorhersagen können, daß wellige Impfkristalle plus gekräuseltes Flagellin gekräuselte Geißeln ergibt. Aus diesem Beispiel läßt sich eine weitere Warnung entnehmen: Wir müssen bei der molekularen Interpretation einer Mutation sehr sorgfältig verfahren. Wenn man die Bedeutung von Impfkristallen erst einmal erkannt hat, wird mit einem Male klar, daß Zellen Mutationen durchmachen können, die nicht mit einer Änderung in einem Gen beginnen. Etwas kann mit der Organisation des Impfkristalls oder ihres Äquivalents geschehen, das unabhängig von den Genen ist. Ein Beispiel hierfür liefern uns einige faszinierende Beobachtungen an unserem kleinen Freund *Paramecium*. Der amerikanische Biologe Tracy Sonneborn stieß eines Tages in seinen Kulturen normaler Pantoffeltierchen auf eine Zelle mit einer Form, die er »Melonenstreifen« nannte, weil eine der Wimpernreihen in umgekehrter Richtung verlief und so einen Streifen auf der Zelle hinterließ, der ihn an die Pigmentstreifen auf einer Melone erinnerte. Er isolierte diese Zelle und legte eine Kultur an. Sämtliche Nachkommen der Zelle besaßen die gleiche umgekehrte Wimpernreihe. Folglich mußte sie eine Mutation aufweisen. Wodurch war sie ausgelöst worden?

Sonneborn war ein sehr geschickter Experimentator. Trotz der sehr geringen Größe der Pantoffeltierchen führte er chirurgische Eingriffe an ihnen durch, bei denen er beispielsweise Wimpernabschnitte entfernte. So schnitt er

eine Wimpernreihe aus der Zelle eines normalen Pantoffeltierchens heraus und setzte sie in umgekehrter Ausrichtung wieder ein. Nachdem das Transplantat angewachsen
war, hatte er auf diese Weise eine » Melonenstreifen «-Zelle
erzeugt. Was würde geschehen, wenn sie sich teilt? Er
hatte zuverlässige Anhaltspunkte dafür, daß ihre Gene
durch die Operation nicht verändert worden waren, so
daß es sich genetisch um ein normales Pantoffeltierchen
handelte. Nur die Form der Zelle hatte sich verändert.
Wenn die Form durch Gene festgelegt wird, müßten die
neuen Zellen eine normale Form aufweisen, und die Folgen der Operation müßten beseitigt werden. Doch genau
das geschah nicht. Sämtliche Nachkommen der veränderten Zelle bildeten den gleichen Melonenstreifen, dieselbe
umgekehrt ausgerichtete Wimpernreihe, aus. Wir haben
hier demnach den Fall einer Mutation, die durch eine chirurgische Operation herbeigeführt und über die Körper-
struktur, nicht über die Gene vererbt wurde. Es handelt
sich um eine zytoplasmatische und nicht um eine chromosomale Vererbung. Und entsprechend den Prinzipien der
Kristallisation und den Wirkungen von Impfkristallen
überrascht uns dies nicht im geringsten. Dies ist darauf
zurückzuführen, daß das Pantoffeltierchen bei der Ausbildung neuer Einheitsflächen und Wimpern, die der Zellteilung vorausgeht, die bereits vorhandenen als » Impfkristalle « für die Synthese der Proteine nutzt, aus denen diese
Strukturen bestehen, genauso wie Bakterien ihre Geißeln
als Impfkristalle für die Bildung neuer Geißeln aus Flagellin benutzen. Die umgekehrt ausgerichtete Wimpernreihe wird daher kopiert, wenn sich die Melonenstreifen-
Zelle in zwei Zellen aufspaltet. Dies ist somit ein Beispiel,
in dem eine Mutation durch die Veränderung einer Zellstruktur und nicht eines Gens ausgelöst wird. Die nicht-
mutierten Gene erzeugen dieselben Moleküle, die jedoch

zu Flächeneinheiten und Wimpern zusammengebaut werden, die in einer Reihe umgekehrt ausgerichtet sind. Natürlich gibt es von *Paramecium* auch zahlreiche genetische Mutanten, die sehr viel häufiger sind als die zytoplasmatische Spielart (die aufgrund von Fehlern bei der Zellteilung spontan auftreten kann). Immerhin zeigt dies, daß die Vererbung nicht allein von den Genen abhängt, sondern auch von der zytoplasmatischen Organisation, die von einer Generation an die nächste weitergegeben wird und in verschiedenen stabilen Formen vorliegen kann. Organismen können also genetische *und* zytoplasmatische Vererbung kombinieren.

Den Typus der Reproduktion, den das Pantoffeltierchen durchläuft, nennt man *vegetative* oder *ungeschlechtliche* Vermehrung: Ein Organismus bringt unmittelbar einen anderen hervor, wobei der Körperbau in der Generationenabfolge unverändert erhalten bleibt. Dieser Reproduktionstyp ist nicht auf Einzeller beschränkt. Auch zahlreiche Vielzeller, Pflanzen ebenso wie Tiere, vermehren sich

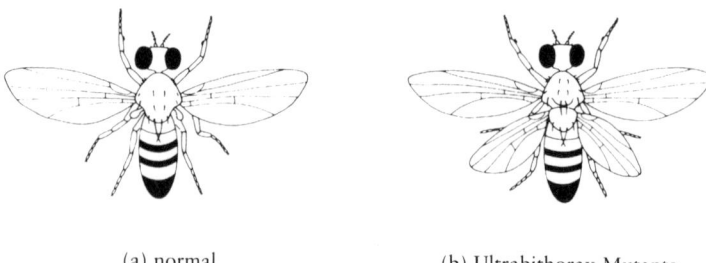

(a) normal　　　　　(b) Ultrabithorax-Mutante

Abbildung 1.5　*Vergleich einer (a) normalen Drosophila-Fruchtfliege mit einer (b) Ultrabithorax-Mutante, die zwei Flügelpaare statt des normalen einen Paares aufweist.*

40

auf diese Weise. Viele Pflanzen bilden ober- oder unterirdische Ausläufer, aus denen neue Pflanzen hervorgehen, wie etwa die Wurzeln der Winde (*Convolvulus*) oder die Ausläufer von Erdbeersträuchern. Auch viele Tierarten vermehren sich regelmäßig auf ähnliche Weise wie *Paramecium*, wobei der Nachkomme direkt aus dem elterlichen Organismus hervorgeht. Sonneborn experimentierte mit einer solchen Spezies, einem Wurm namens *Stenostomum*, um zu zeigen, daß er denselben Typus zytoplasmatischer Vererbung aufweist, den er beim Pantoffeltierchen nachgewiesen hatte. Und es gibt viele weitere Tierarten mit denselben Merkmalen.

In Anbetracht dieser und vieler weiterer Beispiele, welche die wichtige Rolle zeigen, die der Körper des elterlichen Organismus als solcher bei der Vermehrung spielt, stellt sich die Frage, weshalb die Gene derart im Mittelpunkt der Aufmerksamkeit stehen? Dafür gibt es einen sehr guten Grund. Bei der geschlechtlichen Vermehrung verschmelzen zwei Zellen – die vom Weibchen stammende Eizelle und die vom Männchen stammende Samenzelle – zu einer, aus der sich der neue Organismus entwickelt. Der einzige Beitrag des Männchens zu dieser Vereinigung ist ein Satz von Chromosomen, der die Gene enthält, welche die Entwicklung und die Körperform des neugeborenen Individuums beeinflussen. Ein einziges mutiertes Gen kann dazu führen, daß sich bei einer jungen Katze sechs Zehen entwickeln statt der normalen fünf; daß eine Fruchtfliege zwei Flügelpaare statt eines Paares ausbildet (Abbildung 1.5) oder daß eine Schnecke ein rechtsgewundenes statt eines normalen linksgewundenen Schraubengehäuses entwickelt. Die Änderung von nur einem Gen kann sich daher nachhaltig auf die Gestalt eines Organismus bzw. jedes andere erbliche Merkmal auswirken. Dies ist ein sehr wichtiger Befund, dem wir sehr viel verdanken. Doch wird daraus vielfach der Schluß gezogen, daß die Gene selbst, durch ihre Produkte, den Schlüssel zur Beantwortung der Frage darstellen, wie die einzelnen Merkmale und Bauteile von Organismen gebildet werden, so daß wir nur die Funktionen der Gene kennen müßten, um erklären zu können, wie die Organismen zu ihrer Gestalt kommen. Dies ist eines der bestimmenden Motive eines internationalen Forschungsprojekts, des *Human Genome Project*, in dessen Rahmen eine vollständige Katalogisierung sämtlicher Gene des Menschen angestrebt wird. Einer der Teilnehmer an diesem Projekt, C. Delisi, umreißt die dahinterstehende Auffassung folgendermaßen:

> »Diese Ansammlung von Chromosomen in der befruchteten Eizelle enthält den vollständigen Satz von Anweisungen für die Individualentwicklung, die den zeitlichen Ablauf und die Details der Bildung des Herzens, des zentralen Nervensystems, des Immunsystems und aller anderen lebenswichtigen Organe und Gewebe festlegen.«

Diese sehr weitgehende Behauptung basiert im wesentlichen auf folgender Logik: Da wir wissen, daß die Änderung eines einzigen Gens ausreicht, um eine Änderung in der Struktur eines Organismus herbeizuführen, müssen die Gene die gesamte Information enthalten, die für die Bildung dieser Struktur erforderlich ist. Wenn wir diese Information in Erfahrung bringen können, werden wir verstehen, wie die Struktur entsteht. Das klingt plausibel. Aber ist dieses Argument wirklich stichhaltig? Um dies herauszufinden, kehren wir zu unserer Badewanne zurück. Angenommen, das Wasser fließt in einem entgegen dem Uhrzeigersinn gerichteten Strudel in den Abfluß. Nun wirbeln Sie das Wasser mit Ihrer Hand in die entgegengesetzte Richtung und erzeugen so einen Wirbel im Uhrzeigersinn. Die

Bewegung Ihrer Hand bewirkt die Veränderung. Erklärt sie deshalb auch den spiralförmigen Strömungswirbel? Mit Sicherheit nein. Wir müssen zu Navier und Stokes zurückgehen, um die Erklärung für die Frage zu finden, weshalb Flüssigkeiten eine einsinnige spiralförmige Bewegung beschreiben, wenn sie in einen Abfluß strömen. Doch irgendein Faktor muß die Auswahl unter den möglichen Richtungen treffen – die Bewegung des Wassers, die Sie beim Aussteigen aus der Wanne auslösen, oder die Corioliskraft, oder die Bewegung, die Ihre Hand verursacht. Dies gleicht dem Impfkristall, der die Struktur anderer Kristalle festlegen kann; doch in diesem Fall handelt es sich um einen flüssigen Impfkristall, die sogenannte *Anfangsbedingung* für die Gleichungen, die eine der möglichen Lösungen auswählt. Ich werde Belege dafür vorlegen, daß Gene genau dies tun, wenn sie die Struktur eines Organismus verändern. Sie können eine der alternativen Formen, die für Organismen verfügbar sind, auswählen oder stabilisieren.

Natürlich gibt es für Organismen sehr viel mehr dieser Alternativen als für Flüssigkeiten oder Kristalle. Ich werde in den Kapiteln 4 und 5 genauer darauf eingehen; dort werde ich den Typ eines dynamischen Systems erörtern, den ein Organismus darstellt, und der Frage nachgehen, wie ein solches dynamisches System selbsttätig die komplexen und schönen Strukturen hervorbringen kann, die wir bei Pflanzen und Tieren sehen. Doch bevor wir diese faszinierende Untersuchung in Angriff nehmen, muß ich Ihnen genauer schildern, wie die Biologie in ihrer heutigen Form entstanden ist, so daß wir besser begreifen, in welche Richtung sie sich verändern könnte. Im nächsten Kapitel unternehme ich einen Ausflug in die Geschichte der Biologie, um die Ursprünge heutiger Ideen zu erhellen, so daß wir erkennen können, welche Grundannahmen geändert werden müssen, bevor die Biologie einen neuen Pfad beschreiten kann. Dabei werden substantielle Erkenntnisse der zeitgenössischen Biologie keineswegs negiert; vielmehr baut diese neue Biologie auf den Erkenntnissen der alten auf und verlagert lediglich auf eine faszinierende Weise ihren Schwerpunkt.

2

Wie der Leopard zu seinen Flecken kam?

Der Darwinismus ist eine ungemein erfolgreiche natur-wissenschaftliche Theorie. Er wird häufig neben der Newtonschen Theorie der Bewegung als eine der wenigen dauerhaften Leistungen des schöpferischen naturwissen-schaftlichen Denkens angeführt. Darwins Bild der Evolu-tion als eines Prozesses der zufälligen Variation erblicher Merkmale von Organismen und der Selektion der besser angepaßten Varianten ist so einfach und so überzeugend, daß man das Gefühl hat, im Besitz einer allgemeingültigen Wahrheit zu sein, sobald man diesen Erklärungsansatz ein-mal verstanden hat. Und tatsächlich besteht die Tendenz, diese Theorie bzw. einfache Abwandlungen davon auf alle komplexen und veränderlichen kulturellen Phänomene an-zuwenden – auf die Entwicklung von Gesellschafts- und Wirtschaftssystemen, auf den Wettbewerb und das Überleben von Unternehmen, ja sogar auf die Entwicklung neuer Ideen. Wenn so etwas geschieht, kann man sicher sein, daß es um mehr geht als nur eine gute Idee. Denn diese gute Idee wurzelt ihrerseits in einem unserer kulturellen Mythen. Dabei verwende ich den Begriff Mythos keineswegs in einem abfälligen Sinne für eine Erzählung ohne Realitätsgehalt. Im Gegenteil, Mythen sind realer, relevanter und oftmals dauerhafter als die vermeintlichen Tatsachen. In den Naturwissenschaften sind sogenannte Tatsachen sehr viel kurzlebiger, als Sie vielleicht erwarten werden, wie das folgende Beispiel zeigt.

Zu Darwins Zeiten hatten die Physiker das Alter der Erde auf der Grundlage der Erdtemperatur und der Abkühlungsgeschwindigkeit von Festkörpern berechnet. So ermittelten sie die »Tatsache«, daß die Erde nicht älter als ein paar Millionen Jahre sein konnte – älter zwar, als die Bibel behauptete, aber viel zu jung, um die von Darwin propagierte Evolution durch kleine, kumulative Variationen und natürliche Selektion zu ermöglichen. Doch Darwin hielt an seiner Theorie fest, und später wurde die »Tatsache« des Erdalters berichtigt. Die Radioaktivität wurde entdeckt, und es zeigte sich, daß der radioaktive Zerfall eine bedeutende Wärmequelle auf unserem Planeten darstellt, so daß die Abkühlungsgeschwindigkeit sehr viel geringer ist, als man ursprünglich annahm. Das geschätzte Alter der Erde erhöhte sich plötzlich auf mehrere Milliarden Jahre, so daß genügend Zeit für die Evolution zur Verfügung stand; aber Darwin war zu der Zeit, als diese Tatsache korrigiert wurde, bereits tot. Seine Evolutionstheorie überlebte viele Tatsachen, die letztlich nichts anderes sind als theoretische Interpretationen der verfügbaren Daten. Doch der kulturelle Mythos, auf den sich die Darwinsche Theorie stützt, ist sehr viel älter als die Naturwissenschaft und noch heute sehr wirkmächtig.

46

Naturwissenschaftliche Theorien basieren auf der Auswahl der Grundprobleme, die ein Forschungsgebiet kennzeichnen. Vor Darwin befaßte sich die Biologie hauptsächlich mit der Morphologie, also mit der Erforschung des Bauplans von Organismen. Man fand heraus, daß verschiedene Typen von Organismen aufgrund von Ähnlichkeiten und Unterschieden ihrer Strukturen, insbesondere ihrer Knochen und anderer fester Teile wie etwa Schalen, die als Fossilien erhalten bleiben und so den Vergleich von rezenten und ausgestorbenen Spezies ermöglichen, miteinander in Beziehung gesetzt werden konnten. Die Geschichte war daher eine wichtige Dimension in der Biologie, doch der systematische Vergleich von Organismen und der Aufbau eines die Verwandtschaftsverhältnisse zwischen den Spezies erfassenden Klassifikationssystems war weitgehend ein logisches Unterfangen, vergleichbar der Einordnung der Elemente in das Periodensystem in der Chemie. Der Unterschied zur Biologie besteht allerdings darin, daß Arten kommen und gehen, entstehen und aussterben, wie wir nur allzugut aufgrund der gegenwärtigen Extinktionsraten wissen, während die meisten chemischen Elemente recht dauerhafte, stabile Bausteine unserer Welt sind. Die Biologie umfaßt also die Geschichte, aber das, worum es eigentlich ging, war die morphologische Verwandtschaft zwischen den Arten, nicht deren historische Ursprünge. Schließlich waren die Spezies von Gott erschaffen worden, wie die Kirche beharrlich beteuerte und die allermeisten Menschen es auch glaubten – war die Evolution doch zu Beginn des 19. Jahrhunderts eine Idee, der nur ein paar radikale französische Denker anhingen.

Darwin lebte in einem Zeitalter, das historische Erklärungen entdeckt hatte und sich verstärkt mit der Frage des Wandels und dessen Ursachen beschäftigte, da Europa von einer immer rascheren Folge tiefgreifender gesellschaftlicher und politischer Umwälzungen heimgesucht wurde. In der Biologie führte die unablässige Entdeckung neuer Fossilien dazu, daß deren Geschichte immer fragwürdiger wurde: Weshalb waren all diese Spezies ausgestorben? Weshalb überlebten ausgerechnet die Spezies, die heute die Erde besiedeln? Darwin suchte nach einer Antwort. Er hatte nicht nur das Verhalten rezenter Arten in ihren natürlichen Lebensräumen eingehend erforscht, sondern war auch ein profunder Kenner der vergleichenden Morphologie. Es fehlte nur eine dynamische Perspektive, die all diese »Tatsachen« zu einem konsistenten geschichtlichen Gesamtbild zusammenfügte. Darwin griff zwei Begriffe auf, die bereits in die Biologie Eingang gefunden hatten, und er fügte eine dritte, entscheidende Zutat bei, die seine Evolutionstheorie im Hefeteig schöpferischer Intuition aufgehen ließ und sie für viele seiner Zeitgenossen zu einer schmackhaften Speise machte, während sie vielen anderen im Hals steckenblieb. Die beiden Begriffe, die er vorfand, waren Adaptation (Organismen sind an ihre Lebensräume angepaßt) und Vererbung (die Nachkommen gleichen ihren Eltern). Eines der zu Darwins Zeiten bekanntesten und einflußreichsten Bücher über die Adaptation (Anpassung) stammte aus einer Ecke, aus der man ein solches Buch am wenigsten erwarten würde: der Kirche. Ein Theologe, William Paley, hatte das umfangreiche Werk *Natural Theology; or, Evidences of the Existence and Attributes of the Deity, collected from the Appearances of Nature* verfaßt. Darin beschrieb er eingehend die bemerkenswerten und vielfältigen Formen der Anpassung von Organismen an ihre Umwelt, was er als einen stichhaltigen Gottesbeweis interpretierte, da nur ein vernunftbegabter Schöpfer eine so gute Übereinstimmung zwischen einem Organismus und seinem Lebensraum hervorgebracht haben könne.

Wie anders sollte man die so perfekt aufeinander abgestimmten Wechselbeziehungen zwischen Insekten und Blumen erklären, wobei die einen Nahrung bereitstellen, während die anderen eine Fremdbestäubung ausführen – und beides zum gegenseitigen Nutzen geschieht? Oder die außerordentlich präzise aerodynamische Gestaltung der Vogelflügel, die es dem Habicht erlaubt, in großer Höhe zu schweben? Oder die wunderbare Scharfsichtigkeit seiner Augen, mit denen er eine Wühlmaus auf eine Entfernung von 150 Metern erspähen kann? Paley legte eine Fülle von Materialien über ein breites Spektrum von Spezies zu diesem Thema vor, und Darwin übernahm das Anpassungskonzept als eine der grundlegenden Tatsachen der Biologie. Er hatte in Cambridge Theologie studiert, um sich auf den anglikanischen Priesterstand vorzubereiten, so daß ihm diese Weltanschauung völlig vertraut war und sich ihm tief eingeprägt hatte. Allerdings war die Berufung auf einen transzendenten Gott, der diese Formen erschaffen haben sollte, keine annehmbare naturwissenschaftliche Antwort auf die Frage, wie diese Formen entstanden waren. Dessen war sich Darwin aufgrund seines intensiven Gedankenaustauschs mit Freidenkern und seiner Lektüre der Werke ikonoklastischer französischer Biologen wie Étienne Geoffroy Saint-Hilaire und Jean Baptiste de Lamarck durchaus bewußt. So dachte er über alternative Lösungen nach.

Die Vererbung war das andere Konzept, auf das Darwin bei der Entwicklung seiner Theorie der Evolution zurückgriff. Weshalb gleichen die Nachkommen ihren Eltern? Die zur Zeit Darwins herrschende Theorie besagte, daß Organismen die Fähigkeit besitzen, sich an ihre Umwelt anzupassen, folglich geben Eltern ihre Adaptationen an ihre Kinder weiter. So besitzen etwa Tiere, die in kälteren Klimaregionen leben, ein dichteres Fell. Man glaubte beispielsweise, das Mammut sei das Ergebnis adaptiver Veränderungen dieser Eigenschaft: In dem Maße, in dem sich das Klima während einer Eiszeit abkühlt, entwickeln die Eltern eine dichtere Behaarung und geben zusätzliches Erbpotential für das Fellwachstum an ihre Nachkommen weiter, so daß diese eine noch dichtere Behaarung entwickeln können. Dies wird im Anschluß an Lamarck, der dieser Theorie in den ersten Jahren des 19. Jahrhunderts zum Durchbruch verhalf, Lamarcksche Vererbung genannt. Es war eine Theorie, die Darwin schließlich übernahm, um mit ihr die Anpassung zu erklären. Doch Darwin brauchte ein Konzept, welches das Aussterben von Spezies erklärte. Und er fand es in dem Begriff des Wettstreits um beschränkte Ressourcen. In jedem Lebensraum steht nur eine begrenzte Menge von Nährstoffen zur Verfügung und gibt es nur eine beschränkte Anzahl sicherer Aufenthaltsorte: Höhlen, hohle Baumstämme, Löcher in Bäumen, Erdlöcher usw. Doch weshalb erkennen die Individuen diese Beschränkungen nicht und passen sich nicht daran an, indem sie die für den Lebensraum angemessene Anzahl von Nachkommen zeugen? Darwin nahm an, daß die individuelle Anpassung in diesem Punkt versagt, während sich die *Population* erfolgreich anpaßt. Organismen besitzen die Fähigkeit, sich exponentiell zu vermehren, indem sie mehr Nachkommen als ihre Eltern zeugen, so daß die Population ständig dazu neigt, von Generation zu Generation anzuwachsen. Darwin übernahm diese Hypothese aus einer Studie über Populationswachstum, die von seinem Zeitgenossen Thomas Malthus stammte. Da die Ressourcen immer begrenzt sind, Populationen aber immer zum Wachstum tendieren, kommt es zwangsläufig zu einem Wettstreit um die verfügbaren Ressourcen, und die schlechter angepaßten Individuen der Population gehen zugrunde. Es gibt immer eine große Menge zufallsbedingter Variabilität in Populationen – Unterschiede in der Größe, Farbe, Stärke, Schnelligkeit, Wachstumsgeschwindigkeit und so weiter. Und die überlebenden Individuen einer Population sind zwangsläufig die am besten an ihr Umfeld Angepaßten.

Dies also war die dritte »Zutat«, die Darwin für sein Rezept einer dynamischen Evolutionstheorie, die sowohl adaptive Veränderungen als auch das Artensterben erklären sollte, benötigte. In dem Maße, wie sich die Umwelt verändert (und dies schließt selbstverständlich andere Organismen mit ein), erzwingt der Selbsterhaltungsdruck Veränderungen in Populationen. Dies ist die natürliche Auslese, die Entstehung neuer, besser angepaßter Typen von Organismen und das Aussterben jener, die sich nicht hinreichend verändern. Die verschiedenen Typen von Organismen basieren auf willkürlichen Einordnungen sich kontinuierlich verändernder Populationen in leicht handhabbare Kategorien wie Pflanzen und Tiere, Tiere mit und ohne Wirbelsäule, Tiere mit und ohne Federn, Tiere mit und ohne Plazenta, die das Austragen der Jungen im Körperinnern ermöglicht, und so weiter. Diese Kategorien sind das Ergebnis der Geschichte einer adaptiven Reaktion auf veränderliche Lebensräume und der Zufälle der Vererbung, die bestimmten Typen bessere Überlebensfähigkeiten einräumen als anderen. Nun beginnt die Geschichte eine wirklich bedeutende Rolle in der Evolution zu spielen. Wenn wir verstehen wollen, wie das riesige Spektrum biologischer Formen entstanden ist, müssen wir die historischen Beziehungen zwischen den verschiedenen Typen von Organismen zeitlich zurückverfolgen, um herauszufinden, wie sie durch adaptive Radiation aus einander entstanden sind, und um die Umweltveränderungen zu rekonstruieren, die über erdgeschichtliche Zeiträume eingetreten sind – die Eiszeiten, die Verwitterung von Gebirgen und Veränderungen des Salzgehalts der Meere, die Verschiebungen der Kontinentalplatten, das Entstehen und Vergehen von Ozeanen, Meeren und Seen. Wir treten so in eine neue Welt ein, eine Welt des fortwährenden Wandels, in der Geschichte, Vererbung und Anpassung durch kompetitive Wechselwirkung die Prinzipien der Evolutionsbiologie sind. Dies war Darwins Vision: eine großartige, inspirierende Vereinheitlichung des Naturreichs, in dem alle Organismen auf der Erde im Stammbaum des Lebens, der in einer gemeinsamen Urform wurzelt und dessen Äste und Zweige von den mannigfaltigen Formen gebildet werden, die durch Anpassung an verschiedene Umgebungen entstanden sind, miteinander verwandt sind.

Zwei Aspekte dieser Vision lösten eine heftige Reaktion des damaligen Establishments aus, wie es insbesondere von der Kirche vertreten wurde. Das eine war die Tatsache, daß die schöpferische Kraft Gottes für die Gestaltung der Lebensformen überflüssig wurde: Das schöpferische Potential wurde der lebenden Materie selbst zuerkannt. Das andere war die Einbindung aller Organismen – einschließlich des Menschen – in einen einheitlichen evolutionären Prozeß. Mit einem Schlag wurden Gott und Mensch von ihren privilegierten Positionen in der Ordnung des Kosmos gestürzt. Das mußte eine allgemeine Woge der Empörung auslösen. Allerdings hatte Darwin einige äußerst fähige Verbündete, die, anders als er selbst, der Zurückhaltung übte und sich intensiv mit den Beweisen für und gegen seine Theorie beschäftigte, öffentliche Diskussionen liebten und mit großem Elan Meinungsverschiedenheiten austrugen.

Sein herausragendster Anhänger war der berühmte Biologe Thomas Henry Huxley, der durch eine Kombination von brillantem rhetorischen Talent, völliger Vertrautheit mit der Materie und einem skrupellosem Ausnützen persönlicher Schwächen seiner Gegner, die nichts mit den Streitfragen zu tun hatten, viele wichtige Diskussionen für sich entschied. Ein Beispiel hierfür ist sein Verhalten gegenüber einem der scharfsinnigsten Kritiker von Darwin, St. George Jackson Mivart, der eine beeindruckende Fülle von Beweisen dafür vorlegte, daß die Anpassung an die Umwelt durch natürliche Auslese eine völlig unzureichende Grundlage für die Erklärung der Baupläne der Spezies ist. Die Beuteltiere Australiens beispielsweise evolvierten unabhängig von ihren europäischen Verwandten, den Plazentatieren, und besiedelten ein anderes Spektrum von Lebensräumen. Dennoch gleichen sich die Produkte ihrer adaptiven Radiationen auf verblüffende Weise, da beide Formen von Wölfen, Katzen, Springmäusen und gewöhnlichen Mäusen, Flughörnchen und anderen Hörnchen hervorbrachten und sich unter den Plazentatieren sogar eine Känguruhratte entwickelte, die das gleiche Zahnmuster aufweist wie ein Känguruh. Mivart lieferte eine Menge solcher Beispiele. Nun war er jedoch von der anglikanischen zur römisch-katholischen Kirche übergetreten. Obgleich dies nichts mit der Frage zu tun hatte, ob Organismen an ihre Lebensräume angepaßt sind oder nicht, behauptete Huxley, daß Mivarts Einwendungen gegen den Darwinismus auf seine prinzipielle, theologisch begründete Ablehnung der Evolution zurückzuführen seien, was seine Auffassung der Evolution wertlos mache. Wissenschaftliche Diskussionen basieren nicht nur auf Tatsachen und Theorien. Und wir werden noch sehen, daß der Darwinismus trotz der heftigen Kontroversen mit Theologen weiterhin innerhalb eines kulturellen Mythos funktioniert, den er mit sämtlichen christlichen Theologien gemein hat.

Der Tod des Organismus

Vielleicht werden Sie eine Inkonsistenz in Darwins Theorie
der Evolution bemerkt haben. Er glaubte, die Eltern könnten Anpassungsmerkmale, die sie während ihres Lebens erworben hätten, an ihre Nachkommen weitergeben. Wenn
alle Organismen in einer Population dieses Vermögen besitzen, sind sie alle gleichermaßen evolutionsfähig, und
man braucht keine Selektion der besser angepaßten Varianten – alle besitzen die gleiche Fitneß. Zwar kommt es
auch in diesem Fall zu einem Konkurrenzkampf, wenn
mehr Nachkommen gezeugt werden, als überleben können, aber das Überleben ist ein reines Glücksspiel unter
Gleichen. Die Person, die diese Inkonsistenz vor etwa 100
Jahren bemerkte und sie zu beheben trachtete, war der
deutsche Zoologe August Weismann. Er erkannte, daß die
entscheidende Frage die Vererbung betraf. Hatte Lamarck
Recht? Wie Darwin war Weismann zunächst davon überzeugt. Dann führte er eine Reihe von Experimenten durch
und untersuchte den Prozeß der Vererbung bei Insekten.
Er gelangte schließlich zu der Überzeugung, daß Lamarck
Unrecht hatte. Das Konzept der Vererbung, das er an die
Stelle der Lamarckschen Auffassung setzte, legte die
Grundlagen für die spektakulären Enthüllungen über die
DNS, die in unserer Zeit gemacht wurden. Seltsamerweise
war auch die Lösung von Weismann falsch, wie wir noch
sehen werden. Aber er brachte die Biologie auf eine außerordentlich fruchtbare Bahn. Schließlich geht es in der Wissenschaft niemals darum, für immer Recht zu behalten, da
sich früher oder später alle Tatsachen und Theorien (einschließlich der »Gesetze«) ändern. Das ist der dialektische
Prozeß des Verstehens. Die Weismannsche Theorie ba-
sierte auf einer richtigen, wenngleich begrenzten Beobachtung; die Bedeutung seines Beitrags liegt darin, daß dieser

zu einer sehr fruchtbaren biologischen Einsicht geführt hat. Zudem lag ihm derselbe kulturelle Mythos zugrunde wie der Darwinschen Theorie.

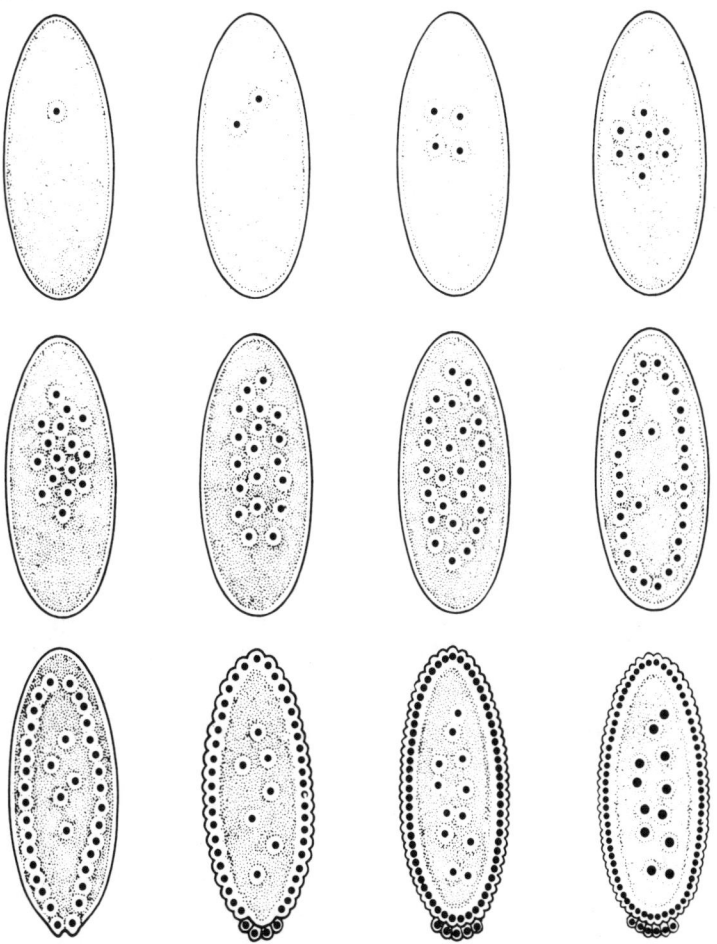

Abbildung 2.1   *Die frühesten Stadien der Entwicklung von* Drosophila: *die synchronen Teilungen der Zellkerne im Ei, die Wanderung der Kerne zur Zelloberfläche und die Bildung der Keimzellen am hinteren Eipol. Das Keimplasma ist der Teil des Zytoplasmas, in dem sich die Polzellen bilden.*

Weismann interessierte sich für die Frage, wie die Entwicklung der Insekten vom Ei zum ausgewachsenen Individuum verläuft. Er fand heraus, daß ein ganz bestimmter Teil des Eies die Fortpflanzungszellen (Ei- und Samenzellen) bildet und somit eine spezifische Funktion im Vererbungsprozeß spielt. Abbildung 2.1 zeigt die frühesten Phasen dieses Prozesses bei der Fruchtfliege *Drosophila*. Die befruchtete Eizelle hat einen Zellkern, der sich in zwei Kerne aufspaltet; diese teilen sich anschließend in vier Kerne und so weiter, bis die Zahl von 128 Kernen erreicht ist. Sie alle wandern dann in eine Position direkt unter der Zellmembran und bilden eine Schicht von Zellkernen, die sich weiter teilen. Sodann bilden sich am hinteren Pol des Embryos die ersten Embryonalzellen: um die Kerne herum wachsen Zellmembranen und trennen diese vom Rest des Embryos. Diese Zellen werden *Polzellen* genannt, und aus ihnen entwickeln sich die *Keimzellen*, also die Ei- und Samenzellen in den Fortpflanzungsorganen, welche die nächste Generation hervorbringen. Weismann nannte diesen Teil des Embryos das *Keimplasma*. Den anderen Teil, aus dem sich der übrige Körper (das Soma) bildet, bezeichnete er als Somatoplasma. Der Körper stirbt am Ende der Lebensspanne des Organismus, während das Keimplasma an die nächste Generation weitergegeben wird, und von dieser an die nächste und so weiter, so daß es potentiell unsterblich ist. Weismann wußte aus den Arbeiten anderer Forscher, daß die Chromosomen in den Kernen der Teil des Keimplasmas sind, der mit der größten Wahrscheinlichkeit an der Vererbung beteiligt ist. Er wies nach, daß die Chromosomen die physischen Träger der Erbfaktoren sind, die von einer Generation an die nächste übertragen werden. Allerdings wußte er nichts von den Genen, denn obgleich Gregor Johann Mendel seine Experimente etwa dreißig Jahre vor Weismanns Studien in den achtziger und neunziger Jahren des 19. Jahrhunderts durchgeführt hatte, wurden diese erst 1900 wiederentdeckt.

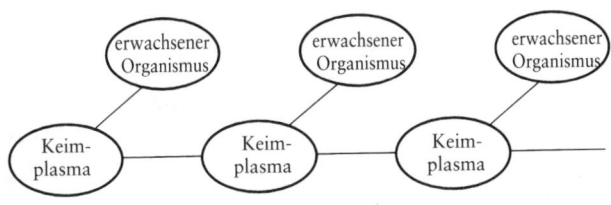

Abbildung 2.2   *Die Weismannsche Beschreibung der Eigenschaften des Keimplasmas, das sich durch künftige Generationen endlos selbst reproduziert und die Bildung des erwachsenen Organismus aus dem Somatoplasma steuert. Das geschlechtsreife Individuum ist sterblich und kann das Keimplasma nicht beeinflussen.*

Die Unterscheidung zwischen dem sterblichen Somatoplasma und dem unsterblichen Keimplasma ist schematisch in Abbildung 2.2 dargestellt. Der Grundgedanke der Weismannschen Vererbungstheorie lautet, daß die Erbfaktoren, die durch die Keimzellen von einer Generation an die nächste weitergegeben werden, die Anweisungen für die Bildung des geschlechtsreifen Organismus enthalten. Das erwachsene Individuum fungiert dabei als Medium für die Weitergabe dieser Anweisungen an die nächste Generation, indem es einen bestimmten Lebensraum für sein Wachstum und seine Fortpflanzung nutzt. Jegliche Änderungen der Erbanweisungen bewirken entsprechende Änderungen in den Eigenschaften des erwachsenen Individuums, so daß sich der evolutionäre Wandel durch Modifikationen des Erbmaterials vollzieht. Hier führte Weismann die Hypothese ein, die Darwins Widersprüchlichkeit beseitigte. Er behauptete nämlich, daß die Erbinformation in den Keimzellen zwar die Bildung des erwachsenen Or-

57

ganismus (des Somas) im Verlauf des Entwicklungsprozesses steuert, das Soma seinerseits jedoch die Erbinformation in den Keimzellen nicht beeinflussen kann. Zu diesem Zweck postulierte er eine Sperre, die sogenannte *Weismannsche Schranke*, die dafür sorgt, daß die Information nicht aus dem Soma in das Erbmaterial der Keimzellen zurückfließt. Organismen mögen als Reaktion auf eine klimatische Abkühlung ein dickeres Fell ausbilden, als Ergebnis eines bestimmten Lebensstils mehr Muskeln entwickeln, als Reaktion auf Sonnenstrahlen mehr Pigmente bilden oder als Reaktion auf den geringeren Sauerstoffgehalt in großer Höhe mehr Hämoglobin erzeugen. Doch diese erworbenen Merkmale werden nicht durch in den Keimzellen enthaltene Informationen an die nächste Generation weitergegeben. Dadurch wird die Lamarcksche Vererbung durch die Keimzellen unmöglich. Allerdings ist die Übertragung durch das Soma in den Fällen möglich, in denen die Fortpflanzung die Kontinuität des Körpers dieses Organismus von einer Generation zur nächsten umfaßt.

Wir haben bereits in Kapitel 1 mit dem Einzeller *Paramecium* und dem Wurm *Stenostomum* Beispiele für solche Organismen kennengelernt, und es gibt eine Fülle weiterer Beispiele. Aber für jede Spezies, die sich geschlechtlich fortpflanzt und bei der die Keimzellen die einzigen Zellen sind, die an der Fortpflanzung beteiligt sind, untersagt die Weismannsche Schranke die Vererbung erworbener Merkmale. Der Darwinismus erhielt auf diese Weise eine Theorie der Vererbung, die mit den Prinzipien der natürlichen Selektion in Einklang stand, und diese wurde energisch gegen alle Angriffe verteidigt. Jeder Anflug einer Lamarckistischen Sünde wurde unverzüglich und uneingeschränkt verdammt. Sie wurde und wird noch immer zur unverzeihlichen Häresie erklärt.

Weismann befreite den Darwinismus von einer Widersprüchlichkeit, indem er Organismen in zwei klar unterschiedene Teile trennte – einen sterblichen und vergänglichen Teil (den Körper) und einen potentiell unsterblichen Teil, der die Erbanweisungen (die Chromosomen in den Keimzellen) überträgt. Diese Theorie lieferte die perfekte Grundlage für die Wissenschaft der Genetik, die nach der Wiederentdeckung der Mendelschen Vererbungsstudien im Jahre 1900 einen raschen Aufschwung nahm und schon bald den Beweis erbrachte, daß die Erbfaktoren wohldefinierten Regeln der Übertragung von Generation zu Generation gehorchen. Ein großer Vorteil des Weismannschen Modells lag darin, daß sich die Genetik entwickeln konnte, ohne daß man genauere Kenntnis hatte über den Einfluß der Gene während der Individualentwicklung. Man mußte lediglich die Wirkungen der Gene auf die Merkmale des erwachsenen Organismus kennen, so daß man auf ihre Gegenwart oder Abwesenheit schließen konnte – hohe Pflanzen deuteten auf die Anwesenheit der spezifischen Gene, welche die Körpergröße beeinflussen, hin; rote Blüten deuteten auf die Anwesenheit der spezifischen Gene hin, welche die Produktion roter Pigmente auslösen, und so weiter. Die Frage, *auf welche Weise* die Gene ihre Wirkungen hervorbrachten, konnte ausgeklammert werden, während man die Regeln ihrer Aufspaltung und Übertragung aufklärte. Die Hauptströmung des Lebens trägt das potentiell unsterbliche Keimplasma. Dieses enthält die Gene, deren spontane Veränderungen durch Aufspaltung, Kombination, Mutation und andere Ursachen des Wandels die Merkmalsvariationen hervorbrachten, auf welche die natürliche Selektion einwirkte. So wurde der evolutionäre Wandel vorangetrieben. Die Organismen wurden zu reinen Genträgern reduziert. Die Genetik eilte von Erfolg zu Erfolg, und in den fünfziger Jahren unseres Jahrhunderts wurde die chemische Struktur des Erbmaterials aufgeklärt: Die DNS-(Desoxyribonuklein-säure)-Doppelhelix wurde von James Watson und Francis Crick beschrieben, die sich hierbei auf wegweisende Arbeiten des Biochemikers Oswald Theodore Avery und die Erkenntnisse von Rosalind Franklin und Maurice Wilkins über die grundlegenden Struktureigenschaften der DNS stützten. Anschließend wurde die Frage geklärt, wie die DNS ihre Doppelfunktion der Selbstreplikation und der Herstellung von Anweisungen zur Proteinsynthese erfüllte. Diese beiden Aktivitäten stellten das exakte molekulare Pendant der beiden Aspekte der Weismannschen Theorie dar (Abbildung 2.2). Die Kontinuität des Erbmaterials der Keimzellen von Generation zu Generation wurde durch die Fähigkeit der DNS zur Selbstreproduktion erreicht; die Anweisungen für die Bildung eines Organismus im Rahmen des Entwicklungsprozesses stammten von der DNS und wurden durch ihre Fähigkeit vermittelt, mRNS und somit Protein herzustellen, aus dem das Soma, der Körper, besteht. So können wir die DNS mit dem potentiell unsterblichen Erbmaterial des Lebens gleichsetzen, während das Protein die sterbliche Substanz ist, die den vergänglichen Körper des Organismus bildet, wie in Abbildung 2.3 gezeigt. Weismann hatte die grundlegenden Erkenntnisse der Molekularbiologie in unserem Jahrhundert vorweggenommen. Welch eine erstaunliche Voraussicht!

Der Mythos hinter den Metaphern

Die Erfolgsgeschichte der Genetik und der Molekularbiologie bei der Aufklärung der molekularen und genetischen Grundlagen der Evolution ist viele Male erzählt worden, doch eine der interessantesten und einflußreichsten Versionen dieser Geschichte trägt Richard Dawkins in seinen Büchern *Das egoistische Gen, Der erweiterte Phänotyp* und *Der blinde Uhrmacher* vor. Es handelt sich um eindrucksvolle, überzeugende Darstellungen der genozentrischen Biologie, deren konsistente Argumentation durch plakative Metaphern veranschaulicht wird. Diese Metaphern sind jedoch selbst sehr aufschlußreich, da sie nicht bloß beliebige Ausschmückungen eines farblosen wissenschaftlichen Diskurses sind. Vielmehr sind sie auf eine sehr direkte und enge Weise mit den Grundideen verbunden; sie erzeugen spezifische Assoziationsketten und spiegeln die grundlegenden Mythen wider, auf denen die Naturwissenschaft fußt.

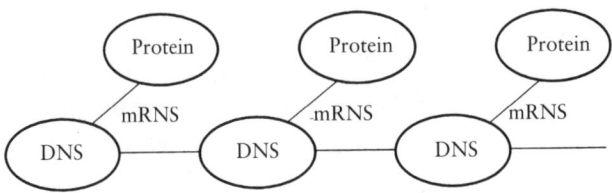

Abbildung 2.3 *Die Beziehung zwischen DNS und Protein entspricht der zwischen Keimplasma und Somatoplasma: Die DNS repliziert sich selbst und kann daher an künftige Generationen weitergegeben werden, während das Protein, das gemäß den in der DNS gespeicherten (und über die mRNS vermittelten) Anweisungen synthetisiert wird, eine begrenzte Lebensdauer hat und die in der DNS codierte Information nicht verändern kann.*

Da ist zunächst die Metapher des egoistischen Gens. Selbstverständlich können Gene nicht egoistisch sein. Aber sie verhalten sich so, als seien sie es. Die Fähigkeit der DNS, Kopien von sich selbst herzustellen, verleiht ihr die Eigenschaft eines »Replikators«, die als die Grundlage der Fähigkeit von Organismen betrachtet wird, sich exponentiell zu vermehren und Gene von einer Generation an die nächste weiterzugeben. »Bessere« Gene erzeugen »bessere« Merkmale, das bedeutet, daß die Organismen mit diesen Merkmalen eine größere Chance haben, zu überleben und diese Gene an ihre Nachkommen weiterzugeben.

Gene »versuchen« also unentwegt über die Organismen, die sie hervorbringen, mehr Kopien von sich selbst zu hinterlassen. In diesem Prozeß konkurrieren die Organismen miteinander um die knappen Ressourcen, wie es Darwin beschrieben hat. In seinem Buch *Das egoistische Gen* legte Dawkins jedoch dar, daß nicht nur konkurrierendes, sondern auch scheinbar kooperatives Verhalten von Organismen, wie etwa elterliche Fürsorge und soziale Organisation, in Wirklichkeit darauf zurückführen sind, daß jedes Gen nur sein eigenes Interesse verfolgt und sich zu vermehren trachtet. Am Ende des Buches macht er dann aber eine ebenso aufschlußreiche wie überraschende Aussage: »Wir sind als Genmaschinen konstruiert und werden als Mem-Maschinen sozialisiert, aber wir haben die Macht, uns gegen unsere Schöpfer zu erheben. Wir können uns als einzige Lebewesen auf der Erde gegen die Tyrannei der egoistischen Replikatoren auflehnen.« Der Mensch ist also die einzige Art, die imstande ist, »bewußt einen reinen, uneigennützigen Altruismus zu kultivieren und zu fördern«. Bei dieser einen Art kann die Kultur über die Natur triumphieren. (Es ist nicht ganz klar, wie ein Organismus, der von egoistischen Genen rein zum Zweck der Sicherung ihres eigenen Fortbestehens geschaffen wurde, deren listigem Einfluß entrinnen kann. Wie können eine solche Autonomie, eine solche Freiheit, sich für altruistisches Verhalten zu entscheiden, entstehen, wenn nicht auch sie zum Nutzen der Gene sind, die diese Eigenschaft erzeugen, so daß der vermeintliche Altruismus wiederum nur eine versteckte Form des Eigennutzes ist? Ich werde diese Fragen jedoch hier nicht weiterverfolgen; sie werden uns in den Kapiteln 6 und 7 in einem anderen Kontext erneut beschäftigen.)

Dawkins' Beschreibung der Darwinschen Evolutionsprinzipien läßt sich folgendermaßen zusammenfassen:

1. Organismen werden durch Gruppen von Genen geschaffen, die danach streben, möglichst viele Kopien von sich selbst anzufertigen. Das Erbmaterial ist »egoistisch«.

2. Die dem Erbmaterial inhärenten egoistischen Eigenschaften spiegeln sich in dem Wettbewerb zwischen Organismen wider, der zum Überleben der besser angepaßten Varianten führt, die von den erfolgreicheren Genen erzeugt werden.

3. Organismen versuchen unentwegt besser zu werden (ihre Fitneß zu steigern). In der Sprache einer mathematisch/geometrischen Metaphorik kann man sagen, daß sie ständig lokale Gipfel auf einer Fitneßlandschaft zu erklimmen suchen, um ihre Konkurrenten zu überflügeln. Diese Landschaft verändert sich jedoch in dem Maße, wie die Evolution voranschreitet, so daß dieses Streben niemals aufhört.

4. Paradoxerweise können Menschen jedoch altruistische Eigenschaften entwickeln, das heißt, sie können ihren angeborenen Egoismus mit Hilfe erzieherischer und anderer kultureller Bemühungen überwinden.

Kommt Ihnen diese Liste nicht irgendwie bekannt vor? Ich möchte Ihnen nun eine sehr ähnliche Liste von Prinzipien aus einem anderen Bereich vorstellen:

1. Der Mensch ist in Sünde geboren; die menschliche Natur ist schlecht.

2. Der Mensch ist deshalb zu einem Leben voller Widersprüche und

3. ständiger Mühsal verdammt.

4. Durch den Glauben und durch sittliche Anstrengungen kann der Mensch aus seinem Zustand der Gefallenheit und des Egoismus errettet werden.

Wir sehen also, daß die Dawkinssche Darstellung des Darwinismus, die von sehr vielen (wenn auch keineswegs allen) Biologen mit Zustimmung aufgenommen wurde, ihre metaphorischen Wurzeln in einem unserer grundlegendsten kulturellen Mythen hat, der Geschichte vom Fall und der Erlösung der Menschheit. Dawkins hat diese Geschichte der Evolution nicht erfunden; er erzählt sie lediglich mit großer Sorgfalt und Inspiration und arbeitet dabei die Grundideen des Darwinismus sehr deutlich heraus. So enthüllt er uns einen Mythos, der uns allen bestens bekannt ist. Wir können daher die Leistung Darwins nunmehr unter einem anderen Gesichtswinkel würdigen. Zweifellos hatte er sich in bezug auf die theologische Version der Geschichte von Fall und Erlösung der Häresie schuldig gemacht, da in seiner Erklärung des Ursprungs der Arten für Gott oder den menschlichen Geist kein Platz war. Für ihn war die schöpferische Kraft in der lebenden Materie selbst angelegt. Die Fähigkeit des Lebens, eine unbegrenzte Mannigfaltigkeit von Formen und Arten hervorzubringen, ist diesem Organisationszustand der Materie inhärent, so daß es keines transzendenten Wesens bedarf, um die Materie zu beleben und zu formen. Doch abgesehen von dieser entscheidenden Neuerung blieb die Geschichte weitgehend unverändert: Konkurrenz, Mühsal, Arbeit und Fortschritt. Darwin sah darin die Wegbereiter von Zivilisation und Kultur, wie aus einem aufschlußreichen Kommentar hervorgeht, den er über die Eingebore-

nen von Feuerland machte, denen er während seiner Süd-
amerikareise auf der *Beagle* begegnete. Ihm fiel auf, daß
die Eingeborenen die Güter, die sie von Mitgliedern der
Schiffsmannschaft erworben hatten, gleichmäßig unter
sich aufteilten. Darwin betrachtete dies als eine Form der
kooperativen Barbarei und bemerkte: »Die vollkommene
Gleichheit aller Bewohner wird für viele weitere Jahre ihre
Zivilisierung verhindern. Solange ihnen ein Häuptling
fehlt, der aufgrund seiner Macht Güter für sich selbst an-
häufen kann, gibt es keinerlei Hoffnung, daß sich ihre
Lage verbessert.« Selbstverständlich kommt in dieser Ansicht, abgesehen von dem engen Zusammenhang zwischen
der Arbeitsethik in unserer Kultur und der Idee einer Erlösung durch gute Werke, keine spezifisch theologische Wer-
tung zum Ausdruck. Darwin hing eher einer natürlichen
Theologie an, wie sie etwa von Paley vertreten wurde, der
in der Anpassung der Spezies an ihre Lebensräume eines
der hervorstechendsten Merkmale des Naturreichs sah.
Doch statt dies als Beweis für die Existenz des Schöpfers
zu betrachten, erblickte Darwin darin den Beweis für die
Macht der natürlichen Selektion, die er zu seinem schöpferischen Gestaltungsprinzip erkor. Darwins Häresie bestand darin, daß er diese theologischen Vorstellungen ma-
terialistisch umdeutete; die übrigen Grundideen und
-metaphern behielt er jedoch unverändert bei. Diese sind
in jeder populären Darstellung des Darwinismus enthalten, und ihre Behandlung in den Schriften von Dawkins ist
lediglich ein aktuelles Beispiel. (Eine hervorragende Untersuchung der Mythen, die Eingang in die moderne Biologie
gefunden haben, liefert Howard Kaye in seinem Buch *The
Social Meaning of Modern Biology*.)

Wie ließ sich nun der Beitrag von Weismann mit diesen
Metaphern in Einklang bringen? Wir hörten, daß Weismann den Organismus in den sterblichen Körper und die

potentiell unsterbliche Keimbahn, seine Erbsubstanz, die von einer Generation an die nächste weitergegeben wird, aufgliederte. Auch dieser Dualismus ist uns wohlbekannt. Er entspricht der Doppelnatur von sterblichem Leib und unsterblicher Seele, wie sie dem Menschen in vielen Religionen zugesprochen wird. Und wir alle wissen, welcher Teil der wichtigere ist. Das Erbmaterial ist zweifelsfrei der Wesenskern des Organismus, und die genozentrische Biologie ist auf soliden metaphorischen und theologischen Fundamenten errichtet. Dieser Wesenskern wird zu Dawkins' Replikator, das heißt zum selbstreplizierenden Urorganismus. Der Körper des Organismus, der für den unbedarften Beobachter der Hauptteil zu sein scheint, ist lediglich die Verpackung für die Erbsubstanz, die den eigentlichen Wesenskern bildet. Weismann selbst ging nicht so weit, aber er führte diese Unterscheidung ein, als er erklärte, daß das Keimplasma »in einer vom Somatoplasma getrennten Sphäre lebt«.

Daraus läßt sich nun jedoch nicht folgern, daß etwas an der Darwinschen Theorie falsch sein muß, weil sie eindeutig mit einigen sehr wirkungsmächtigen kulturellen Mythen und Metaphern verbunden ist. Alle Theorien haben metaphorische Dimensionen, die ich nicht nur als unvermeidlich, sondern auch als überaus wichtig erachte. Denn diese Dimensionen sind es, die wissenschaftlichen Ideen einen tieferen Sinn verleihen, ihre Überzeugungskraft stärken und unsere Sicht der Realität einfärben. Schließlich ist die Naturwissenschaft keine Aktivität, die außerhalb der Kultur stattfindet. Sich dies klarzumachen und die Einflüsse zu erkennen, die im gegenwärtigen Darwinismus wirksam sind, dient einfach dazu, Abstand zu gewinnen, eine Bestandsaufnahme zu machen und über alternative Beschreibungen der biologischen Realität nachzudenken. Die Entscheidungen, die Darwin und Weismann trafen, als sie ein begriffliches System zur Erklärung der Evolution aufstellten, waren weder beliebig noch zwangsläufig. Sie wurden von älteren Auffassungen über Leben und Schöpfung beeinflußt, aber auf spezifische Weise umgeformt. Manche Biologen sind der Ansicht, daß die Darwinsche Theorie der Evolution so unwiderleglich, so wohlformuliert und in den wichtigsten Punkten so vollständig ist, daß keine Alternative zu ihr vorstellbar sei. Die weitere Pflege dieser Theorie kann ihrer Meinung nach nun, da die Biologen die Vorarbeiten geleistet und ihre dauerhaften Fundamente gelegt haben, Historikern und Philosophen überlassen werden. Eine solche Zuversicht ist immer sehr aufschlußreich, denn darin spiegeln sich die Macht und die Überzeugungskraft einer bestimmten » Sichtweise« wider, die so tiefreichende kulturelle Wurzeln hat, wie sie der Darwinismus besitzt.

Indes: keine wissenschaftliche Theorie währt für immer, und im weiteren Verlauf dieses Buches wird eine andere Geschichte erzählt werden, eine weitere Wandlung herrschender Anschauungen. Der Grund für diese Veränderung ist nicht bloß ein Unbehagen an der metaphorischen Struktur des Darwinismus, sondern an der Naturwissenschaft überhaupt. Einige der Grundannahmen, die der begrifflichen Struktur der gegenwärtigen biologischen Lehre zugrunde liegen, stehen im Widerspruch zu den empirischen Befunden. Inkonsistenz ist, wie wir sahen, in der Wissenschaft keine schwere Sünde – vielmehr ein Ansporn zu weiterer Klärung. Doch ich sehe eine Reihe von Inkonsistenzen, die in ihrer Gesamtheit die Notwendigkeit einer grundlegenden Korrektur begründen.

Mit den Flecken verschwindet der Leopard

In der Wissenschaft gibt es keine Zwangsläufigkeiten; sie besteht aus einer Reihe miteinander verknüpfter Beschreibungs- und Erklärungsebenen, die ausgewählt werden, um der Welt den aus der Sicht des Beobachters »besten« Sinn zu geben. Dies bedeutet nicht, daß die reine Willkür herrscht oder jedes beliebige System von Ideen eine befriedigende Perspektive darstellt. Vielmehr ist die Situation vergleichbar mit jenem Vorgang, in dessen Verlauf einer mehrdeutigen Figur, die auf zwei verschiedene Weisen wahrgenommen werden kann, ein bestimmter Sinn zugeschrieben wird. Beide Wahrnehmungen sind gleich »real«, und wir können zwischen ihnen hin und her pendeln, sobald wir sie einmal erkannt haben. Doch für bestimmte Zwecke ist die eine der anderen überlegen. Es liegt an uns, wissenschaftliche Ideen für bestimmte Zwecke zu verwenden und klar zu erkennen, weshalb wir uns für die eine und nicht für eine andere entschieden haben. Ich werde daher nicht für ein neues und besseres, dem vorangehenden überlegenes Paradigma in der Biologie eintreten. Das ist die autoritäre Form der Wissenschaft, welche die Moderne kennzeichnete. Wir befinden uns heute in einem postmodernen Zeitalter, in dem die Dinge anders gehandhabt werden, und es ist höchste Zeit dafür. Hier können Sie sich Ihre eigene Meinung bilden. Sie können beschließen, an der gegenwärtigen Anschauung, die ihre Vorteile hat, festzuhalten, oder Sie können über andere Wege nachdenken; einen davon werde ich anschließend beschreiben.

Ich werde mit der Darlegung einiger der Unzulänglichkeiten beginnen, die ich in der Biologie sehe, wie sie auf der Grundlage der Ideen von Darwin und Weismann, der Studien Mendels und der Beiträge vieler anderer Wissenschaftler in diesem Jahrhundert entstanden ist. Einige dieser Inkonsistenzen haben wir bereits in Kapitel 1 betrachtet, und auf andere werden wir später eingehen.

1. Die Behauptung, daß »die Gesamtheit der Chromosomen in der befruchteten Eizelle den vollständigen Satz von Befehlen enthält, der die zeitliche Abfolge und die Einzelheiten der Bildung des Herzens, des zentralen Nervensystems, des Immunsystems und aller anderen lebensnotwendigen Organe und Gewebe festlegt« (C. Delisi, 1988), ist falsch. Diese Befehle, die ein genetisches Programm definieren, können zwar die molekulare Zusammensetzung eines sich entwickelnden Organismus determinieren, aber sie reichen nicht aus, um die Vorgänge zu erklären, die zur Bildung eines Herzens, eines Nervensystems, einer Extremität oder eines anderen Organs des Körpers führen. Wie wir in Kapitel 1 erfuhren, liegt dies daran, daß die Kenntnis der molekularen Zusammensetzung eines Gebildes im allgemeinen nicht ausreicht, um seine Form vorherzusagen. Dies folgt aus elementaren physikalischen Gesetzmäßigkeiten. Wir müssen darüber hinaus die Organisationsprinzipien des Systems kennen, um erklären zu können, welche Form es annehmen kann. Dann können wir verstehen, auf welche Weise Faktoren wie die molekulare Zusammensetzung die Entwicklung einer bestimmten Form beeinflussen. Der Bauplan von Organismen kann also nicht durch die Wirkung ihrer Gene erklärt werden. Einer der markanten Flecken auf dem Leopardenfell verblaßt.

2. Die DNS eines Organismus ist nicht selbstreplizierend; sie ist kein unabhängiger »Replikator«. Die DNS kann nur innerhalb einer sich teilenden Zelle originalgetreu und vollständig verdoppelt werden; das bedeutet,

daß sich die Zelle reproduziert. In einem klassischen Experiment zeigte Spiegelman 1967, was im Reagenzglas mit einem replizierenden Molekülsystem geschieht, das in keinerlei zelluläre Organisation eingebettet ist. Die replizierenden Moleküle (die Nukleinsäurematrizen) brauchen eine Energiequelle, Bausteine (d.h. Nukleotidbasen; vgl. Abbildung 1.1) und ein Enzym, das den Polymerisationsprozeß beschleunigt, der beim Selbstkopieren der Matrizen abläuft. Dann kommt der Replikationsvorgang in Schwung, wobei mehr Kopien der spezifischen Nukleotidsequenzen, welche die Ausgangsmatrizen definieren, angefertigt werden. Interessant war jedoch der Befund, daß diese Ausgangsmatrizen nicht unverändert blieben. Sie wurden kürzer und kürzer, bis sie die Mindestlänge erreichten, die eine Sequenz aufweisen muß, um noch zur Selbstverdopplung in der Lage zu sein. Und in dem Maße, wie die Sequenzen kürzer wurden, beschleunigte sich der Kopiervorgang. In dem Reagenzglas kam es demnach zu einer natürlichen Selektion: Die Anzahl der kürzeren Matrizen, die sich schneller selbst kopierten, nahm zu, während die größeren Matrizen allmählich ausstarben. Dies hört sich nach Darwinscher Evolution im Reagenzglas an. Das Aufschlußreiche daran war jedoch, daß diese Evolution in Richtung größerer Einfachheit verlief. Die wirkliche Evolution verläuft nämlich in Richtung einer größeren Komplexität, so daß der Körperbau und das Verhalten der Spezies immer ausgefeilter werden, obgleich dieser Prozeß auch in umgekehrter Richtung verlaufen und zu größerer Einfachheit führen kann. Doch die DNS alleine kann nur in Richtung größerer Einfachheit evolvieren. Nur wenn die DNS in einen zellulären Kontext eingebettet ist, kann sie in Richtung einer größeren Komplexität evolvieren; das ganze

System bildet dann die evolvierende Reproduktionseinheit. Die Vorstellung eines unabhängigen Replikators ist somit ein weiterer Fleck auf dem Fell des Leoparden, der sich als fehlerhafte Abstraktion erweist und somit verschwindet.

3. Die Behauptung, der Weismannsche Dualismus sei ein allgemeingültiges biologisches Prinzip, ist unzutreffend. Bei sämtlichen Einzellern, allen Pflanzen- und vielen Tierarten einschließlich Säugetieren gibt es keine Trennung zwischen Keimplasma und Somatoplasma. Die Fortpflanzungsfähigkeit ist eine Eigenschaft des *Gesamtorganismus*, nicht eines besonderen, vom restlichen Körper getrennten Teils. Und im Fall der geschlechtlichen Vermehrung, auf die das Weismannsche Konzept angewandt werden kann, ist es die Eizelle (und nicht eine Erbsubstanz), die den strukturellen Kontext bereitstellt, der für eine originalgetreue Replikation der DNS in der nächsten Generation erforderlich ist. Die Weismannsche Schranke lebt in der Vorstellung fort, die DNS könne sich nicht an veränderliche Umweltreize anpassen. Nach der gegenwärtig herrschenden Lehrmeinung kann ein Organismus, wenn er mit einem »Problem« konfrontiert ist, das er zunächst nicht zu lösen vermag (beispielsweise die Erschließung einer neuen Nährstoffquelle), seine DNS nicht »zielgerichtet« verändern, um ein neues Protein zu synthetisieren, das den Nährstoff nutzen kann. Solche Veränderungen können nach dieser Auffassung nur zufällig geschehen, und daran kann sich dann die Selektion der Organismen mit der zufälligen adaptiven Veränderung anschließen.

Dieses Relikt der Weismannschen Theorie, das als ihr wichtigster Aspekt betrachtet wird, weil es die Lamarcksche Vererbung untersagt, ist jedoch in jüngster Zeit in Frage gestellt worden. Es gibt neue experimentelle Anhaltspunkte (über die 1988 erstmals John Cairns berichtete) dafür, daß einzellige Organismen wie Bakterien und Hefen tatsächlich ihre DNS in einer gerichteten, adaptiven Weise verändern können. Weitere Studien werden zeigen, ob die Weismannsche Schranke beibehalten werden kann, oder ob sie der Wandelbarkeit der molekularen Mechanismen weichen muß, welche die DNS eher zu einem sehr flexiblen als einem stabilen Polymer macht. Doch was den Fortpflanzungsprozeß betrifft, kann man Organismen nicht in eine besondere, potentiell unsterbliche Erbsubstanz und einen anderen, sterblichen Teil untergliedern. Bei der Teilung eines Pantoffeltierchens beispielsweise entstehen zwei identische Zellen, die beide die Fähigkeit besitzen, zu wachsen und sich zu teilen, so daß jede Zelle zwei weitere Zellen erzeugt, und dieser Prozeß geht endlos weiter. Daher der alte Witz über die sonderbare Arithmetik des Lebens: Organismen verdoppeln sich, indem sie sich teilen. Im weiteren Verlauf dieses Prozesses durchlaufen *sämtliche* molekularen Komponenten der Zelle – die DNS, die RNS, die Proteine – eine sogenannte molekulare Erneuerung: Ihre Bestandteile werden in der Regel durch identische Bauteile ausgetauscht. Sie alle werden erneuert, obgleich der Organismus als solcher unverändert bleibt (das heißt die Merkmale, die ihn zu einer *Paramecium*- statt zu einer *Salmonella*- oder einer *Stenostomum*-Zelle machen). In dieser Hinsicht gleichen Organismen einem Springbrunnen: Die Form bleibt gleich, aber der Stoff, aus dem die Form besteht, fließt durch sie hindurch und verändert sich fortwährend. Was sich bei den Organismen nicht ändert, sind gewisse Aspekte der *Organisation* der Bauteile – ihre dynamischen Beziehungen, ihre räumliche Anordnung und die Muster ihres Wandels im Zeitablauf. Organismen sind dynamische Felder besonderer Art, wie wir im nächsten Kapitel noch genauer sehen werden.

Das Erbmaterial spielt bei der Stabilisierung gewisser Aspekte dieser räumlichen und zeitlichen Ordnung eine sehr wichtige Rolle. Aber es *erzeugt* diese Ordnung nicht, und es ist genauso wenig unsterblich wie der Rest der Zellorganisation, auf den es zu seiner Replikation angewiesen ist. Es gibt allerdings einen sehr wichtigen Aspekt, in dem die DNS tatsächlich eine besondere und einzigartige Funktion erfüllt. Sie ist der einzige makromolekulare Zellbestandteil, der originalgetreu kopiert und während der Zellteilung an die beiden Tochterzellen weitergegeben wird. Auf dieser Eigenschaft basiert ihre Bedeutung als ein stabiler Träger der Erbinformation. Wir erfuhren im letzten Kapitel, daß andere Aspekte der Zellstruktur ebenfalls originalgetreu kopiert und an Tochterzellen übertragen werden können, wie etwa die konträr zur normalen Ausrichtung verlaufende Reihe der Einheitsflächen beim Melonenstreifen-*Paramecium*. Doch dieser Typ von Vererbung ist auf Spezies beschränkt, bei denen die Vermehrung mit dem Kopieren elterlicher Zellstrukturen bei der Erzeugung von Nachkommen einhergeht. Es gibt viele Spezies, Einzeller und Vielzeller, die sich auf diese Weise vermehren. Bei der geschlechtlichen Vermehrung aber ist die einzige Organisation, die von den Eltern an die Nachkommen weitergegeben wird, diejenige, die von der Eizelle getragen wird, und die chromosomale DNS ist die einzige molekulare Konstituente, die dabei exakt kopiert und weitergegeben wird. Daher ihre Bedeutung. Wenn aber die DNS nicht die Struktur des Organismus erzeugt, der sich aus der Eizelle entwickelt, stellt sich die Frage, was sie dann für eine Rolle erfüllt? Wie wirkt sie sich darauf aus, ob ein neuentstandener Organismus zwei oder vier

Flügel, fünf oder sechs Zehen ausbildet und ob er groß oder klein ist? Dieser Frage werden wir in den nächsten beiden Kapiteln nachgehen, wo wir uns eingehend mit den einzelnen Stadien der Entwicklung eines Organismus aus einer Eizelle und mit der Rolle der Gene und anderer Einflußfaktoren bei der Erzeugung bestimmter Strukturen befassen werden.

Wir wollen nun diese neue Sichtweise schematisch zusammenfassen, indem wir Abbildung 2.2 so abwandeln, daß sie die oben angeführten Erkenntnisse berücksichtigt (Abbildung 2.4). An die Stelle des Keimplasmas (oder dessen moderner Version, der DNS) als des Trägers der spezifischen von den Eltern ererbten Faktoren, welche die Bildung bestimmter Strukturen bei den Nachkommen beeinflussen, treten dabei die von mir so genannten *morphogenetischen Determinanten*. Dabei kann es sich entweder um bestimmte Basensequenzen der DNS, welche die Gene definieren, handeln oder um besondere Strukturen des elterlichen Organismus, wie etwa den Melonenstreifen bei *Paramecium*, die an die Nachkommen weitergegeben werden. Diese wirken auf das generative Feld ein, das heißt auf die Organisation der Eizelle oder den Organismus selbst, der wächst und sich zu einem neuen Individuum mit von den Eltern ererbten Merkmalen entwickelt. Die Trennung dieser beiden Aspekte eines Organismus ist eine künstliche, da die beiden in Wirklichkeit Teil eines einzigen Systems sind: Die morphogenetischen Determinanten sind Teil des Organismus, der ein in räumlicher und zeitlicher Hinsicht organisiertes Feld darstellt.

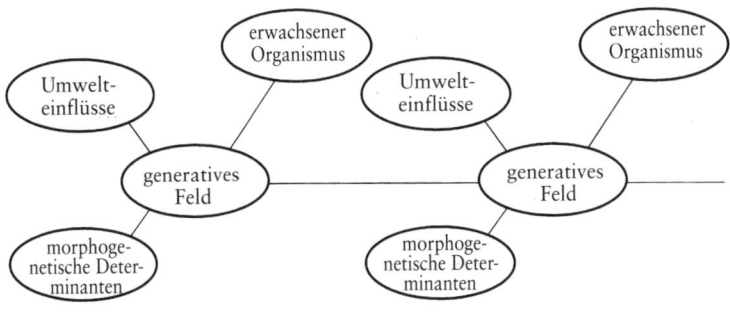

Abbildung 2.4 *Einige der Komponenten, die das Weismannsche Modell nicht berücksichtigt und die Molekularbiologie nicht erklärt, insbesondere die Organisation des generativen Feldes, welches unter Einwirkung der DNS, zytoplasmatischer Erbfaktoren und der Umwelt den erwachsenen Organismus hervorbringt.*

Das helle Licht, das die Gene als den markantesten Fleck auf dem Fell des Darwinschen Leoparden bestrahlt, verblaßt zusehends vor dem Hintergrund des Gesamtorganismus, der nun immer deutlicher als das eigentliche Lebewesen hervortritt. Für gewisse Zwecke ist es weiterhin sinnvoll, jene Aspekte des einheitlichen dynamischen Feldes, die bei der Weitergabe spezifischer Einflußfaktoren mitwirken, von denjenigen zu unterscheiden, welche die Form des Organismus bestimmen. Diese Konvention wird bei der Analyse dynamischer Systeme verwendet, wie in Kapitel 4 deutlicher werden wird. Dort werde ich eine Unterscheidung treffen zwischen den Genen als Parametern und dem generativen Feld als der Summe der dynamischen Gleichungen, mit denen der Prozeß der Gestaltbildung beschrieben wird. Derartige Unterscheidungen sind bei der Analyse komplexer Systeme hilfreich, aber sie müssen als

Abstraktionen erkannt werden. Der Organismus selbst bildet eine Einheit.

Wir benötigen zwei weitere Elemente, um das Schema in Abbildung 2.4 entsprechend unserem gegenwärtigen Kenntnisstand zu vervollständigen. Da ist einmal der Prozeß, durch welchen das generative Feld unter Einwirkung von morphogenetischen Determinanten die erwachsene Form des Organismus hervorbringt. Dies ist der Entwicklungsprozeß, den wir vorläufig durch eine einfache Linie zwischen dem generativen Feld und dem erwachsenen Individuum darstellen. Hinzu kommt die Rolle der Umwelt. Bislang habe ich wenig dazu gesagt, außer daß Organismen bestimmte Umweltbedingungen benötigen, um zu überleben. Allerdings kann auch die Umwelt einen spezifischen Einfluß auf die Entwicklung ausüben, indem sie, wie gezeigt, auf das generative Feld einwirkt. Eines der bemerkenswertesten Beispiele hierfür ist die Geschlechtsbestimmung bei Mississippi-Alligatoren. Es hat sich nämlich gezeigt, daß die Temperatur, welcher ein Alligator in einer kritischen Phase seiner Embryonalentwicklung ausgesetzt ist, darüber entscheidet, ob er zu einem Männchen oder einem Weibchen wird. Aus Eiern, die sich in einem Temperaturbereich zwischen 26° und 30°C entwickeln, gehen nur Weibchen hervor, während sich aus Eiern, die einer Temperatur zwischen 34° und 36°C ausgesetzt sind, nur Männchen entwickeln. Zwischen 31° und 33°C vollzieht sich der Wechsel, so daß aus Eiern, die diesen Temperaturen ausgesetzt sind, beide Geschlechter entstehen können, wobei mit steigender Temperatur die Wahrscheinlichkeit zunimmt, daß sich aus dem Ei ein männliches Tier entwickelt. Anders als Vögel bebrüten Alligatoren ihre Eier nicht bei einer konstanten Temperatur, sondern legen sie einfach in ein Nest aus vermodernden Pflanzenresten, die eine gewisse Wärme erzeugen. Ein Gelege aus zwanzig bis dreißig

Eiern ist einer Bandbreite von Temperaturen ausgesetzt, so daß sich eine gemischte Nachkommenschaft aus Männchen und Weibchen entwickelt. Unter 26°C und über 36°C entwickeln sich die Embryos nicht, so daß oftmals unentwickelte Eier in einem Nest anzutreffen sind. Diese Spezies nutzt also eine Umweltvariable zur Regulierung ihres Geschlechtsverhältnisses. Bei den meisten Spezies geschieht dies mit Hilfe der Gene, beim Menschen beispielsweise über die X- und Y-Chromosomen – XX für ein Mädchen und XY für einen Jungen. Auf diese Weise kommt ein annähernd ausgewogenes Geschlechterverhältnis zustande, und diese genetische Methode der Geschlechtsbestimmung scheint eine letztlich für das Überleben einer Population sehr grundlegende Eigenschaft auf eine viel zuverlässigere Weise zu regulieren. Dennoch funktioniert die Methode der Alligatoren offenbar bestens, und dies seit sehr langer Zeit. Es gibt weitere Reptilienarten, die denselben Mechanismus nutzen, etwa Echsen und Schildkröten. Daher müssen wir zweifellos Umwelteinflüsse auf das generative Feld in unser Schema einbeziehen.

Man könnte viele weitere Linien, die verschiedene Einflußfaktoren repräsentieren, in das Schema einzeichnen. So wirkt die Umwelt sowohl auf den erwachsenen als auch auf den in Entwicklung befindlichen Organismus ein. Der erwachsene Organismus kann seinerseits die Umwelt beeinflussen: Bäume produzieren Humus, und ihre Wurzeln helfen die Feuchtigkeit im Boden zurückzuhalten; Regenwürmer graben sich durch das Erdreich und belüften es dadurch. Die Umwelt kann sich auf die morphogenetischen Determinanten auswirken, wie im Fall einer *Paramecium*-Zelle, die eine entgegen der normalen Ausrichtung verlaufende Wimpernreihe aufweist. Außerdem gibt es Beispiele dafür, daß die DNS durch die Umwelt verändert wird. Doch ich möchte mich zunächst auf die Eigenart des generativen Feldes konzentrieren, das im Weismannschen Modell nicht berücksichtigt wurde. Dieses generative Feld bildet den organisierten Kontext, in dem die morphogenetischen Determinanten wirken und ohne den sie sich nicht entfalten können. Die Rückbesinnung auf diese Tatsache führt zu einer Neudefinition des Organismus als der fundamentalen Einheit des Lebens. Und daraus ergibt sich die Notwendigkeit, die Evolution neu zu betrachten. Wir werden dann nicht länger einen gefleckten Leoparden, der ums Überleben kämpft, sehen, sondern einen etwas anderen Typ von Lebewesen, der durch andere Metaphern beschrieben wird. Doch der Leopard wird immer noch da sein, falls Sie ihn sehen wollen.

3

Leben, das erregbare Medium?

Früher glaubte man, in jeder menschlichen Keimzelle niste ein kleiner Homunkulus, gleichsam ein in jedem Detail vollständiger Mensch im Miniaturformat, der in der Gebärmutter zu einem menschlichen Säugling heranwachse. Und das gleiche glaubte man von allen anderen Spezies. Wenn man den erwachsenen Organismus im Miniaturformat hinreichend genau erkennen könnte, so die Überzeugung, würde man wissen, welcher Typ von Organismus aus dem Ei jeder beliebigen Spezies hervorginge. Die Auffassung, jede Eizelle enthalte ein genetisches Programm, dessen Information den Organismus in sämtlichen Einzelheiten festlege, ist nur eine andere Version dieser Geschichte. Nach dem Programm-Konzept ist alles, was wir wissen müssen, um zu verstehen, wie sich ein erwachsener Organismus aus einer Eizelle entwickelt, in dessen DNS enthalten. Dies ist der alte Denkfehler, zu meinen, daß alles, was geschaffen wurde, auf das Wirken eines Schöpfers zurückzuführen sein muß, dessen Wort in irgendeiner Form niedergeschrieben ist. Doch wir sahen bereits in Kapitel 1, daß das genetische Programm lediglich festlegt, wann und wo in einem Embryo bestimmte Proteine und andere Moleküle gebildet werden, und wir wissen auch, daß die Kenntnis der molekularen Zusammensetzung nicht ausreicht, um die physikalische Form zu erklären. Organismen sind physikalische Systeme besonderer Art. Zu fragen ist: Welcher Art? Dies müssen wir wissen, um erklären zu können, wie ein so einfaches Gebilde wie ein mikroskopisch kleines, kugelförmiges Ei sich zu einem Organismus von der Komplexität eines Affenbrotbaums oder eines Elefanten entwickelt. Welcher physikalische Prozeß kann dieses Niveau organisierter Komplexität erzeugen, das den dynamischen Kontext definiert, in dem Gene eine wichtige, wenngleich begrenzte Rolle spielen?

Musterbildung aus dem Nichts

Alle Organismen entwickeln sich aus einfachen Anfangszuständen. Nehmen wir zum Beispiel den weitverbreiteten Seetang *Fucus*, der in sämtlichen Küstengewässern der gemäßigten Zone anzutreffen ist. Die ausgewachsenen Thalli stoßen winzige kugelförmige Eier ins Meereswasser aus, wo diese von noch winzigeren Spermien befruchtet werden. Anschließend sinken die Eier langsam zum Meeresboden hinab und heften sich mit Hilfe einer klebrigen Substanz, die nach der Befruchtung produziert wird, an einen Felsen. Der Entwicklungsprozeß beginnt mit der Bildung eines kleinen Auswuchses an der Unterseite des Eies, so daß die Zelle eine birnenförmige Gestalt annimmt (Abbildung 3.1). Das Ei hat damit seine anfängliche Kugelsymmetrie gebrochen und eine Achse ausgebildet; dies ist der erste Schritt auf dem Weg zur Entwicklung einer komplexeren Gestalt. Aus dem Auswuchs geht schließlich das Rhizoid hervor, die wurzelähnliche Haftgrundlage der Alge, während sich aus dem oberen Teil der Stengel und der blattartige, zur Meeresoberfläche wachsende Thallus entwickelt.

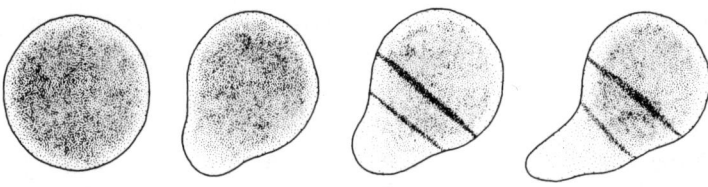

Abbildung 3.1   *Die ersten Stadien der Entwicklung von* Fucus: *Die Symmetrie des kugelförmigen Eies wird durch eine Ausstülpung durchbrochen, welche die Rhizoidbildung auslöst und die Hauptachse der Alge anlegt.*

Die Achsenbildung wird normalerweise durch die Lichteinstrahlung angeregt. Die Eizelle, die mit ihrer klebrigen Oberfläche an einem Fels verankert ist, hat einen oberen, dem Licht zugewandten und einen unteren, lichtabgewandten Teil. Der Beleuchtungsunterschied löst die Achsenbildung aus. Beobachtungen dieses Prozesses im Labor zeigen, daß es viele andere Reize gibt, welche die Bildung eines Auswuchses hervorrufen können, zum Beispiel ein elektrischer Strom oder Gradienten von Ionen wie etwa K^+, Cl^- oder Ca^{++}. Und selbst wenn all diese äußeren Einflußfaktoren fehlen, bildet eine isolierte Eizelle in einer völlig homogenen Umgebung eine Achse aus. Irgend etwas an der inneren dynamischen Organisation eines Eies macht die Kugelsymmetrie instabil, so daß jede beliebige Störung, etwa eine innere Ionenfluktuation oder ein äuße-

81

rer Reiz, den Prozeß der Achsenbildung auslöst. Licht und andere Reize beeinflussen lediglich die *Stelle*, an der sich die Achse bildet, aber sie sind nicht die Ursachen der Achsenbildung als solcher. Es handelt sich lediglich um Auslöser, die etwas in Gang setzen, das »sprungbereit« ist, vergleichbar einem Sprinter vor dem Startschuß. Die Situation ist auch vergleichbar mit einem Beispiel, das wir bereits betrachtet haben: Wasser, das aus einer Badewanne abläuft. Die dynamische Organisation von Flüssigkeiten ist derart beschaffen, daß unter diesen Bedingungen zwangsläufig eine spiralförmige Strömungsbewegung einsetzt; ob die Bewegung in rechts- oder linkshändige Richtung erfolgt, hängt jedoch von den zufälligerweise wirksamen Einflüssen ab, die einen Symmetriebruch auslösen und eine der beiden möglichen stabilen Spiralen hervorbringen können. Im Fall der Eizelle von *Fucus* ist die Anzahl der möglichen Achsen unendlich: Eine Achse kann sich in jeder beliebigen Richtung innerhalb des Eies bilden, unabhängig davon, welche Ausrichtung das Ei aufweist, wenn es sich an einen Stein anheftet. Die Achse bildet sich entlang des Beleuchtungsgefälles. Der Mechanismus, durch den dies geschieht, hängt von den lichtempfindlichen Pigmenten im Ei ab, welche sich auf die Ionenkanäle in der Membran auswirken, wobei sie lokale Flüsse von Ionen wie K^+, Cl^- und Ca^{++} hervorrufen und dadurch schwache elektrische Ströme auslösen, die gemessen werden können.

Ich möchte mich jedoch nicht auf die Frage konzentrieren, wie äußere Einflüsse wirken, sondern darauf, welche Art dynamischer Organisation im Ei den unaufhaltsamen Drang hervorruft, seine Symmetrie zu brechen und sich zu einer komplexen Form zu entwickeln. Wir wenden uns nun einem faszinierenden Teilgebiet der Chemie zu, das uns den Schlüssel zur Lösung liefern wird.

Chemische Wellen

Für gewöhnlich betrachtet man die Chemie als die Kunst, in Reagenzgläsern Verbindungen herzustellen. Diese Stoffe können farbig sein; sie können schlecht riechen; sie können explosiv sein, oder sie können nützliche Eigenschaften besitzen, etwa Schmutzflecken auflösen, Abflüsse reinigen oder sich durch Polymerisation zu Materialien wie Plastik oder synthetischem Kautschuk verbinden. Was man gemeinhin nicht mit der Chemie in Verbindung bringt, sind hingegen dynamische Muster. In den letzten Jahren kam bei den chemischen Reaktionen jedoch eine neue Dimension hinzu, und zwar die der räumlichen Ordnung. Wenn bestimmte Stoffe in einer flachen Schale (einer Petrischale) in eine Lösung eingetragen, vermischt und sich dann selbst überlassen werden, entstehen spontan hübsche, regelmäßige Muster.

Eines dieser magischen Gemenge wird als »Belousov-Zhabotinsky-Reaktion« bezeichnet, zu Ehren von zwei sowjetischen Wissenschaftlern, die diese Reaktion in den fünfziger und sechziger Jahren in Moskau entdeckten und erforschten. Ihr Gemenge aus organischen und anorganischen Chemikalien erzeugt konzentrische Ringe, die dem Muster einer Zielscheibe gleichen (Abbildung 3.2). Die Ringe bewegen sich langsam von den spontan überall in der Schale entstehenden Zentren randwärts; dabei bilden sich in regelmäßigen Abständen neue Kreise. Wie man sehen kann, verschwinden die expandierenden Ringe dort, wo sie aufeinandertreffen. Anders als Wasserwellen, die durch an verschiedenen Stellen in einen Teich geworfene Kieselsteine ausgelöst werden, bilden sie keine Interferenzmuster. Jedes Muster bewahrt seine ursprüngliche Form bis zur Grenze, die durch zwei kollidierende Wellen gebildet wird, die einander vernichten.

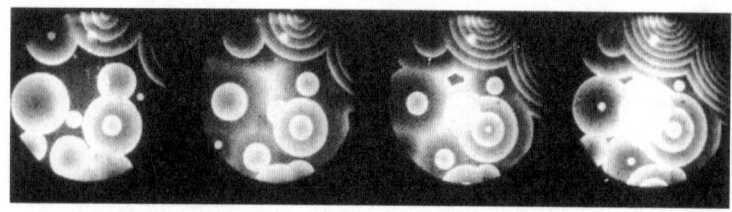

Abbildung 3.2 *Das Zielscheibenmuster, das spontan entsteht, wenn sich Wellen von Zentren in einer mit Belousov-Zhabotinsky-Reagenzien gefüllten Schale ausbreiten.*

Diese Entdeckung war für die Chemiker in den fünfziger Jahren eine große, äußerst aufschlußreiche Überraschung. Zunächst allerdings schenkte man den Berichten von Belousov und dessen Studenten Zhabotinsky kaum Beachtung; das Phänomen paßte einfach nicht in die Vorstellungswelt der Chemiker, die mit homogenen Reaktionen vertraut waren und mit Stoffumsetzungen, die zeitliche und räumliche Muster erzeugten, nichts anzufangen wußten. Einige Wissenschaftler jedoch erkannten die Bedeutung dieser neuen Dimension für die Chemie, und wie so oft in der Geschichte der Naturwissenschaften kamen frühere Berichte über ähnliche Beobachtungen ans Licht. Es verhielt sich ähnlich wie bei der Wiederentdeckung der Mendelschen Regeln der Vererbung – Jahrzehnte, nachdem Mendel sie, wenn auch in einer unbedeutenden Zeitschrift, veröffentlicht hatte. Ideen haben ihre Zeit, und wenn Sie zufälligerweise eine Entdeckung machen, bevor die Menschen fähig sind, deren Bedeutung zu ermessen, sollten vielleicht auch Sie diese Entdeckung in der untersten Schublade verwahren, bis die Zeit reif ist. Belousovs Leistung wurde erst nach seinem Tod im Jahre 1970 anerkannt; 1980 wurde ihm der Lenin-Preis verliehen. Die Geschichte dieser Entdeckung erzählt Arthur Winfree in seinem Buch *When Time Breaks Down;* er gehörte zu den ersten Wissenschaftlern außerhalb der Sowjetunion, welche die Bedeutung dieses Phänomens erkannten und sich Ende der sechziger Jahre damit zu befassen begannen.

Die Einsicht in die Bedeutung der Belousov-Zhabotinsky-Reaktion begann sich schließlich in der wissenschaftlichen Forschungsgemeinde durchzusetzen, und vor allem die Biologen waren fasziniert, als sie erkannten, daß diese rein chemischen Muster exakt denjenigen glichen, die sie in einem ganz anderen System lebender Zellen beobachtet hatten. Es gibt nämlich einen ungewöhnlichen Organismus mit dem liebenswerten Namen *zelliger Schleimpilz*, der sich hervorragend für die Erforschung der Gestaltbildung eignet. Sein Lebenszyklus zerfällt in zwei grundverschiedene Phasen. Solange Nahrung in Form von Bakterien verfügbar ist, existieren die Individuen dieser Spezies als freilebende, eigenständige Amöben, die umherkriechen und Bakterien verschlingen und verdauen. Die Zellen wachsen und teilen sich und schenken einander nicht die geringste Beachtung. Doch sobald die Nahrung knapp wird, schlagen sie eine völlig andere Strategie ein. Die Zellen beginnen eine chemische Substanz freizusetzen, die als Botenstoff fungiert. Dies löst einen Prozeß der Aggregation (Zusammenballung) aus: Die Amöben beginnen sich in Richtung eines Zentrums zu bewegen. Dieses Zentrum wird durch eine Zelle definiert, die periodisch Pulse der Chemikalie ausstößt, die von der Quelle wegdiffundiert und benachbarte Zellen auf zwei verschiedene Weisen anregt: erstens setzen Zellen, die das Signal empfangen, ihrerseits einen Puls derselben Chemikalie frei; und, zweitens, bewegen sie sich in Richtung des Signalursprungs.

Abbildung 3.3 *Wellenmuster bei aggregierenden Schleimpilzamöben, die durch Bewegungen der Zellen zum Ursprung des chemischen Signals erzeugt werden.*

Eine mit solchen hungernden Amöben bedeckte Petrischale beginnt bald räumliche Muster auszubilden, die eine bemerkenswerte Ähnlichkeit mit den expandierenden konzentrischen Kreisen der Belousov-Zhabotinsky-Reaktion (Abbildung 3.3) aufweisen. Diese Kreise stellen Wellen aus Amöben dar, die sich auf das Signal zubewegen, das sich seinerseits vom Zentrum aus fortpflanzt und von den Amöben selbst übertragen wird. Die Folge sind wellenförmige Zellbewegungen in Richtung einer » Gründerzelle « im Zentrum, die alle fünf bis acht Minuten ein Signal aussendet, wobei viele derartige Zentren spontan entstehen. Mehrere tausend Organismen schließen sich auf diese Weise zusammen und beginnen einen vielzelligen Organismus aufzubauen. Dabei durchlaufen sie eine Abfolge von Stadien, die in Abbildung 3.4 gezeigt ist: Der ursprünglich einfach strukturierte Zellverband nimmt allmählich eine immer komplexere Form an, und die Zellen in verschiedenen Positionen differenzieren sich in spezifische Zelltypen aus. Die Endstruktur besteht aus einer Basis, einem Stengel, der in der Basis entspringt, und einem »Fruchtkörper« an der Spitze, der sich aus einer kugelförmigen Masse von Sporen zusammensetzt, die Nahrungs-

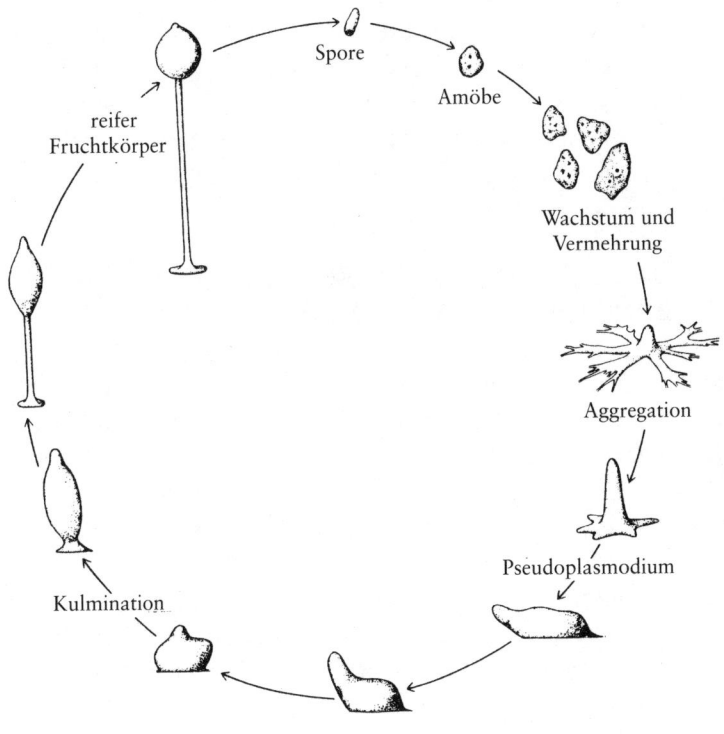

reifer Fruchtkörper

Spore

Amöbe

Wachstum und Vermehrung

Aggregation

Pseudoplasmodium

Kulmination

Abbildung 3.4 *Der Lebenszyklus des zelligen Schleimpilzes* Dictyostelium discoideum.

und Wassermangel überleben können. Wenn die Bedingungen wieder gegeben sind, die Wachstum ermöglichen, werden die Sporen aus dem Fruchtkörper freigesetzt, und sie beginnen zu keimen – jede Spore erzeugt eine Amöbe, die Nahrung zu sich nimmt, wächst und sich teilt –, und der Lebenszyklus beginnt erneut. Diese Spezies eignet sich somit hervorragend für die Erforschung der Bildung einer einfachen vielzelligen Struktur und der Differenzierung der Zellen in verschiedenen Positionen innerhalb der Struktur. Doch vorläufig möchte ich mich auf die Ähnlichkeiten zwischen den Mustern, die durch einen rein chemischen Prozeß hervorgerufen werden, und solchen, die durch zelluläre Wechselwirkungen ausgelöst werden, konzentrieren. Handelt es sich im Grunde um ähnliche Prozesse oder bloß um eine ungewöhnliche Übereinstimmung?

Verschiedene Moleküle, ähnliche Muster der Wechselwirkung

Im Hinblick auf die molekulare Zusammensetzung haben die Belousov-Zhabotinsky-Reaktion und die Schleimpilz-Aggregation nicht das geringste miteinander gemein. Erstere besteht aus einem komplexen Cocktail aus organischen und anorganischen Bestandteilen einschließlich solcher Stoffe wie Malon- und Bromsäuren sowie Cäsiumionen. Beim Schleimpilz ist der Signalstoff eng mit den Nukleotidbasen verwandt, aus denen die Nukleinsäuren (die in Kapitel 1 erwähnte RNS und DNS) bestehen. Es handelt sich um zyklisches Adenosinmonophosphat oder kurz: cAMP, das eine grundlegende Rolle im Energiehaushalt sämtlicher Zellen spielt. Bakterien produzieren diesen Stoff, wenn sie unter Nahrungsmangel leiden, und es wird *Glucosemangelsignal* genannt, was darauf hindeutet, daß den Zellen ihr wichtigster Energielieferant, Glucose, ausgegangen ist. Beim Schleimpilz erfüllt dasselbe Molekül dieselbe Funktion, doch hier wird es in kleinen Pulsen von hungernden Zellen freigesetzt. Das Signalsystem besteht aus vielen Komponenten innerhalb der Zellen, wie etwa Enzymen, die an der Herstellung von cAMP beteiligt sind, sowie einem cAMP-abbauenden Enzym außerhalb der Zellen. Wir verfügen heute über Modelle dieser Prozesse, welche die periodische Signalaktivität und die Aggregation der Amöben sehr genau beschreiben. Außerdem gibt es eine ausführliche Theorie der Belousov-Zhabotinsky-Reaktion sowie Computersimulationen, welche die Zielscheibenmuster erzeugen. Wir verstehen daher beide Prozesse heute recht gut, und das gilt auch für die beteiligten Moleküle und die Grundmerkmale der Reaktionen, die räumliche Muster hervorbringen. Die beiden Systeme bestehen aus sehr unterschiedlichen Molekülen; ihre Ähnlichkeiten liegen in den Beziehungen zwischen den Molekülen.

Die Muster werden im wesentlichen durch eine Reihe von Reaktionen erzeugt, die sich durch die folgenden Merkmale auszeichnen. Erstens gibt es einen positiven Rückkopplungseffekt, so daß eine Substanz ihre eigene Produktion anregt. Im Falle des Belousov-Zhabotinsky-Gemischs läuft folgende Reaktion ab:

$$HBrO_2 + BrO_3^- + 3H+ + 2Ce^{3+} ---> 2HBrO_2 + 2CE^{4+} + H_2O$$

Mischt man bromige Säure ($HBrO_2$) mit Bromat (BrO_3^-), Säure (H^+) und Cäsium (Ce^{3+}), erhält man mehr bromige Säure ($2HBrO_2$), oxidierte Cäsiumionen (Ce^{4+}) und Wasser. In einer mit diesem Reagens gefüllten Schale beginnt daher bromige Säure weitere bromige Säure zu produzieren und ihre Konzentration zu erhöhen, wodurch die Produktion der Säure in benachbarten Regionen der Schale angeregt wird, so daß sich eine Produktionswelle ausbreitet. Doch dann kommt die zweite grundlegende Reaktion ins Spiel: Bei der Reaktion wird CO_2 erzeugt, und dieses hemmt die $HBrO_2$-Synthese. Es gibt zwei mögliche Ergebnisse eines solchen Paares von Reaktionen. Entweder die Produktionsrate entspricht genau der Hemmungsrate, so daß das System einen stationären Zustand erreicht und die Nettokonzentration konstant bleibt, oder Produktion und Hemmung schwanken um das Gleichgewicht, so daß eine Oszillation einsetzt. Die meisten chemischen Reaktionen erreichen einen stationären Gleichgewichtszustand. Die Belousov-Zhabotinsky-Reaktion dagegen ist so komplex, daß sie oszilliert. Wenn sich die Reagenzien daher in einem weitgehend zweidimensionalen Raum wie etwa einer dünnen Lösungsschicht in einer flachen Petrischale aufhalten, führt dies dazu, daß fortlaufende Wellen der Bildung bromiger Säure von Regionen ausgehen, in denen die Bildungsreaktion einen zeitlichen Vorsprung hat, und zwar oftmals aufgrund von Staub, auf dessen Oberfläche Reaktionen geringfügig schneller ablaufen, woran sich dann eine Hemmungswelle anschließt.

Bei den zelligen Schleimpilzamöben ist cAMP das Molekül, das seine eigene Zunahme anregt, obgleich sich dieser Mechanismus stark von dem der bromigen Säure unterscheidet. Eine Amöbe, die durch cAMP stimuliert wird, setzt ihrerseits cAMP frei, so daß die cAMP-Konzentration ansteigt und das Molekül in angrenzende Regionen diffundiert. Benachbarte Amöben werden dann von diesem diffundierten cAMP angeregt, ebenfalls den Botenstoff zu erzeugen, der sich weiter ausbreitet und andere Amöben anregt. So pflanzt sich das Signal über den Zellrasen auf einer Petrischale fort. Aber dies genügt nicht, um ein wirksames Signal zu gewährleisten; dieses muß auch neutralisiert werden, andernfalls würde die ganze mit Amöben bedeckte Schale zu einem See aus cAMP, so daß keine Signale erkennbar würden. Deshalb sondern die Amöben ein Enzym ab, Phosphodiesterase, das cAMP abbaut. Die Substanz hat also nur eine kurze Bestandszeit, und das Diffusionsprofil eines von einer angeregten Amöbe freigesetzten Signals weist ein starkes Gefälle auf, so daß ein effektiv gerichtetes Signal entsteht, das anderen Amöben erlaubt, es zur Chemotaxis (gerichtete Bewegung in Reaktion auf einen chemischen Reiz) zu nutzen. Hier liegt jedoch ein Problem: Das von einer Amöbe freigesetzte cAMP diffundiert symmetrisch in alle Richtungen von der Quelle weg, so daß eigentlich alle beliebigen Amöben innerhalb der Wirkungssphäre des Signals reagieren könnten. Dies bedeutet, daß jede angeregte Amöbe zum Zentrum der fortlaufenden Welle werden könnte. Die Folge wäre ein totales Chaos. Dies geschieht jedoch nicht, wie aus Abbildung 3.3 ersichtlich ist. Der Grund ist auf eine elegante Weise einfach und natürlich: Nachdem eine Amöbe einen Puls cAMP ausgestoßen hat, kann sie nicht sofort wieder auf ein erneutes Signal reagieren und einen weiteren Puls abgeben. Sie geht in einen Refraktärzustand über, in dem sie reizunempfindlich ist, sich von dem früheren Reiz erholt und schließlich in ihren »erregbaren« Zustand zurückkehrt. Daher kann die Welle nicht rückwärts wandern, und das Signal breitet sich nur in eine Richtung aus.

Der Refraktärzustand erklärt eine weitere Eigenschaft des Aggregationsprozesses: das plötzliche Ende des Signals, wo immer zwei Wellen aufeinandertreffen. Da die Amöben an einem solchen Punkt unmittelbar hinter beiden Wellenfronten vorübergehend nicht erregbar sind, kann sich das Signal nicht weiter ausbreiten, und der ganze Prozeß kommt zum Stillstand. Bei der Belousov-Zhabotinsky-

Reaktion ist der Refraktärzustand auf die Tatsache zurückzuführen, daß hinter der Wellenfront die Bildung von bromiger Säure gehemmt wird, so daß auch hier die Welle zum Stillstand kommt, weil die Reaktion nicht wieder sofort »anspringen« kann. In beiden Fällen wird ein ursprünglich homogenes System in getrennte Bereiche aufgeteilt, die jeweils unter dem Einfluß eines spontan entstandenen Zentrums stehen.

Diese Beispiele zeigen, daß es bei der räumlichen Musterbildung nicht auf die Natur der Moleküle und anderer beteiligter Komponenten, wie etwa Zellen, ankommt, sondern auf die Art ihrer Wechselwirkung in Zeit (ihre Kinetik) und Raum (ihre relationale Ordnung – beschrieben durch die Frage, auf welche Weise der Zustand einer Region vom Zustand von Nachbarregionen abhängt). Diese beiden Eigenschaften zusammengenommen definieren ein Feld und damit das Verhalten eines dynamischen Systems mit räumlicher Ausdehnung – was die meisten realen Systeme beschreibt. Aus diesem Grund sind Felder in der Physik von so grundlegender Bedeutung. Doch die Erforschung chemischer Systeme wie der Belousov-Zhabotinsky-Reaktion und die Ähnlichkeit ihrer räumlichen Muster mit denen lebender Systeme bringt eine neue Dimension von Feldern zum Vorschein. Dabei steht die Selbstorganisation im Vordergrund, also das Vermögen dieser Felder, spontan – das heißt ohne irgend welche spezifischen Anweisungen, die ihnen sagen, was sie tun sollen, wie etwa bei einem genetischen Programm – Muster zu bilden. Diese Systeme produzieren etwas aus nichts. Nun können wir genau erkennen, was in diesem Zusammenhang unter »nichts« zu verstehen ist. Es gibt keinen Plan, keine Blaupause, keine Anweisungen für das Muster, das sich herausbildet. In dem Feld existiert lediglich eine Reihe von Beziehungen zwischen den Komponenten des Systems, so daß der dynamisch stabile Zustand, in den es von sich aus eintritt – und den die Mathematiker den generischen (typischen) Zustand des Feldes nennen –, räumliche und zeitliche Muster aufweist. Felder des von uns betrachteten Typs werden heute *erregbare Medien* genannt. Im restlichen Teil dieses Kapitels werden wir anhand einer Fülle von Beispielen Beweise dafür kennenlernen, daß sich viele der Merkmale von Organismen und deren Teilen als dynamische Eigenschaften erregbarer Medien verstehen lassen. Im nächsten Kapitel werden wir dann überlegen, wie sich diese Ideen auf die Morphogenese anwenden lassen, wie also Organismen ihre Gestalt erzeugen.

Abbildung 3.5 *Spiralwellen bei der Belousov-Zhabotinsky-Reaktion.*

Ein »Zoo« von Mustern

Die früher beschriebenen Zielscheibenmuster sind nicht die einzigen, die in erregbaren Medien auftreten. Ein weiteres Muster, das sowohl bei der Belousov-Zhabotinsky-Reaktion als auch bei der Schleimpilzaggregation in Erscheinung tritt, ist eine Spiralform, die sich wie ein langsam drehendes Feuerrad von einem Zentrum aus entwindet. In Abbildung 3.3 kann man sehen, wie sich Spiralformen zusammen mit den Zielscheibenmustern spontan bei der Aggregation von Amöben bilden. Um bei der Be-

93

lousov-Zhabotinsky-Reaktion Spiralen zu erhalten, muß man eine Störung auf das System einwirken lassen, indem man die Petrischale sanft nach einer Seite neigt und so eine leichte Scherungsströmung einführt. Dies löst die Bildung von Spiralen aus, wie in Abbildung 3.5 zu sehen. Sobald einmal Spiralen entstehen, gewinnen sie mit der Zeit die Oberhand und verdrängen die konzentrischen Kreise. Der Grund hierfür hängt mit der Beobachtung zusammen, daß die Wellenlänge des Spiralmusters (der Abstand zwischen dem Zentrum eines Spiralarms und dem seines Nachbarn) geringfügig kleiner ist als die eines Zielscheibenmusters; dies bedeutet, daß die Periodizität des generierenden Zentrums einer Spirale geringfügig kleiner ist als die eines Zielscheibenmusters. Eine Spirale erzeugt also die nächste Welle ein wenig schneller als ein konzentrischer Kreis. Dies ist darauf zurückzuführen, daß der Spiralauslöser eine Welle ist, die sich im Zentrum in einem kleinen Kreis mit einer Zykluslänge ausbreitet, die genau der Refraktärperiode der Amöben und der Belousov-Zhabotinsky-Reaktion entspricht. Dies ist die *Minimalzeit*, die zwischen zwei Induzierungen vergeht. Der Auslöser des Zielscheibenmusters hingegen ist gewöhnlich ein wenig langsamer, weil er von der um einen Mittelwert schwankenden Zykluslänge des periodischen Prozesses bei der wiederholten Signalfreisetzung durch eine Amöbe oder bei der Belousov-Zhabotinsky-Reaktion abhängig ist. Wenn Spiralen ausgelöst werden, gewinnen diese schnelleren »Replikationsmuster« im gesamten Feld die Oberhand, ähnlich wie die von Spiegelman erforschten nackten Replikatoren im Reagenzglas (Kapitel 2). Diese Art der Verdrängung eines Systemtyps durch einen anderen wird oft als ein Beispiel für die natürliche Selektion in einem Reagenzglas beschrieben. Dies verdeutlicht, daß die *natürliche Selektion nichts spezifisch Biologisches darstellt*; vielmehr beschreiben die

Biologen mit diesem Begriff lediglich den Prozeß, durch
den eine Lebensform eine andere verdrängt, und zwar infolge ihrer unterschiedlichen dynamischen Eigenschaften.
Dies ist nur eine andere Ausdrucksweise für dynamische
Stabilität – ein Begriff, der seit langem in der Physik und
der Chemie verwendet wird. Wenn wir wollten, könnten
wir den Begriff *natürliche Selektion* einfach durch den der
dynamischen Stabilisierung ersetzen, worunter man das
Auftreten stabiler Zustände in einem dynamischen System
versteht. Dies könnte dazu beitragen, gewisse Mißverständnisse über die Implikationen der natürlichen Selektion zu vermeiden.

Es gibt noch weitere Muster, die in erregbaren Medien
auftreten können. Statt der Wellen, die sich von Zentren
aus fortpflanzen, kann das ganze System periodisch von
einem Zustand in einen anderen übergehen, so daß die
im Zeitablauf auftretenden Veränderungen in räumlicher
Hinsicht homogen sind. Dies geschieht bei der Belousov-
Zhabotinsky-Reaktion, wenn die Reagenzien durch Rüh-
ren gut durchmischt bleiben, und in ähnlicher Weise bei
Amöben, die in einer Suspension (Aufschwemmung)
durchmischt werden. Die Eigenperiodizitäten der Reaktionen kommen dann zum Vorschein. Andere Muster treten
auf, wenn die Konzentrationen der Reagenzien hinreichend verändert werden, um diese Eigenperiodizität aufzu-
heben. So kann beispielsweise eine Welle an einem Punkt
durch einen äußeren Reiz ausgelöst werden, und diese
kann sich über das gesamte System in Form eines einzelnen, sich verbreiternden Kreises fortpflanzen, der an den
Grenzen zum Stillstand kommt, worauf das System in den
Ruhezustand eintritt, bis es erneut angeregt wird.

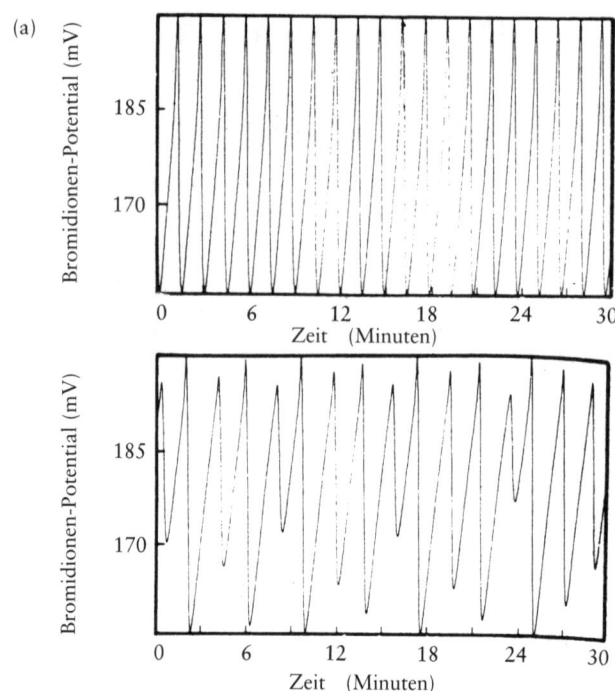

Abbildung 3.6   *Vergleich der Belousov-Zhabotinsky-Reaktion in zwei verschiedenen dynamischen Modi, eine mit einem regelmäßigen, periodischen Muster (oben) und eine ohne (unten). Die Leistungsspektren, die in (b) dargestellt sind, zeigen im unregelmäßigen Muster keine herausragenden Frequenzspitzenwerte im Gegensatz zum periodischen System.*

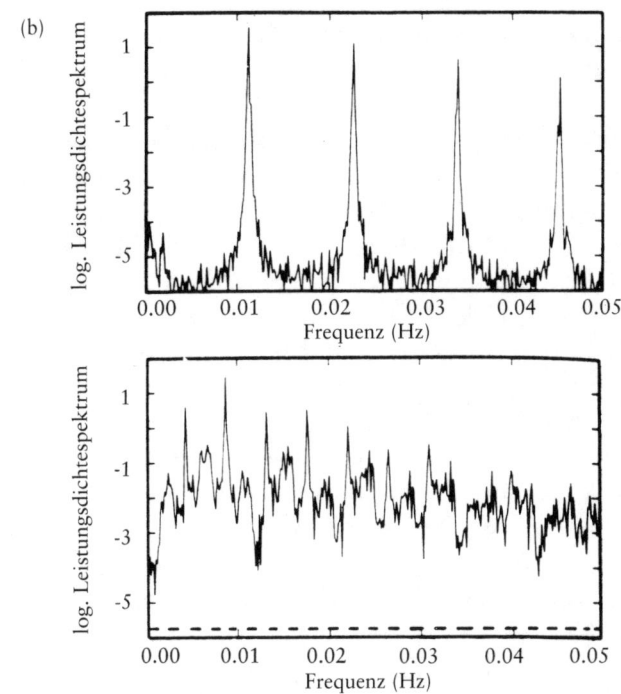

Eines der interessantesten Muster, das zum Vorschein kam, sah zunächst völlig ungeordnet aus, und die Wellen ließen keinerlei Kohärenz erkennen. Bei einer eingehenderen Untersuchung durch Harold Swinney in Texas und seine beiden französischen Mitarbeiter J.-C. Roux und Reuben Simoyi in Bordeaux stellte sich jedoch heraus, daß es sich um ein Beispiel für deterministisches Chaos handelte. Abbildung 3.6 zeigt das Muster der Veränderung einer der Chemikalien (des Bromidions) in einer Reaktion mit regelmäßiger periodischer Aktivität und in einer mit unregelmäßiger Aktivität. Die Leistungsspektren zeigen die Regelmäßigkeit der Frequenz im periodischen System und die Unregelmäßigkeit der Frequenz im aperiodischen

97

System. Nun gibt es jedoch eine Methode, dynamische Systeme zu analysieren, die wichtige Einblicke in deren Verhalten gewährt. Hierbei vergleicht man den Zustand des Systems zum Zeitpunkt *t* mit dem Zustand des Systems zu einem späteren Zeitpunkt, *t* + *T*, wobei *T* entsprechend der Reaktionsgeschwindigkeit ausgewählt wird. Da die Belousov-Zhabotinsky-Reaktion alle paar Minuten einen Zyklus durchläuft, muß man einen Wert von *T* auswählen, der es erlaubt, viele Zustände in jedem Zyklus zu vergleichen, um so einen Überblick über die Dynamik zu erhalten. Abbildung 3.7 (rechtes Schaubild) zeigt das Ergebnis einer solchen Analyse für T = 0,88 Sek.; dies war das Zeitintervall zwischen den Messungen der Bromidkonzentration im Versuchsgerät. Diese Abbildung enthüllt, daß sich das System auf geschlossenen Bahnen bewegt (Bewegung von links nach rechts im unteren Teil der Abbildung), die eine gewisse Ordnung aufweisen und in einer wohldefinierten Region bleiben, auch wenn sie nicht periodisch sind. Die Region, welche die Trajektorien (Bahnen) umlaufen, wird *Attraktor* genannt, und in diesem Fall handelt es sich um einen sogenannten *seltsamen* Attraktor, weil sich die Bahnen auf eine nichtvorhersagbare Weise verlagern, aber gleichzeitig auf die Attraktorregion beschränkt bleiben, was charakteristisch ist für ein System in einem Zustand des deterministischen Chaos. Befindet sich die Belousov-Zhabotinsky-Reaktion hingegen in einem periodischen Modus, besteht der Attraktor aus einer geschlossenen Kurve, die eine sich exakt wiederholende Bahn darstellt (Abbildung 3.7, linkes Schaubild). (Ein System, dessen Aktivität zufallsgesteuert ist, würde ein dichtes Muster von Bahnen zeigen, die eine Region vollständig ausfüllen.) Verglichen mit einem reinen Zufallsprozeß besitzt das deterministische Chaos ein hohes Maß an Ordnung, doch diese zeigt sich nur dann, wenn man das

System auf eine besondere Weise betrachtet. Die Charakterisierung dynamischer Systeme mit Hilfe ihrer Attraktoren – dem Muster ihrer Bahnen – ist eine sehr nützliche Weise, ihr qualitatives Verhalten zu beschreiben.

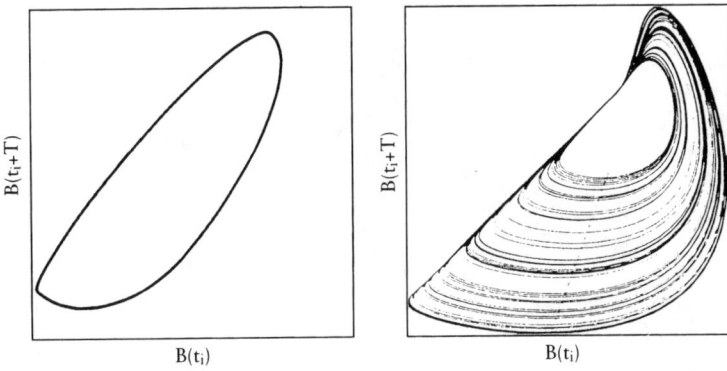

Abbildung 3.7 *Die Struktur des seltsamen Attraktors für den chaotischen Modus der Belousov-Zhabotinsky-Reaktion (rechts), verglichen mit einem typischen Attraktor für ein periodisches System (links).*

Hübsche Muster entstehen, wenn die mit den Belousov-Zhabotinsky-Reagenzien gefüllte Schale vertieft wird, so daß das System eine dritte Dimension erhält, in der es sich ausdrücken kann. Dann kann man sehen, wie sich »Spulenwellen« bilden – Spiralen, die einer Schriftrolle gleichen, wobei die Wellen in diesem Fall jedoch nicht stationär sind, sondern sich ausbreiten. Diese zusätzliche, dritte Dimension eröffnet weitere Möglichkeiten, etwa verdrehte Spulenwellen, bei denen der Generator im Zentrum keine sich kreisförmig bewegende Welle ist, sondern eine Welle, die sich gleichsam auf der Oberfläche eines zentralen Torus (Ringfläche) bewegt. Diese und andere exotische Muster wurden von Arthur Winfree und dessen Kollegen Steven Strogatz entdeckt und in Computermodellen dreidimensional simuliert. Es ist nicht leicht, derartige Wel-

len in einer Belousov-Zhabotinsky-Reaktion zu erzeugen,
weil sie spezielle Anfangsbedingungen benötigen, um sich
zu entwickeln. Der Schleimpilz bringt jedoch eines dieser
exotischen Muster hervor, aber nur wenn er selbst zu
einem dreidimensionalen Organismus geworden ist.

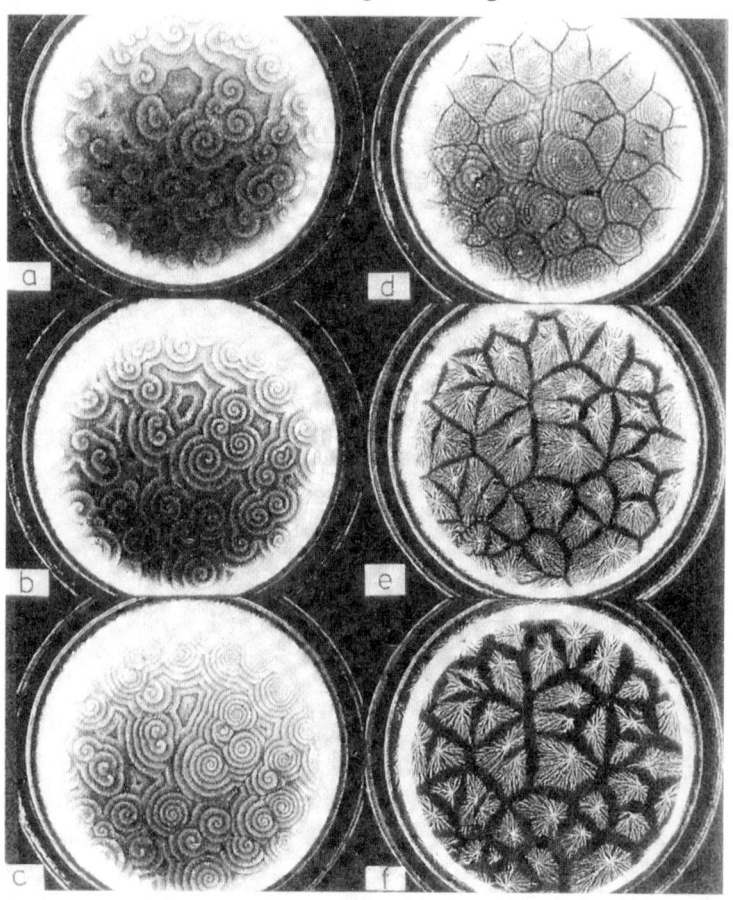

Abbildung 3.8 *Die allmähliche Aufspaltung des ursprünglichen Amöbenrasens in gesonderte Aggregate, die sich um Anregungszentren herum gruppieren. Jedes Aggregat bildet einen Organismus aus mehreren tausend Zellen, der sich dann, wie in Abbildung 3.4 gezeigt, entwickelt.*

Der ursprüngliche Amöbenrasen zerfällt schrittweise in eine Reihe gesonderter Aggregationsbereiche, die jeweils um eine Signalquelle zentriert sind, wie in Abbildung 3.8 gezeigt. Das Ergebnis ist eine Aufteilung in annähernd gleich große Aggregate aus je mehreren tausend Zellen. Jedes Aggregat bildet einen Zellhügel, der anwächst und dann umkippt, wobei er eine vielzellige »Schnecke« bildet, die über die Oberfläche wandert und dabei eine Schleimspur hinter sich zurückläßt – daher sein Name: zelliger Schleimpilz (siehe Abbildung 3.4). In dem Maße, wie sich die Schnecke fortbewegt, differenzieren sich die Zellen entsprechend ihrer Position im Verband: Die Zellen am Vorderende entwickeln sich zum Stengel des Fruchtkörpers, während die meisten hinter der Spitze liegenden Zellen sich zu Sporenzellen ausdifferenzieren, die schließlich

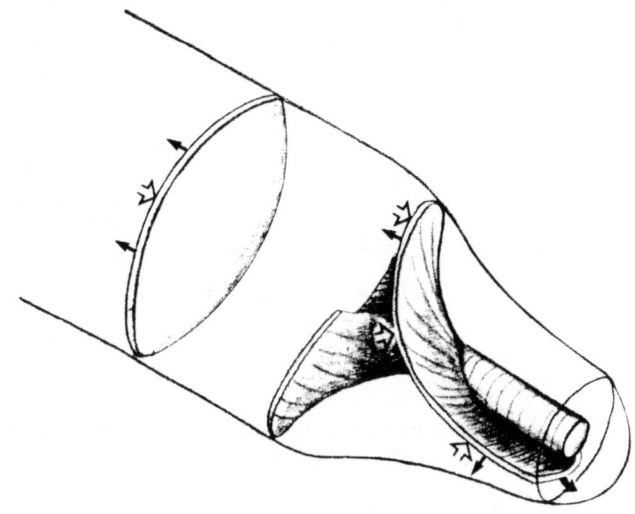

Abbildung 3.9 *Die Struktur einer Spulenwelle am Vorderende einer Schleimpilzschnecke. Man sieht, wie sich die Spule zu einer ebenen Welle abwickelt, die sich von vorn nach hinten durch die Schnecke fortpflanzt, während sich die Zellen vorwärts bewegen und die Schnecke durch ihre gemeinsame Bewegung antreiben.*

101

im Fruchtkörper (Sorokarp) gespeichert werden. Sich periodisch fortpflanzende Wellen spielen weiterhin eine Rolle bei der dynamischen Organisation dieser Prozesse der Schneckenbewegung und Zelldifferenzierung. Die Wellen werden am vorderen Ende der Schnecke erzeugt und pflanzen sich nach hinten fort; die Zellen bewegen sich innerhalb der Schnecke mit einer sich periodisch ändernden Geschwindigkeit vorwärts, indem sie auf cAMP-Signale reagieren und diese weiterleiten, wobei die Frequenz etwa bei einer Welle pro zwei Minuten liegt.

Siegert und Weijer in München haben gezeigt, daß der Generator der periodischen Wellen einmal mehr eine rotierende Welle am Vorderende ist. Dieser Generator erzeugt jedoch nun eine Welle in einem dreidimensionalen Gebilde, so daß die Geometrie der Welle ein wenig komplizierter ist als die der Spiralen in einer Ebene, die während der Aggregation auftreten, wenn sich die Zellen auf der Agar-Oberfläche ausbreiten. Aus eingehenden Beobachtungen individueller Zellbewegungen und der Wellenmuster haben Siegert und Weijer die in Abbildung 3.9 gezeigte dreidimensionale Wellenform abgeleitet. Wenn man das Vorderende betrachtet, sieht man eine rotierende Welle, die sich in Richtung des Pfeils auf dem Kreis fortpflanzt, wobei sich die Zellen in die entgegengesetzte Richtung, zur Signalquelle, bewegen. Die Zellen rotieren also um das Vorderende im rechten Winkel zur Vorwärtsbewegung der Schnecke. Doch in dem Maße, wie sich die Welle entlang der Schnecke zurückbewegt, verändert sie ihre Form und verwandelt sich in eine ebene Welle, die sich rückwärts durch die Schnecke fortpflanzt. Dabei bewegen sich die Zellen vorwärts und verleihen dem Ganzen koordinierte Bewegungen.

Ein äußerst erregbares Organ: Das Herz

Was ist ein Herzschlag? Eine sich fortpflanzende Kontraktionswelle, die sich von einem Anregungszentrum (einem Schrittmacher) aus, dem sogenannten Sinusknoten (SAK) im rechten Herzvorhof (in den das aus dem Körper kommende Blut einströmt), durch das Muskelgewebe des rechten und linken Vorhofs ausbreitet, wobei sie Muskelkontraktionen auslöst, und im Atrioventrikularknoten (AVK) eintrifft. Spezielle Leitungsfasern (Purkinje-Fasern), die sich vom AVK zum Muskelgewebe der Herzkammern (HK) verzweigen, lösen die Hauptpumpaktion des Herzens in diesen Kammern aus, eine starke Muskelkontraktion, die 80 Prozent der Kraft bei jedem Herzschlag ausmacht (siehe Abbildung 3.10). Die Gewebe erholen sich dann in Vorbereitung auf den nächsten Zyklus. Diese Erholung umfaßt auch die Wiederherstellung einer elektrischen Potentialdifferenz zwischen den Membranen der Leitzellen und denen der Muskelzellen, die, wie Nervenzellen, in ihrem Innern eine im Vergleich zum angrenzenden Gewebe um etwa 90 Millivolt höhere negative Spannung aufweisen. Hierbei treten Pumpen in den Membranen in Aktion, die Kalium (K^+) aus dem Zellinnern heraus und Natrium (Na^+) in das Zellinnere hinein befördern. Während dieser Erholungsphase, die je nach Herzfrequenz 100 bis 200 Millisekunden dauert, befinden sich die Zellen im Refraktärzustand, das heißt, sie reagieren auf keinen elektrischen Reiz. Dadurch wird sichergestellt, daß das Herz nicht »fehlzündet« und in die falsche Richtung kontrahiert; aus dem gleichen Grund kehrt das Signal bei aggregierenden Schleimpilzzellen seine Ausbreitungsrichtung nicht um und zerstört so nicht die Kohärenz des Prozesses.

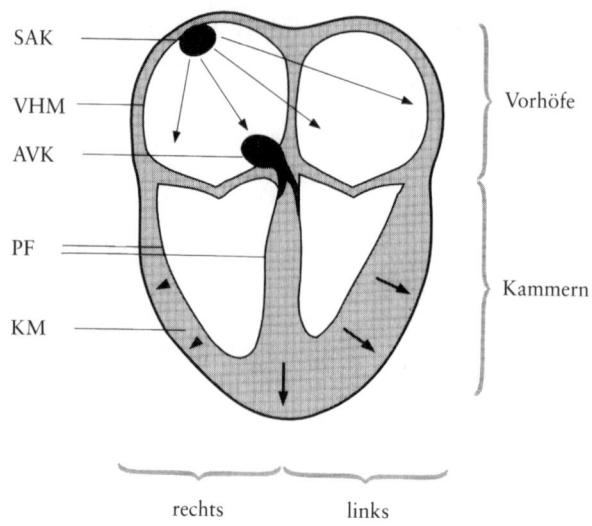

SAK

VHM

AVK

PF

KM

Vorhöfe

Kammern

rechts   links

Abbildung 3.10   *Das elektrische Reizleitungssystem des Herzens, das vom Schrittmacher im Sinusknoten (SNK) über den Vorhofmuskel (VHM) zum Atrioventrikularknoten (AVK) und von dort über die Purkinje-Fasern zum Herzkammermuskel (KM) verläuft.*

Das Herz kann autonom funktionieren und ist nicht auf eine externe neuronale Stimulation angewiesen. Allerdings gibt es bestimmte Nerven, die seine Aktivität entsprechend dem Zustand des übrigen Körpers beeinflussen. Das Herz ist ein eigenerregendes System, das so gestaltet ist, daß es in einem bestimmten dynamischen Modus funktioniert – das vertraute »Bumm-Bumm-Bumm« der sich wiederholenden Kontraktionswelle, die das Blut durch den Körper pumpt. Da das Signal, das sich durch das System ausbreitet, vor allem elektrischer Natur ist und da die Erholungszeit kurz ist, sind sowohl die Geschwindigkeit der Welle als auch die Frequenz des Rhythmus sehr viel größer als bei den Wellen der Belousov-Zhabotinsky-Reaktion und den aggregierenden Amöben. Im übrigen sind die Prozesse jedoch bemerkenswert ähnlich. Wir befassen uns mit dem dritten Beispiel eines erregbaren Mediums, welches das gleiche Spektrum dynamischer Verhaltensweisen zeigen kann wie die übrigen beiden. Einer dieser dynamischen Modi erweist sich nun jedoch als Gefahr für die Herzfunktion, wie wir gleich sehen werden.

Ungeachtet all der Sicherungen, die in das Herz eingebaut sind, um seinen kohärenten Kontraktionsrhythmus, der durch den Schrittmacher im Sinusknoten ausgelöst wird und in der kraftvollen Pumpleistung der Herzkammern endet, beizubehalten, kann ein gesundes, normales Herz auf eine dramatische, völlig unerwartete Weise versagen. Das Phänomen des plötzlichen Herztodes fordert allein in den Vereinigten Staaten alljährlich 100.000 Opfer. Obgleich Autopsien oftmals zum Vorschein bringen, daß dies auf leichte Schädigungen des Herzgewebes zurückzuführen ist, die häufig durch Ischämie (unzureichende Blutversorgung des Herzens, die ihrerseits durch ein Zirkulationshindernis wie etwa ein Blutgerinnsel oder eine Verdickung der Arterien ausgelöst wird) verursacht wurden, gibt es viele Fälle, in denen das Herzgewebe offenbar völlig gesund war. Es scheint, als gäbe es eine Art dynamisches schwarzes Loch, in welches das Herz hineinfallen kann, einen der dem Herz verfügbaren Normalzustände, der mit einer effektiven Pumpleistung unvereinbar ist.

Der plötzliche Herzstillstand ist tatsächlich nicht darauf zurückzuführen, daß das Herz unvermittelt seine Aktivität einstellte. Vor über 100 Jahren, 1888, beschrieb der Kardiologe J. A. MacWilliam, der dem Phänomen seinen Namen gab, dies eher als eine Art dynamischer Disorganisation denn als Stillstand: »Die Herzpumpe springt aus dem Gang, und der Rest ihrer Lebensenergie wird in einem heftigen, lang anhaltenden Ausbruch unfruchtbarer Aktivität in der Herzkammerwand aufgezehrt.« Dieser Zustand der unkoordinierten Kontraktion wird heute *Kammerflimmern* (Fibrillation) genannt; es ist eine Art wiederholtes Erbeben des Herzens infolge unkoordinierter Kontraktionswellen, die von Stellen in der Herzkammer ausgelöst werden. Ein Beispiel dafür ist in Abbildung 3.11 dargestellt. Der normale Herzschlag in Intervallen von etwa einer Sekunde wurde plötzlich von einer vorzeitigen Herzkammerkontraktion unterbrochen, die das Kammerflimmern mit einer Frequenz von etwa einer Kontraktion je 200 Millisekunden (fünf Schläge je Sekunde) auslöste. Dies degenerierte dann zu einem inkohärenten Muster. Das Herzflimmern läßt sich klinisch auch in den Vorhöfen beobachten, wo es nicht unmittelbar tödlich ist. Doch sobald die Kammern unregelmäßig zu zucken beginnen, besteht Lebensgefahr, und die Situation muß rasch behoben werden. Was aber löst diesen Zustand aus?

Kardiologen aus der niederländischen Stadt Maastricht schilderten 1972 den folgenden Fall. Ein vierzehnjähriges Mädchen verlor plötzlich sein Bewußtsein, als es eines Nachts durch einen Donnerschlag geweckt wurde. Dies deutete auf einen Sauerstoffmangel infolge Kreislaufversagens hin, doch der Zustand war nur vorübergehend, und das Mädchen kam wieder zu Bewußtsein, ohne irgend welche Gesundheitsschäden davonzutragen. Allerdings fiel sie fortan oft in Ohnmacht, wenn sie morgens vom Läuten ihres Weckers aufgeschreckt wurde, erholte sich jedoch wieder nach ein paar Minuten. Die Kardiologen wiesen nach, daß diese Anfälle auf Herzkammerflimmern zurückzuführen waren.

Eine häufige Ursache dieses Verhaltens ist die Stimulation des Herzens durch das autonome Nervensystem, das die Herzaktivität moduliert und koordiniert. Nervenfasern des autonomen Nervensystems verzweigen sich im Herz-

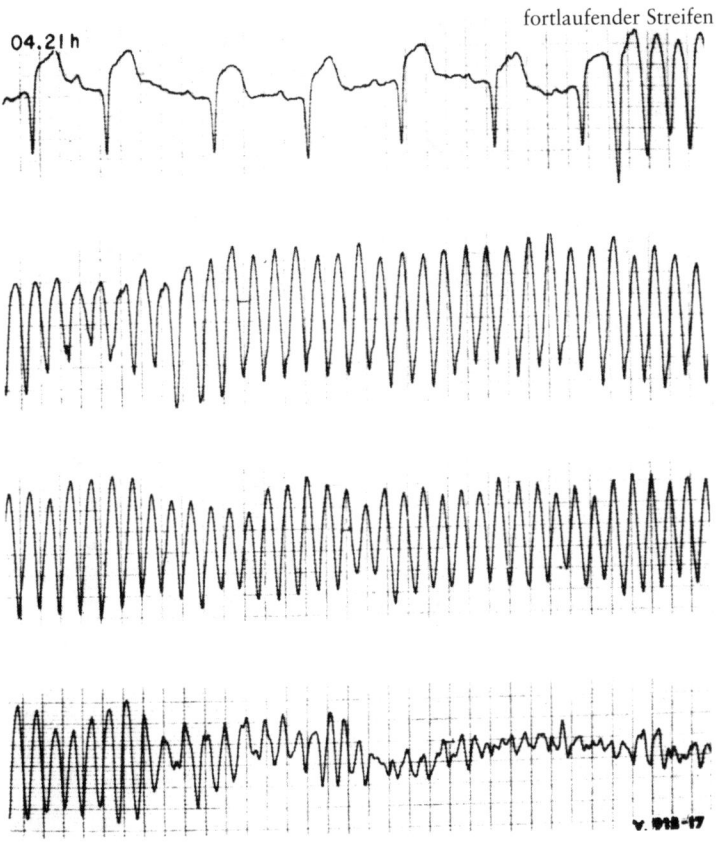

fortlaufender Streifen

04.21 h

Abbildung 3.11 *Das Elektrokardiogramm eines Patienten, der ein Regi-
striergerät trug, als das Herzkammerflimmern einsetzte,
das zum Herzversagen führte.*

gewebe und beeinflussen es, indem sie spezifische Moleküle wie Noradrenalin freisetzen, die durch Einwirkung
auf Membranrezeptoren die Herzzellmembranen depolari-
sieren. Diese Substanzen werden als *Betablocker* bezeichnet, und ihre Wirkung kann durch einen künstlichen Beta-
rezeptorenblocker wie etwa Propanolol, das sich an den

Rezeptor anlagert und die normalen Moleküle verdrängt, aufgehoben werden. Das Mädchen nahm dieses Medikament ein, und sein Zustand verbesserte sich. Nach ein paar Jahren wurde es von einem Freund dazu überredet, das Medikament abzusetzen. Vierzehn Tage später fand man sie tot im Bett. Offenbar hatte die Überempfindlichkeit ihres Herzens gegenüber einer Reizung durch das autonome Nervensystem ein tödliches Kammerflimmern ausgelöst. Ihr Herz selbst war gesund. Irgendeine Eigenschaft des erregbaren Gewebes machte es anfällig für dieses dynamische Muster.

Wir verfügen heute über zuverlässige Beweise, die uns Aufschluß darüber geben, worin diese Eigenschaft höchstwahrscheinlich besteht. Experimentalforscher haben gezeigt, daß Gewebe, welches einem Schafherzen entnommen und in physiologischer Kochsalzlösung, die mit Glukose versetzt und mit viel Sauerstoff angereichert wurde, aufbewahrt wird, mit Hilfe von Elektroden so angeregt werden kann, daß es regellos zuckt. Und diese Fibrillation ist auf ein dynamisches Muster zurückzuführen, das wir bereits kennen: sich fortpflanzende Spiralen, die durch die ringförmige Rotation einer Erregungswelle im Mittelpunkt der Spirale ausgelöst werden, genauso wie die Spiralen bei der Belousov-Zhabotinsky-Reaktion und bei aggregierenden Schleimpilzamöben erzeugt werden.

Erinnern wir uns daran, daß die Zentren dieser Wellenmuster mit einer Periode rotieren, die in etwa der Refraktärzeit des Systems entspricht, so daß gerade genügend Zeit für die Erholung von einer Erregung verbleibt, bevor die Kreiswelle die Schleife schließt und eine weitere Erregung eintritt. Für Herzgewebe beträgt die Refraktärperiode 100 bis 200 Millisekunden, und dies sind in der Tat die Perioden wiederholter Kontraktionen, wie sie bei fibrillierenden Herzen beobachtet werden, etwa in Abbildung 3.11, wo das Intervall zwischen den Kontraktionen während des Flimmerns etwa 200 Millisekunden beträgt. Diese Hypothese über die dynamischen Ursprünge des Herzflimmerns erklärt, weshalb kleine geschädigte Bereiche des Herzgewebes, sogenannte *Infarkte*, die durch die vorübergehende Verringerung der Blutversorgung des Gewebes aufgrund eines kleinen Blutgerinnsels oder verdickter Arterien entstehen, gefährlich sind, selbst wenn sie nur unbedeutende Bereiche der Herzkammer betreffen. Wenn die normale Erregungswelle einer Herzkontraktion auf eine solche Insel geschädigten, unerregbaren Gewebes trifft, muß sie diese umwandern. Dies kann dazu führen, daß die Welle sich über dem Infarkt zu drehen beginnt und einen Rotor bildet, der als Auslöser wiederholter Kontraktionswellen wirkt, so daß die Herzkammer zu flimmern anfängt. Der Infarkt, der als solcher unerheblich ist, wirkt als Verstärker eines natürlichen dynamischen Modus, der mit der kohärenten Pumpaktivität des Herzens unvereinbar ist und daher tödlich sein kann. Der Nachweis, daß das Flimmern in völlig gesundem Gewebe auftreten kann, untermauert die Hypothese, daß der plötzliche Herztod weitgehend als eine dynamische Erkrankung betrachtet werden muß, bei der ein erregbares Medium zufällig von einem Modus in einen anderen umschaltet. Während es bei aggregierenden Schleimpilzamöben keine große Rolle spielt, ob die Zusammenlagerung um einen periodischen Schrittmacher oder um einen Spiralwellen erzeugenden Rotor zentriert ist, und ein Umschalten vom einen ins andere vorkommen kann, sind die Folgen beim Herzen sehr viel dramatischer. Doch beide zeigen dieselben Eigenschaften erregbarer Medien und vermitteln uns eine einheitliche Sicht der dynamischen Musterbildung in biologischen Systemen, die auf den ersten Blick überhaupt nichts gemeinsam zu haben scheinen.

Gehirnwellen

Ein naheliegender Kandidat für erregbare Aktivität ist das
Gehirn. Tatsächlich begann die gesamte Theorie erregbarer Medien eigentlich mit Studien der Typen dynamischer
Aktivität, die in einem Gewebe auftreten können, das aus
wechselwirkenden Neuronen besteht. Das elektrische Signal, das sich über eine Nervenzelle fortpflanzt, ist das gleiche wie jenes, das Herzgewebe aktiviert. Auch bei einer
Nervenzelle kommt es während der Depolarisationsphase
zu einem Fluß von Ionen (Na^+ und K^+) durch die Membran, woran sich eine Erholungsphase anschließt, in welcher der Nerv reizunempfindlich ist und nicht wieder stimuliert werden kann. Eine Population von Neuronen, die
durch kleine, astförmig aus dem Zellkörper herauswach-
sende Fortsätze miteinander verbunden sind, wie dies im
Gehirn der Fall ist, bildet ein Netzwerk, das sich als ein
beständig erregbares Medium verhält. Dieses leitet Aktivitätswellen von einem Anregungszentrum aus in einer
Richtung durch das Gewebe. In den letzten Jahren wurde
eine bemerkenswerte Technik, die sogenannte magnetische
Kernresonanzspektroskopie (NMR-Spektroskopie), entwickelt, um lebende Gewebe ohne die geringste Beein-
trächtigung ihrer Funktion zu untersuchen. Mit hochemp-
findlichen Magnetfelddetektoren, sogenannten SQUIDS
(Superconducting Quantum Interference Devices), die auf
einzelne Quanten des magnetischen Feldflusses anspre-
chen, wird die Stärke von Magnetfeldern gemessen, die
von elektrischen Strömen, wie sie beispielsweise im Gehirn
fließen, erzeugt werden. Eine ausgeklügelte Lösung des
sogenannten *Umkehrproblems* (die Ableitung der Strom-
verteilung, die das Magnetfeld erzeugt hat), die von A.
Ioannides von der Open University in Großbritannien entwickelt und so programmiert wurde, daß das beobachtete

Magnetfeld in die ursprünglichen elektrischen Stromverteilungen in den Geweben umgewandelt wird, erzeugt ein Bild des Typs, wie es in der oberen Hälfte von Abbildung 3.12 wiedergegeben ist. Man kann darauf erkennen, daß im Thalamus periodische Aktivitätswellen ausgelöst werden und sich zur Großhirnrinde fortpflanzen.

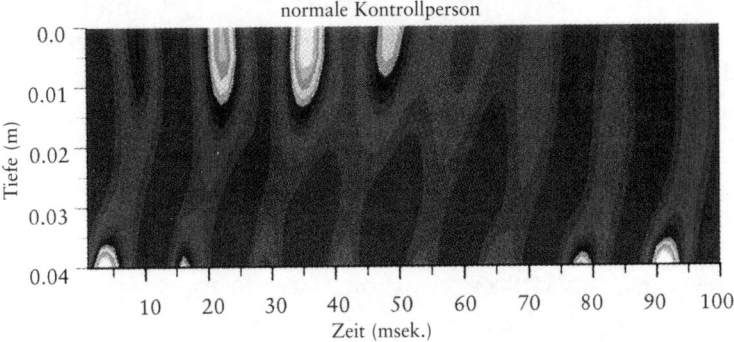

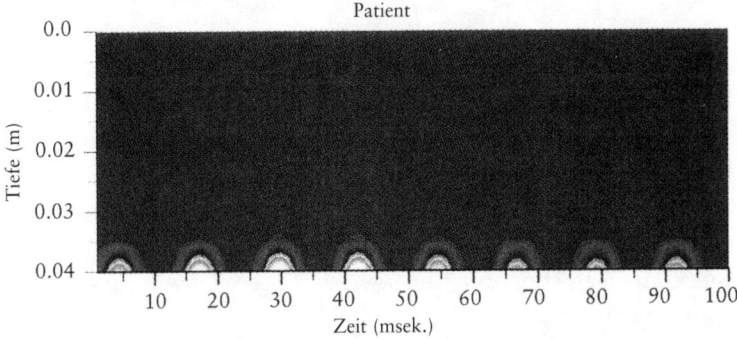

Abbildung 3.12 *Kohärente Wellen elektrischer Aktivität pflanzen sich bei einer normalen 74jährigen Versuchsperson vom Thalamus, der tief im Gehirn liegt (Tiefe = 4 cm), zur Hirnrinden-(Oberflächen-)schicht fort. Bei einem Alzheimer-Patienten funktioniert der Schrittmacher im Thalamus zwar normal, aber die Kohärenz ist stark vermindert, und es sind keine sich fortpflanzenden Wellen zu erkennen. (Die Methode der Darstellung dieser Wellen elektrischer Aktivität führt zu einer Verdopplung der tatsächlichen Frequenz, so daß der Schrittmacher mit etwa 40 Hertz oder Zyklen pro Sekunde läuft und eine Periodizität von 25 msek. und nicht von 12,5 msek., wie gezeigt, aufweist.)*

Bei einem normalen, gesunden Individuum (Kontroll-person, 74 Jahre alt) sind diese Wellen kohärent und spielen offenbar eine wichtige Rolle bei der Koordinierung der Funktionen und Aktivitäten der Großhirnrinde (Cortex). Bei einem Alzheimer-Patienten hingegen ist diese Kohärenz verlorengegangen, wie im unteren Bild von Abbildung 3.12 gezeigt. Der Schrittmacher im Thalamus funktioniert zwar weiterhin normal, aber die Kohärenz der sich fortpflanzenden Wellen ist zerstört, und der Cortex wird von keinem periodischen Aktivitätsmuster erreicht. Dies deutet darauf hin, daß ein Aspekt der dynamischen Organisation des Hirngewebes verlorengegangen ist, was zu den funktionalen Fehlleistungen führt, die mit dieser degenerativen Erkrankung einhergehen. Nichtinvasive Techniken wie die NMR-Spektroskopie, welche die dynamischen Aktivitäten des Körpers registrieren können, ohne mit ihnen zu interferieren, sind außerordentlich wichtig, um Einblicke in die rein dynamischen Aspekte dieser Krankheitszustände zu gewinnen. Sie führen uns an die Schwelle eines neuen Verständnisses der Frage, wie ganzheitlich koordinierte Aktivitäten in lebenden Systemen aus den Eigenschaften von Komponenten hervorgehen, wenn diese in bestimmter Weise organisiert werden und miteinander wechselwirken. Diese Forschungsarbeiten fördern unentwegt überraschende Erkenntnisse zutage, und eine der bemerkenswertesten darunter ist die enge Verbindung zwischen Ordnung und Chaos.

Geruch und Chaos

Ein Hase wird abgerichtet, bestimmte angenehme Gerüche, wie die von Birnen und Bananen, zu erkennen. Der Hase ist durstig, und wenn er als Reaktion auf einen bestimmten Geruch leckt, bekommt er als Belohnung Wasser. Bei einem anderen Geruch bekommt er Wasser, wenn er einfach schnuppert und nicht leckt. So lernt der Hase zwischen zwei Gerüchen zu unterscheiden und in spezifischer Weise zu reagieren: Sein Verhalten wird durch die Reize konditioniert. Dies ist ein klassisches Konditionierungsverfahren, das erstmals von dem bedeutenden russischen Physiologen Iwan Pawlow verwendet wurde. Während der Hase lernt, zwischen den verschiedenen Gerüchen zu unterscheiden und diese mit verschiedenen Verhaltensmustern zu verknüpfen, wird die elektrische Aktivität durch Elektroden im Bulbus olfactorius seines Gehirns registriert. Dieser spricht auf Gerüche an, die von Sinnesrezeptoren in der Nase an ihn weitergeleitet werden. Durch Analyse der auf diese Weise angefertigten Aufzeichnungen, einem Elektroenzephalogramm (EEG), kann man dann herauszufinden versuchen, welche spezifischen Aktivitätsänderungen mit dem Erlernen der Fähigkeit, zwischen verschiedenen Gerüchen zu unterscheiden, verbunden sind.

Obgleich auf diesem Gebiet seit vielen Jahren geforscht wird, war es ungewöhnlich schwierig, die relevanten Signale im Rauschen der EEG-Muster herauszufiltern. In den letzten Jahren aber haben uns Kombinationen neuer Ideen über die Dynamik komplexer Systeme wie dem Gehirn und hochentwickelte Techniken des Aufzeichnens, Filterns und Analysierens elektrischer Signale neue Erkenntnisse darüber geliefert, was möglicherweise im Nervengewebe beim Lernen geschieht. Eine wichtige Entdeckung verdanken wir Walter Freeman und seiner Arbeitsgruppe in Berkeley, der zusammen mit Christine Skarda und ihren Mitarbeitern an der École Polytechnique in Paris eine ausführliche Studie über Hasen, denen man die Fähigkeit zur Geruchsunterscheidung beibrachte, durchführte und dabei die gerade beschriebene Methode anwandte. Nachfolgend möchte ich kurz ihre Erkenntnisse referieren.

Das EEG des Bulbus olfactorius eines Hasen, der wach, aber nicht durch einen neuen oder interessanten Geruch erregt ist, sieht zwar aus wie Zufallsrauschen, läßt sich aber am besten durch den Zustand des deterministischen Chaos beschreiben. Dieser Zustand ist seinem äußeren Erscheinungsbild und seinen statistischen Merkmalen nach nicht vom Rauschen zu unterscheiden. Er wird jedoch durch einen vollkommen deterministischen Prozeß erzeugt und ist nicht stochastisch (zufällig); vielmehr weist er eine spezifische Art von Ordnung auf, vergleichbar der in Abbildung 3.7 für den chaotischen Zustand der Belousov-Zhabotinsky-Reaktion gezeigten. Tatsächlich läßt sich Rauschen in einem dynamischen System wie einem erregbaren Medium, das auch geordnete Muster des von uns betrachteten Typs hervorbringen kann, nur sehr schwer erzeugen; Chaos dagegen kann man ohne weiteres generieren. Genau dies scheint im Bulbus olfactorius zu geschehen, denn wenn ein Hase einem Geruch ausgesetzt wird, kommt es zu einem Wechsel des Aktivitätsmusters von Chaos zu Schüben oszillatorischer Aktivität mit Perioden von etwa 20 Millisekunden. Die Amplituden dieser Oszillationen schwankten gemäß einem systematischen, sich wiederholenden Muster über den gesamten Bulbus olfactorius in einer gewöhnlichen Frequenz. Es gab keine Anhaltspunkte dafür, daß das Geruchserkennen sich örtlich auf besondere Informationskanäle im Bulbus olfactorius beschränkte. Vielmehr war es das globale Muster des ganzen Bulbus, das offenbar das Signal definierte, das zur weiteren Verarbeitung an höhere Ebenen des Gehirn weitergeleitet wurde. Dieses charakteristische räumliche Muster wurde wiederholt erzeugt, wenn ein Hase Luft einatmete,

die einen bestimmten Geruch enthielt. Wenn der Hase aus-
atmete, verschwand das Muster über dem Bulbus olfactorius und wurde durch Chaos ersetzt. Das Lernen, auf
einen Geruch zu reagieren, wurde somit von einem Übergang von Chaos zu Antichaos (Ordnung) und wieder zurück begleitet.

Skarda und Freeman stützten sich auf diese und weitere
Beobachtungen, um ein Modell der Gehirnaktivität zu entwerfen, das eine Reihe spezifischer Merkmale enthält und
die experimentellen Ergebnisse recht gut erklärt. Ein
Grundmerkmal des Modells besteht darin, daß das System, welches die Aktivität der Nerven im Bulbus olfactorius simuliert, plötzliche Änderungen des Zustandes von
Chaos zu rhythmischer Aktivität und wieder zurück durchläuft, und zwar in Abhängigkeit von der Zu- bzw. Abnahme eines exzitatorischen Reizes. Dies ist vergleichbar
mit den Zustandsübergängen, die sich im EEG des Bulbus
olfactorius beobachten lassen, wenn ein Hase einen Ge-
ruchsreiz einatmet und dann wieder ausatmet, wobei er in
den chaotischen Ruhezustand zurückkehrt.

Selbstverständlich leistet das Gehirn eines Hasen sehr
viel mehr, als bloß Aktivitätsmuster in Reaktion auf spezifische Sinnesreize hervorzubringen. Dies ist lediglich der
Beginn eines sehr komplexen Prozesses, in dem neuronale
Aktivitätsmuster auf einer Ebene an höhere Zentren weitergeleitet werden. Dort führt die Integration anderer
Signale zu einer Signalweiterleitung an Muskel, die dann
koordinierte Reaktionen wie Lecken und Trinken hervorbringen. Diese wiederum aktivieren zum ZNS führende
Nervenbahnen, die Durst registrieren, und so weiter. Allerdings ist es unverzichtbar, gewisse Erkenntnisse über die
elementare Dynamik der grundlegenden Aktivitäten neu-
ronaler Netze zu gewinnen. Und die Arbeiten von Skarda
und Freeman liefern uns weitere Beweise dafür, daß

Nervengewebe sich wie ein erregbares Medium verhält, mit charakteristischen dynamischen Modi einschließlich Chaos. Im nächsten Abschnitt lernen wir die Bedeutung einer chaotischen Dynamik und ihre Beziehung zu Mustern in einem System kennen, dessen emergente Eigenschaften oftmals mit denen des Gehirns verglichen wurden: einer Ameisenkolonie.

»Betrachte die Ameise und sei weise«

Ameisen und andere soziale Insekten, wie etwa Termiten und Bienen, konfrontieren uns mit einem Paradox, das sich gut für Sprichwörter eignet. Die Aktivitätsmuster der Individuen scheinen vielfach ein hohes Maß an Unordnung aufzuweisen, und sie lassen sich nach keinem normalen Maßstab als intelligent bezeichnen. Niemandem ist es gelungen, einzelnen Ameisen irgend etwas beizubringen; so sind sie beispielsweise schlicht unfähig zu lernen, bei der Suche nach einer Nahrungsquelle eine Richtung von einer anderen zu unterscheiden, und sie treffen an einer Y-Weggabel immer die gleiche Zufallswahl, selbst wenn die Nahrung immer an derselben Stelle liegt. Doch kaum nimmt man einen Haufen von Ameisen, schon zeigen sich wahre Wunderwerke an gemeinschaftlicher Aktivität! Auch einzelne Neuronen sind nicht sonderlich intelligent, doch wenn man viele von ihnen zusammenschaltet, kann dies zu einem ungewöhnlich interessanten und weitgehend unerwarteten Verhalten führen. Genau darin liegt das Wesen emergenten Verhaltens. Für Biologen, die sich für solche Fragen interessieren, haben Ameisen und Ameisenkolonien Vorzüge gegenüber Neuronen und Gehirnen, da sie sich leichter beobachten lassen.

Ameisenarten der Gattung *Leptothorax* eignen sich hervorragend für Laborexperimente. *Leptothorax*-Kolonien bestehen in der Regel aus etwa einhundert Individuen, und die Ameisen sind so klein, daß sie in ihrem natürlichen Lebensraum ihre Nester in hohlen Eicheln oder schmalen Felsspalten anlegen. Im Labor bauen sie ihr Nest in dem Raum, den ein leicht erhöhtes Deckglas auf einem Objektträger bildet, wobei eine in der Nähe aufgestellte Zuckerlösung als Nährstoffquelle dient. Unter diesen Bedingungen lassen sie sich leicht studieren.

Blaine Cole, der in Houston, Texas, arbeitet, machte Videoaufnahmen von Kolonien mit unterschiedlichen Populationsgrößen und analysierte dann die Bewegungen der Ameisen. Wenn sich in dem verfügbaren Raum nur ein paar Ameisen aufhielten, bewegte sich jedes Individuum nach einem chaotischen Muster: es lief typischerweise für eine gewisse Zeitspanne umher, hielt dann inne und verharrte eine Zeitlang bewegungslos, bevor es sich wieder in Bewegung setzte. Obwohl die Aktivitätsschübe und Ruheperioden der Ameisen von zufälliger Dauer zu sein scheinen, fallen doch beide auf einen chaotischen Attraktor.

Als Cole die Populationsdichte der Kolonie durch Einbringen weiterer Ameisen in das definierte Territorium erhöhte, beobachtete er einen plötzlichen Übergang zu dynamischer Ordnung: Die Aktivitäts- und Ruhemuster der Kolonie insgesamt (gemessen als Summe der Ameisen, die sich zu einem beliebigen Zeitpunkt bewegen oder stillstehen) wechselten plötzlich von chaotisch zu rhythmisch, mit einer mittleren Periode von etwa 25 Minuten. Die Kolonie macht also zweimal pro Stunde eine Pause! Der Unterschied zwischen diesen Aktivitätsmustern ist in Abbildung 3.13 gezeigt. Die rhythmische Aktivität von Kolonien wird gemessen durch die Anzahl der Gittereinheiten in dem Territorium, welche die Ameisen zurücklegen. Fourier-Transformationen dieser Daten, die alle herausragenden Rhythmen in Form von Frequenzen angeben, zeigen wohldefinierte Frequenzgipfel. Die Aktivität ist noch immer recht »verrauscht«, denn einzelne Ameisen sind weiterhin aktiv, wenn die meisten sich im Ruhezustand befinden, und einige verharren bewegungslos, während die Kolonie als Ganze einen Aktivitätsschub durchmacht. Dagegen wird das Fehlen jeglicher rhythmischer Komponenten im Aktivitätsmuster von Einzelameisen oder Kleinkolonien durch eine Fourier-Analyse aufgedeckt, die keine einzelne, herausragende Frequenz zum Vorschein bringt. Der Übergang von chaotischer Bewegung bei einzelnen Individuen oder Kolonien mit niedriger Populationsdichte zu rhythmischem Verhalten in einer normalen Kolonie erfolgt, wenn die Populationsdichte einen kritischen Wert erreicht: Die Gruppe verfällt in einen kollektiven Verhaltensmodus, der nicht aus dem Verhalten der Individuen vorhergesagt werden kann. Dies ist ein eindeutiges Beispiel für emergentes Verhalten. Um zu verstehen, wie dies geschieht, kann man versuchen, ein Modell einer Ameisenkolonie zu entwickeln.

Ein Modell einer Ameisenkolonie

Weshalb sollte die Populationsdichte von Ameisen eine offenbar entscheidende Rolle beim Übergang von chaotischem zu geordnetem Verhalten spielen? Ameisen wechselwirken miteinander, und eine aktive Ameise, die auf eine inaktive trifft, wird diese zur Bewegung veranlassen. Bei niedriger Populationsdichte gibt es nur wenige Begegnungen, doch bei höherer Populationsdichte kann sich die Aktivität wie eine ansteckende Krankheit in der Kolonie

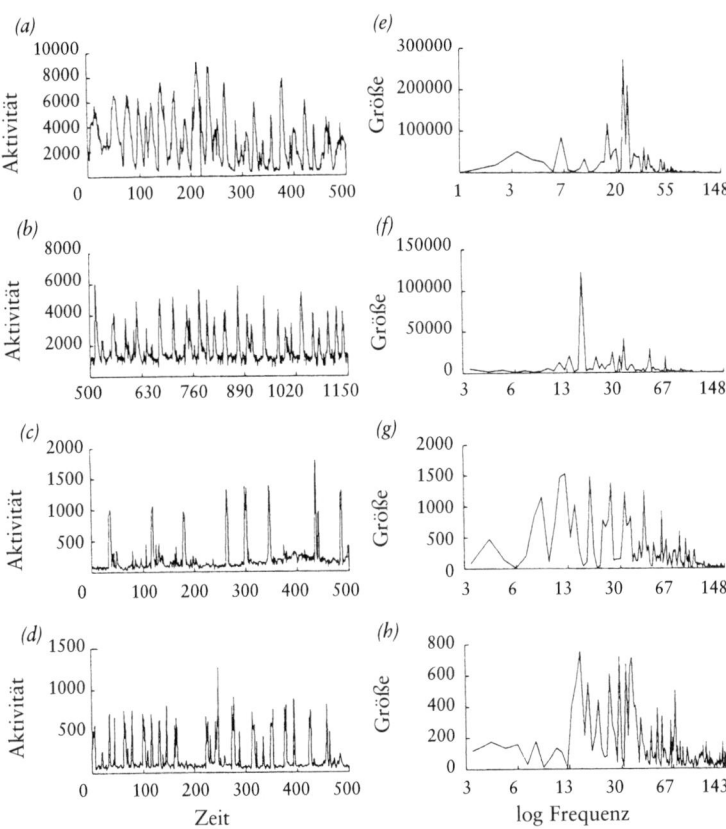

Abbildung 3.13 *Rhythmische Aktivitätsmuster bei typischen Ameisenkolonien, (a) und (b), mit den zugehörigen Leistungsspektren bzw. Fourier-Transformationen, die in (e) und (f) dargestellt sind und bei etwa 25 Minuten klar definierte Gipfel zeigen. Dagegen haben einzelne Individuen oder Kolonien mit niedriger Populationsdichte, (c) und (d), keine wohldefinierten Frequenzen, (g) und (h), und befinden sich in einem Zustand des deterministischen Chaos.*

ausbreiten. Dies scheint die einfache Erklärung für diesen Vorgang zu sein, und er gleicht der Ausbreitung der Aktivität in einem erregbaren Medium. In diesem Fall sind die Ameisen die erregbaren Elemente.

Mit Hilfe dieser Methode entwarf Octavio Miramontes aus Mexiko, der an der Open University mit mir zusammenarbeitet, gemeinsam mit Ricard Solé aus Spanien ein Modell des Verhaltens einer Ameisenkolonie, das verblüffende Einblicke in die Dynamik dieses Systems gewährt. Die einzelnen Ameisen wurden im Modell als Elemente dargestellt, die durch eine chaotische Dynamik angetrieben werden. Diese wird durch ein neuronales Netzwerk im Gehirn repräsentiert, das in einem chaotischen Modus funktioniert und die Bewegung steuert. Wenn sich die Individuen im aktiven Zustand befinden, bewegen sie sich von einer Stelle zu einer angrenzenden, freien Stelle auf einem Gitter, welches das Territorium der Kolonie definiert (Abbildung 3.14). Wenn sich ein Individuum zu einer

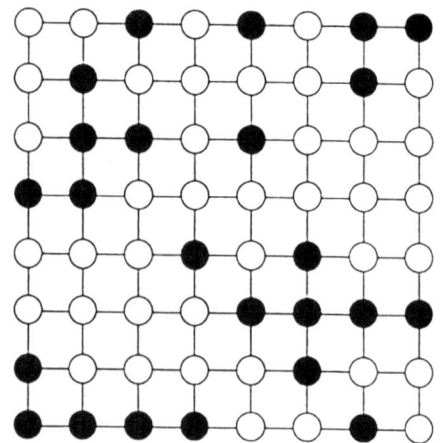

Abbildung 3.14 *Ein Gitter, welches das Territorium einer Kolonie von Ameisen darstellt. Diese werden durch zelluläre Automaten repräsentiert, die sich nach einfachen Regeln auf dem Gitter bewegen. Schwarze Kreise stehen für besetzte Gitterstellen; weiße Kreise für unbesetzte.*

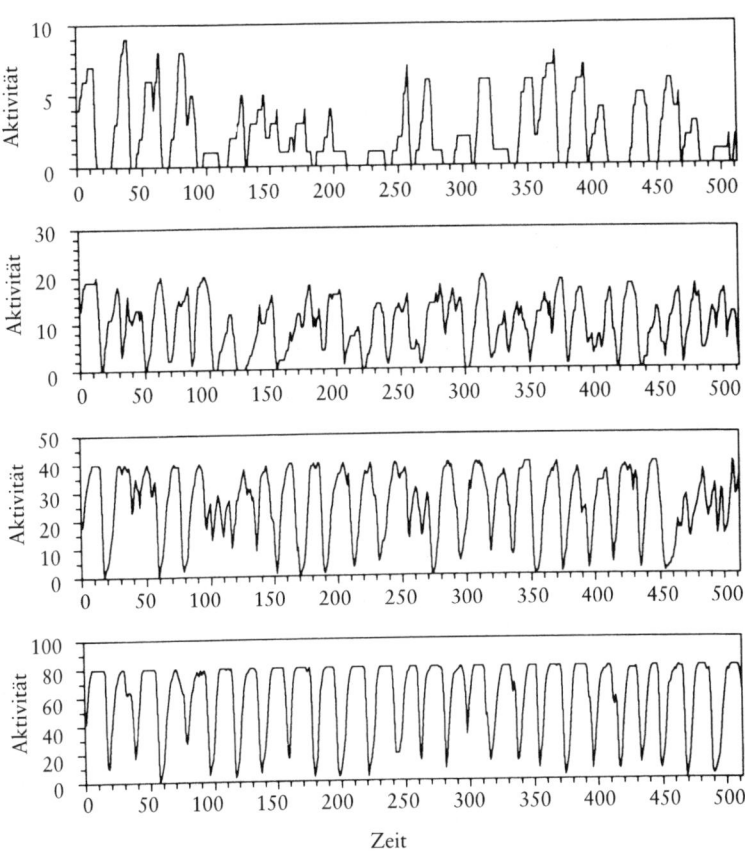

Abbildung 3.15 *Bei niedrigen Populationsdichten (obere Sequenz, Dichte: 0,1) ist das Aktivitätsmuster chaotisch. Doch in dem Maße, wie die Populationsdichte ansteigt, tritt eine kolonieweite Periodizität auf (Dichten: 0,2; 0,4; 0,8 in sukzessiver Folge).*

Stelle bewegt, die einer von einer inaktiven Ameise besetzten Stelle benachbart ist, wird diese zur Aktivität angeregt; doch ihre Aktivität kommt nach einer bestimmten Zeit zum Stillstand, es sei denn, sie setzt sich spontan in Bewegung oder wird wieder von einer anderen Ameise ange-

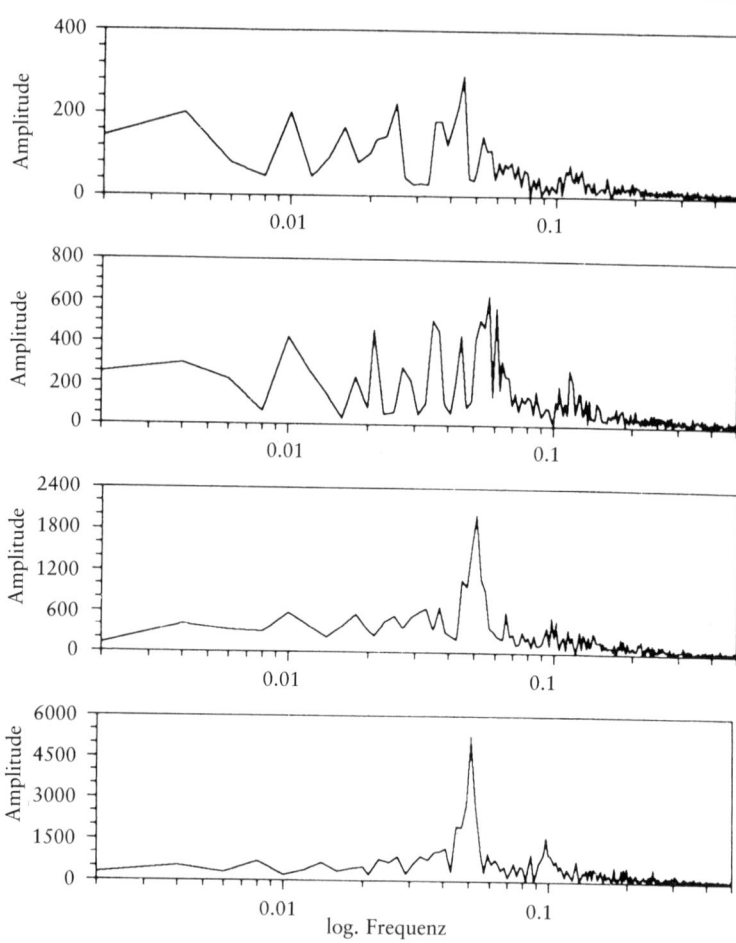

Abbildung 3.16   *Die Fourier-Transformationen der Aktivitätsmuster in Abbildung 3.15 zeigen, wie sich allmählich, mit steigender Populationsdichte, eine wohldefinierte Frequenz herauskristallisiert.*

Abbildung 3.17
(rechts)   *Räumliche Muster der Aktivität in Ameisenkolonien. Die Aktivität nimmt in Richtung des Zentrums von Kolonien mit wechselwirkenden Ameisen zu (die oberen drei Reihen, verschiedene Interaktionsmuster), während keine Aktivität nachweisbar ist, wenn die Ameisen nicht wechselwirken (unterste Reihe). Die Muster auf der rechten Seite sind zeitgemittelte Versionen der linken Muster.*

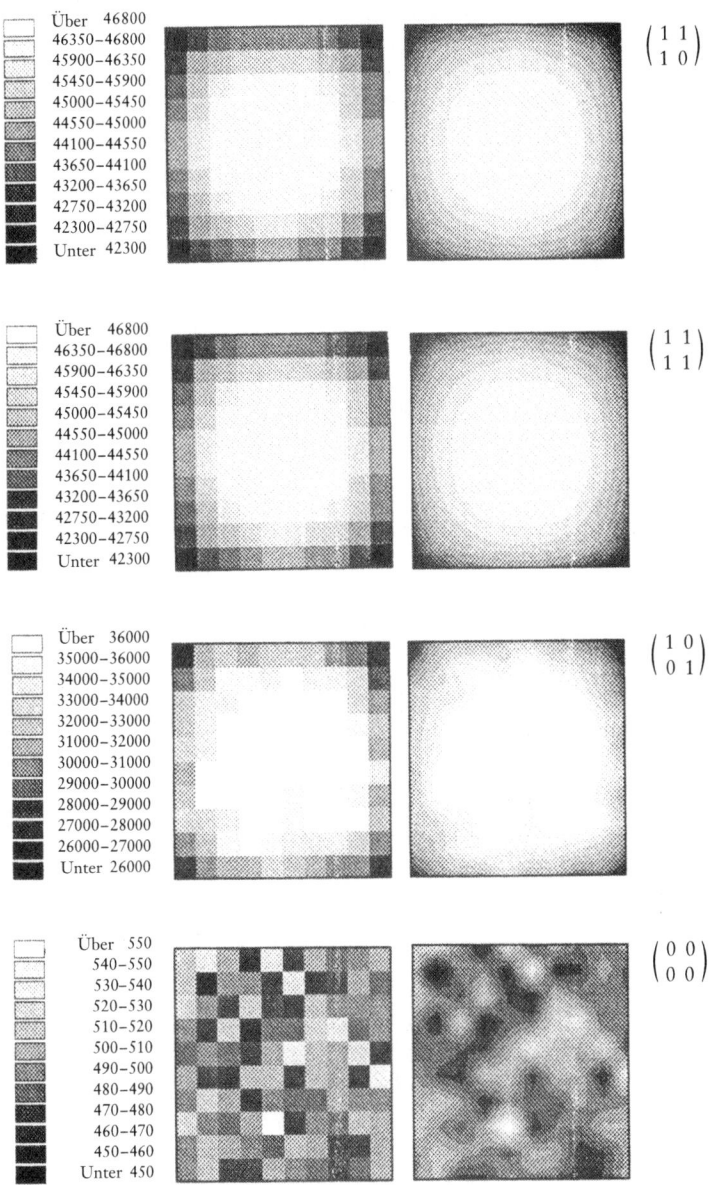

regt. Das ganze Modell gleicht einem neuronalen Netzwerk, abgesehen davon, daß sich die Elemente bewegen können. Da die Elemente (Ameisen) einfachen dynamischen Regeln gehorchen, werden sie *zelluläre Automaten* genannt, und in diesem Fall handelt es sich um mobile zelluläre Automaten. Diese eignen sich hervorragend für die Erforschung der Eigenschaften komplexer dynamischer Systeme verschiedenster Arten, die aus wechselwirkenden Elementen bestehen. Sie werden auch vielfach zur Untersuchung von künstlichem Leben verwendet, auf das ich in Kapitel 6 genauer eingehen werde.

In dem Modell wiesen Kolonien aus einem Individuum oder wenigen Individuen chaotische Bewegungsmuster auf, wie in Abbildung 3.15 zu sehen, und das Fourier-Spektrum zeigte eine breite Palette von Frequenzen (Abbildung 3.16). Oberhalb einer kritischen Populationsdichte kam es jedoch in der Kolonie zu einem Übergang zu rhythmischer Aktivität. Bei höheren Populationsdichten zeigte sich sogar ein sehr ausgeprägter und regelmäßiger Rhythmus, aber dieser lag jenseits des Spektrums von Populationsdichten, die normalerweise in realen Kolonien angetroffen werden.

Dies ist also ein weiteres Beispiel für ein erregbares Medium, in dem der gleiche Typ von Chaos-Ordnung-Übergang (und zurück, entsprechend der schwankenden Populationsdichte) auftritt, den Skarda und Freeman bei ihren Beobachtungen am Bulbus olfactorius von Hasen feststellten. Dies untermauert die Hypothese, daß neuronale Netzwerke und Ameisenkolonien tatsächlich ähnliche Typen emergenten Verhaltens zeigen. Nun verstehen wir besser, weshalb dies der Fall ist. Beides sind Beispiele erregbarer Medien, in denen Einheiten, die sich zwar an sich stark voneinander unterscheiden, auf ähnliche Weise miteinander wechselwirken, so daß sich Aktivitätswellen durch das System ausbreiten. Diese Wellen können je nach dem Zustand des Systems entweder chaotisch oder geordnet sein. Bei den Ameisen wird der Übergang von der Populationsdichte gesteuert; beim Bulbus olfactorius variiert die Aktivierungsschwelle mit dem Aufmerksamkeits- und Erregungszustand des Hasen, ganz ähnlich der Modulation der Erregbarkeit von Herzzellen, die auf die Einwirkung des Vagusnervs zurückzuführen ist und rhythmische Aktivität – Herzkammerflimmern – auslösen kann. Dies alles sind dynamische Modi erregbarer Medien und Übergänge zwischen diesen Modi.

Wenn wir uns daran erinnern, was unser Ausgangspunkt bei dieser Untersuchung über erregbare Medien war – die räumlichen Muster der Belousov-Zhabotinsky-Reaktion und aggregierender Schleimpilzamöben –, wäre zu erwarten, daß Ameisenkolonien zeitgleich mit dem Auftreten eines kohärenten Rhythmus eine räumliche Ordnung ausbilden. Das Modell zeigt nun, daß dies tatsächlich der Fall ist, wie man in Abbildung 3.17 sehen kann. Es entwickeln sich konzentrische Kreise der Aktivität, wobei die Ameisen im Zentrum der Kolonie eine höhere Aktivität entfalten als an ihren Rändern. Auch die Nest- bzw. Brutkammer einer Ameisenkolonie ist räumlich in Form konzentrischer Kreise geordnet, nicht aber nach der Aktivität. Die Königin, sofern es eine gibt, hält sich im Zentrum der Brutkammer auf, und die sich entwickelnden Ameisenembryonen und -larven (die Brut) sind entsprechend ihrem Alter in konzentrischen Kreisen angeordnet, wobei die Ältesten der Nestgrenze am nächsten untergebracht sind. Das Modell liefert natürlich keine Erklärung für diese Organisation; es zeigt lediglich, daß räumliche Ordnung mit zeitlicher Ordnung entsteht, und die Ameisen nutzen dann diese emergenten Eigenschaften in einer Weise, die ihren Aktivitäten förderlich ist.

Wir sind nunmehr in der Lage, mit Hilfe unserer Erkenntnisse über das Verhalten erregbarer Medien die (in diesem Kapitel erstmals aufgeworfene) Frage zu beantworten, wie Organismen ihre Form erzeugen. Damit werden wir uns in Kapitel 4 beschäftigen.

4

Die Entstehung der lebendigen Gestalt

Im letzten Kapitel lernten wir Beispiele für ein recht bemerkenswertes Phänomen kennen: In Systemen, die sich in ihrer Zusammensetzung und der Eigenart ihrer Bestandteile stark voneinander unterscheiden, können ähnliche Aktivitätsmuster auftreten. Es macht offenbar keinen großen Unterschied, ob wir uns mit chemischen Reaktionen, aggregierenden Schleimpilzamöben, Herzzellen, Neuronen oder Ameisen in einer Kolonie befassen. Sie alle zeigen ähnliche Typen dynamischer Aktivität – Rhythmen, Wellen, die sich in konzentrischen Kreisen oder Spiralen ausbreiten und sich beim Aufeinandertreffen vernichten, und chaotisches Verhalten. Die wichtigen Eigenschaften dieser komplexen Systeme ergeben sich nicht so sehr aus ihrer materiellen Zusammensetzung als vielmehr aus dem Beziehungsgefüge zwischen ihren Elementen und der dynamischen Organisation des Ganzen – ihrer relationalen Ordnung. Das konkrete Verhalten des Systems ist in wichtigen Aspekten eindeutig von den Eigenschaften der damit verbundenen Prozesse abhängig (etwa, ob es sich um chemische oder elektrische Vorgänge handelt), da diese die Veränderungsraten und damit die Fortpflanzungsgeschwindigkeit der Wellen und die Frequenzen der Rhythmen bestimmen. Doch die Kenntnis der Eigenschaften der Einzelteile allein genügt nicht, um die Muster vorherzusagen. Um diese komplexen nichtlinearen dynamischen Systeme zu verstehen, muß man vielmehr sowohl das Ganze als auch die Teile untersuchen und auf Überraschungen gefaßt sein, die zurückzuführen sind auf das Auftreten unerwarteter Verhaltensweisen wie etwa rhythmischer Aktivität, gleich ob diese bei chaotischen Neuronen oder bei Ameisen auftritt. In diesem Sinne geht die Erforschung komplexer Systeme über den Reduktionismus hinaus, der sich auf die Analyse der Elemente konzentriert, aus denen ein System besteht. Dies funktioniert gut bei einfachen Mechanismen. Bei Organismen hingegen ist dieser Ansatz von sehr viel beschränkterem Wert. Ich werde mich nun der Frage zuwenden, wie wir Organismen als dynamische Ganzheiten erforschen und verstehen können, ohne Erkenntnisse, die wir beim Studium ihrer Teile gewonnen habe, preiszugeben. Dies wird uns eine Erklärung dafür liefern, wieso das Leben eine solche Mannigfaltigkeit und Schönheit der Formen hervorbringen konnte, und gleichzeitig die fundamentale Einheit des Lebens offenbaren. Dies sind grundlegende Fragen in der Biologie, die jedoch ihren Ursprung in den einfachsten Organismen haben.

Acetabularia acetabulum ist ein kleiner Organismus mit einem großen Namen. Es ist eine Alge, welche die seichten Küstenstreifen des Mittelmeeres bewohnt. Halten Sie Ausschau nach ihr, wenn Sie jemals eine Reise zu den südlichen griechischen Inseln wie Rhodos unternehmen sollten. Sie werden Gruppen dieser an Felsen haftenden Grünalgen mit 2,5 bis 5 cm langen Stielen und hübschen kleinen »Schirmen« oder Hüten entdecken, die mit der Bewegung der Wellen tanzen (Abbildung 4.1). Diesen verdankt sie ihren volkstümlichen Namen *Seejungfer-Hut*. Obgleich sie aus vielen Zellen zu bestehen scheint, insbesondere wegen der feinziselierten Struktur des Hutes, setzt sie sich in Wirklichkeit doch nur aus einer einzigen Zelle zusammen, deren Kern in einem der Zweige des wurzelähnlichen Ge-

Abbildung 4.1   *Eine Kolonie von* Acetabularia acetabulum, *die sich in ihrem natürlichen Lebensraum, dem Mittelmeer, an einem Felsen verankert hat.*

bildes an der Basis (dem Haftorgan oder Rhizoid) untergebracht ist. Es handelt sich um eine riesige einzellige
Grünalge, ein Mitglied der Gruppe der sogenannten *Dasycladales*, die seit fast 600 Millionen Jahren in den warmen
Meeren der Erde leben. Von dieser einst sehr artenreichen
Gruppe haben nur etwa 20 Arten überlebt. Sie haben sich
jedoch lange gehalten, und es gibt keinen Grund, weshalb
sie nicht viele weitere Millionen Jahre die Erde besiedeln
sollten, es sei denn, es gelänge uns, sämtliche Ozeane zu
verschmutzen.

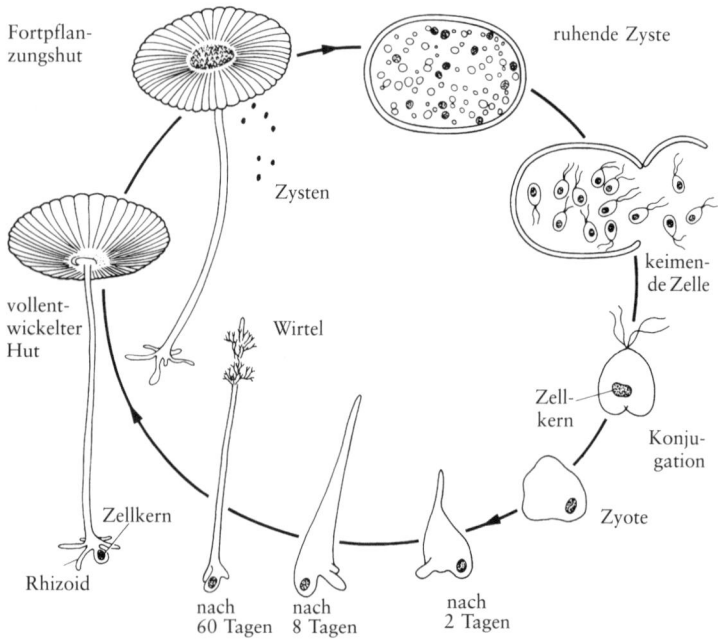

Fortpflan-
zungshut

ruhende Zyste

Zysten

keimen-
de Zelle

vollent-
wickelter
Hut

Wirtel

Zell-
kern

Konju-
gation

Zellkern

Zyote

Rhizoid

nach
60 Tagen

nach
8 Tagen

nach
2 Tagen

Abbildung 4.2   *Die wichtigsten Phasen des Lebenszyklus von* Acetabularia acetabulum, *von der Zygotenbildung über das Stiel-
wachstum, die Wirtel- oder Quirlbildung zur Entstehung
und zum Wachstum des Hutes bis zur vollentwickelten
Form; und die Zystenbildung und Freisetzung von Isogameten, wenn der Zyklus von neuem beginnt.*

Organismen sichern ihren Fortbestand durch das vermutlich grundlegendste aller biologischen Phänomene, einen Lebenszyklus. Teile des geschlechtsreifen Individuums erzeugen einen neuen, vollständigen Organismus, und zwar durch einen Prozeß, in dem sich ein zunächst einfaches Gebilde zur Adultform entwickelt, die dann die Teile hervorbringt, mit denen die nächste Generation beginnt. Bei *Acetabularia* beginnt dieser Zyklus (Abbildung 4.2) mit der Verschmelzung zweier winziger beweglicher Geißelzellen, die *Isogameten* genannt werden. Diese Fortpflanzungseinheiten besitzen anders als die großen Ei- und die kleinen Samenzellen von Spezies, die eine geschlechtliche Differenzierung in männliche und weibliche Formen kennen, alle dieselbe Größe und Struktur. Die Isogameten schwimmen im Meerwasser umher und verschmelzen paarweise; aus den dabei entstehenden Zellen, den sogenannten Zygoten, entwickeln sich dann die Organismen. Wie die befruchteten Eizellen von *Fucus* sondern diese Zygoten einen klebrigen Stoff ab, mit dem sie sich an Felsen anheften. Das erste Anzeichen für die Herausbildung einer Struktur ist die Entstehung einer kleinen Vegetationsspitze, die nach oben, zum Licht, wächst, und ungleichmäßiger Auswüchse aus der Basis. Diese bilden das wurzelähnliche Rhizoid, das in einem seiner Verästelungen den Zellkern beherbergt. Die Spitze wächst und wächst, und was zunächst eine unsichtbare Zelle war, deren Durchmesser nur wenige Tausendstel eines Zentimeters betrug, beginnt sichtbare Dimensionen von mehreren Millimetern anzunehmen. Dann bilden sich an der Spitze plötzlich neue Strukturen. Es sind Ringe aus kleinen blattartigen Elementen, *Brakteen* (Hochblätter) oder *Seitenzweige* genannt, die wachsen und sich verzweigen. Das ganze Gebilde wird *Wirtel* oder *Quirl* genannt, wie man in den Abbildungen 4.2 und 4.3 sehen kann. Von der Mitte eines

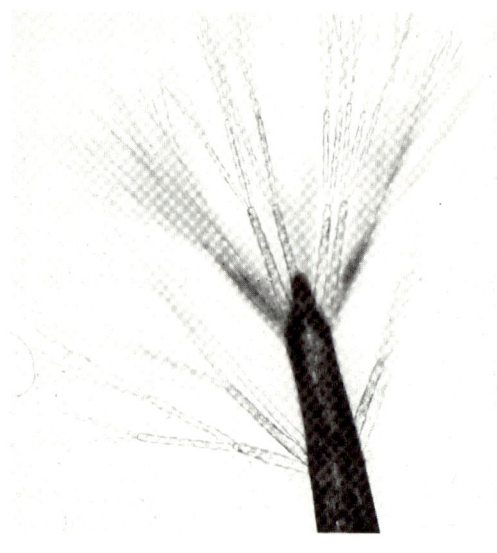

Abbildung 4.3 *Eine wachsende Alge mit Wirteln. Man sieht deutlich, wie sich die einzelnen Seitenzweige verzweigen. Der Thallusscheitel wächst vom Zentrum eines Wirtels aus weiter und bringt alle paar Tage einen neuen Wirtel hervor. Diese fallen dann ab.*

Quirls aus beginnt der Scheitel weiterzuwachsen, und nach mehreren Tagen, in denen die Spitze um ein paar Millimeter wächst, entsteht ein weiterer Quirl aus Seitenzweigen. Dieser Vorgang wiederholt sich viele Male, wobei die Zelle über ihre gesamte Länge hinweg mit einem feinen Netzwerk aufeinanderfolgender Quirle geschmückt wird, die dann, wie die Blätter eines Baumes, nacheinander abfallen (hierbei werden die ältesten zuerst abgeworfen). Schließlich wird eine andere Struktur gebildet, eine kleine feingekerbte Knospe, deren Elemente miteinander verbunden bleiben, statt sich wie die Seitenzweige eines Quirls zu trennen. Der Durchmesser dieser Struktur nimmt zu, und die hübsch geformten Einzelheiten des Hutes beginnen hervorzutreten. Der Hut entwickelt schließlich die charakteristische Form, welche diese Art auszeichnet. Der gesamte Prozeß, in dem sich die einfache kleine Zygote über eine wohldefinierte Abfolge von Stadien in die geschlechtsreife Form verwandelt, wird *Morphogenese* (Gestaltbildung) genannt. Die geschlechtsreife Form der Alge besteht aus einem Rhizoid, das in einem seiner Verzweigungen den Zellkern beherbergt, einem dünnen (etwa 0,5 Millimeter breiten), 3 bis 5 Zentimeter langen Stiel und einem Hut mit einem Durchmesser von etwa 0,5 Zentimeter (Abbildung 4.4). Das ist für eine einzelne Zelle eine recht beeindruckende Größe! Andere Mitglieder dieser Gruppe sind sogar noch größer, und wir werden gleich einige Verwandte von *Acetabularia* betrachten, um eine Vorstellung von ihrer Formenmannigfaltigkeit zu bekommen. Doch zunächst wollen wir den Lebenszyklus vervollständigen.

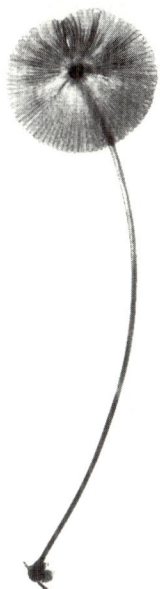

Abbildung 4.4   *Die geschlechtsreife Form von* Acetabularia *mit Hut, Stiel und Rhizoid.*

Die geschlechtsreife Zelle lebt mehrere Monate lang, in der Regel in Zellverbänden, die sich mit ihren Wurzeln an Felsen anheften, wie in Abbildung 4.1 gezeigt. Die Zelloberflächen oder Zellwände nehmen oftmals im Verlauf ihrer Alterung eine weißliche Färbung an, die auf die Ablagerung von Calcium aus dem Meerwasser zurückzuführen ist. In einem bestimmten Alter, zwischen dem dritten und dem sechsten Monat, tritt eine *Acetabularia*-Zelle in die Fortpflanzungsphase ein. Der einzige Zellkern teilt sich viele Male und erzeugt auf diese Weise Tausende von Kernen, die in den Hut wandern. Dort produzieren die haploidisierten (also den halben Chromosomensatz der Zygote tragenden) Zellkerne kleine begeißelte Gameten, die dann in Zysten verpackt werden, d.h. in kleine Behältnisse mit Klapptüren, die sich später öffnen, wie der Lukendeckel einer Tiefsee-Taucherglocke. Da die Gameten im Hut erzeugt werden, wird dieser auch als Gametophor bezeichnet. Die Zellwand löst sich dann auf und setzt die Zysten frei. Diese driften mit geöffneten Klapptüren umher, und die Isogameten schwimmen ins Meerwasser hinaus. Viele Algen reifen gleichzeitig heran, so daß dichte Wolken aus winzigen grünen Schwimmern erzeugt werden, die wie eine typische Algenblüte aussehen. Sie verschmelzen paarweise zu Zygoten, und der Lebenszyklus beginnt erneut.

Jede Spezies hat ihren eigenen Zyklus, wobei einige Zyklen außerordentlich komplex sind, wie etwa die von Parasiten, die verschiedene Stadien des Zyklus in unterschiedlichen Wirten zubringen, so daß sie Wege finden müssen, um von einem in den anderen zu wechseln. Verglichen mit diesen, besitzt *Acetabularia* einen sehr einfachen Fortpflanzungszyklus; das Bemerkenswerte an ihr ist indes die Tatsache, daß eine Einzelzelle zu einer so ungewöhnlichen Größe heranwachsen und eine so grazile Schönheit entfalten kann. Aber *Acetabularia* hat Ver-

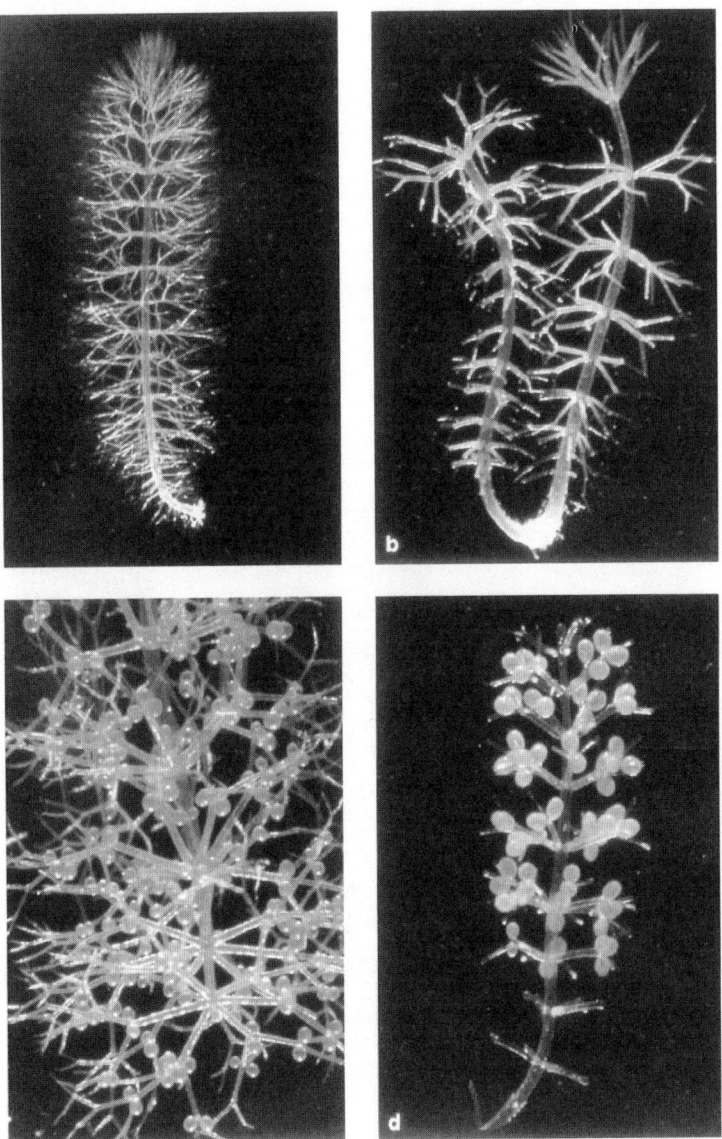

Abbildung 4.5 *Zwei Arten der Gattung* Batophora: *Wirtel aus Seitenzweigen bleiben bei der geschlechtsreifen Form erhalten (oben); an den Seitenzweigen bilden sich Gametophoren (unten)*

wandte, die sie in beiden Beziehungen noch übertreffen. So erreicht die im Pazifik um die Hawaii-Inseln vorkommende Art *Acetabularia major* eine Länge von bis zu 10 Zentimetern. Und Mitglieder der Gattung *Batophora* (Abbildung 4.5) weisen sogar noch komplexere Wirtelmuster auf, die bei der geschlechtsreifen Form fortbestehen. Diese Spezies bilden keine Hüte; statt dessen werden die Gameten an den Seitenzweigen in kleinen eiförmigen Gebilden produziert. Bei anderen Arten werden die Gameten in den Seitenzweigen selbst erzeugt, etwa bei *Halicoryne spicata* (Abbildung 4.6). Die Wirtel haben also bei diesen Arten

Abbildung 4.6   *Die Art* Halicoryne spicata *mit Wirteln, die selbst zu Gametophoren werden.*

eine bestimmte Funktion. Dies aber wirft die Frage auf, weshalb *Acetabularia acetabulum* so viel Energie aufwendet, um Wirtel aus Seitenzweigen zu bilden, die dann abfallen und beim geschlechtsreifen Individuum, bei dem der Hut als Hauptort der Photosynthese und als Gametophor dient, völlig funktionslos sind. Auf der Suche nach einer Antwort auf diese Frage werden wir auf eine Erklärung stoßen, die sich von den üblichen Erklärungen, die auf Vererbung, Nützlichkeit und Funktionalität abstellen und die Hypothese von den egoistischen Genen als Basis der Organismen und ihres Überlebens zu untermauern suchen, stark unterscheidet. Um den ersten Schritt auf einem Weg zu machen, der uns in eine neue Richtung führen wird, beginnen wir mit der harmlosen kleinen Frage: Weshalb bringt *Acetabularia* überhaupt Wirtel hervor?

Geschichte und Struktur

Eine der herkömmlichen Herangehensweisen an »Weshalb«-Fragen in der Biologie besteht darin, eine historische Perspektive einzunehmen. Dies war letztlich auch Darwins Sichtweise: Spezies entstehen durch Vererbung geringfügiger Änderungen, so daß die Merkmale des Ahnen einer Gruppe ihre Spuren in den Nachfahren hinterlassen sollten. Dieses Argument stützt sich auf historische Kontinuität und eine Art Trägheit, einen Widerstand gegen Veränderungen. Besaßen bereits die Ahnen von *Acetabularia* Wirtel? Ja. Alle fossilen *Dasycladales* bildeten Seitenzweige, und diese waren in ihrer großen Mehrzahl wirtelig angeordnet. Es handelt sich also um ein Merkmal, das bereits bei den Ahnen vorhanden war. Die Erklärung lautet daher, daß die Wirtel von *Acetabularia* ein historisches Vermächtnis darstellen. Doch wenn *Acetabularia* für diese Strukturen keine Verwendung hat und sie bald nach ihrer Bildung wieder abwirft, stellt sich die Frage, weshalb es sich ihrer nicht gänzlich entledigt. Wegen der entwicklungsbiologischen Trägheit, lautet die Antwort: Aus irgendeinem Grund ist die Bildung von Wirteln ein zu tief und dauerhaft in der Morphogenese verankertes Merkmal, um es einfach loswerden zu können, und die »Kosten« für die Bildung dieser Strukturen stellen keine hinreichende Strafe dar, um die Überlebensfähigkeit oder Fitneß dieser und aller übrigen Spezies, die zwar Wirtel ausbilden, aber nicht nutzen, zu vermindern. Diese Argumente hören sich völlig vernünftig und plausibel an, doch sie weisen eher auf ein Problem als auf eine Lösung hin. Es hat etwas sehr Befremdliches, wenn diese Argumente als eine befriedigende wissenschaftliche Erklärung des Phänomens akzeptiert werden. Und doch wird diese Argumentationsweise in der Biologie weithin anerkannt. Nehmen wir ein Beispiel aus der Physik, um das biologische Problem aus einer anderen Perspektive zu betrachten.

Versetzen wir uns in eine Epoche, in der man nicht wußte, weshalb die Erde eine elliptische Umlaufbahn um die Sonne beschreibt. Sie bitten jemanden, Ihnen eine Erklärung zu geben, und er sagt Ihnen: »Die Erde beschreibt dieses Jahr eine elliptische Umlaufbahn um die Sonne, weil sie dies schon letztes Jahr getan hat, und das Jahr davor und so weiter bis zum Ursprung des Planetensystems, und nichts ist geschehen, was eine Veränderung bewirkt hätte.« Sind Sie zufrieden? Die Antwort ist völlig richtig; es ist eine historische Erklärung des Typs, der in der Biologie weit verbreitet ist. Man verfolgt etwas bis zu seinem Ursprung zurück, verweist auf das erste bekannte Beispiel des Phänomens und verwendet dies als Erklärung der Phänomene, die anschließend mit diesem Ereignis verknüpft sind. In der Biologie wird dieser Ursprung meist mit den gemeinsamen Ahnen einer Linie gleichgesetzt. Diese Methode wurde erstmals bei der Erforschung von Genealogien und Stammbäumen eingesetzt, deren Ursprung auf bedeutende Persönlichkeiten zurückgeht, wie etwa einen Vorfahren, der als erster von England nach Amerika auswanderte, oder Wilhelm der Eroberer, der der erste normannische König von Großbritannien war. Doch sie läßt sich auch auf alles andere anwenden, solange nur ausreichende historische Spuren vorhanden sind, um die Abfolge der Ereignisse zum Ursprung zurückverfolgen zu können. Daher die Bedeutung des Fossilbelegs in der Biologie.

Kehren wir nun zur Umlaufbahn der Erde zurück. Betrachten Sie die historische Erklärung als ausreichend? Sie ist vernünftig und richtig. Doch seit Newton wird diese Art von Erklärung durchweg als unzureichend erachtet. Der Grund dafür ist, daß sie keine Antwort darauf gibt, weshalb die Form der Erdumlaufbahn elliptisch ist. Man sagt uns lediglich, daß sie von Anfang an diese Form hatte, daß sie sie aufgrund einer Art Trägheit beibehielt und daß nichts geschah, was eine erhebliche Änderung bewirkt hätte. Newton dagegen erklärte uns, weshalb die Umlaufbahn elliptisch ist. Er tat dies, indem er berechnete, welche Formen die Umlaufbahn eines Planeten wie die Erde annehmen kann, wenn sie um einen massiven Körper wie die Sonne kreist, vorausgesetzt, die zwischen ihnen wirkende Kraft gehorcht dem invers-quadratischen Gesetz der Massenanziehung. Er fand heraus, daß die einzigen möglichen Formen der Planetenbewegung die Kegelschnitte sind: Kreis, Ellipse, Parabel und Hyperbel. Davon haben nur Kreise und Ellipsen sich wiederholende bzw. periodische Umlaufbahnen (Kreise sind im Grunde lediglich Sonderfälle von Ellipsen). Die Bewegung auf Parabel- und Hyperbelbahnen hingegen verläuft durch den unendlichen Raum (in einem Newtonschen Universum; in einer Einsteinschen Welt mit ihrem gekrümmten Raum verlaufen die Umlaufbahnen natürlich anders). Kepler hatte gezeigt, daß die Erdumlaufbahn eine Ellipsenform besitzt, und wir müssen noch immer erklären, weshalb die Erde diese Umlaufbahn und keinen Kreis beschreibt. Hier kommt nun die Geschichte ins Spiel, wie dies bei allen dynamischen Problemen der Fall ist. Die gravitierende Masse aus Gas und Staub, aus der die Sonne und die Planeten hervorgingen, rotierte mit einer Geschwindigkeit, die unterhalb der Fluchtgeschwindigkeit lag, derer es bedurft hätte, um die Planeten auf eine Reise durch den Weltraum zu schicken. So traten sie in geschlossene Umlaufbahnen um die Sonne ein. Um Kreise zu erhalten, muß die Anfangsgeschwindigkeit genau stimmen, denn Kreise sind zwar möglich, aber unwahrscheinlich. Ellipsen dagegen sind sehr viel wahrscheinlicher, so daß sie die erwartete Folge der Planetenbewegung gemäß der Newtonschen Dynamik darstellen. Die Geschichte kommt in diese Erklärung in Form der Anfangsbedingungen hinein. Jedes dynamische Problem muß irgendwo beginnen, und diese Anfangsbedingungen sind das Stück Geschichte, das in das Problem eingeht. Im Falle der Planetenentstehung sind es die Masse und die Rotationsgeschwindigkeit der Materiewolke, aus der sich unser Sonnensystem entwickelte, und die Anfangsgeschwindigkeiten sowie die Massen der Planeten, welche die exakten Umlaufbahnen festlegen.

Das Ziel wissenschaftlicher Erklärungen besteht jedoch darin, Zufallsfaktoren auf ein Minimum zu reduzieren und die Prinzipien zu finden, nach denen Systeme organisiert sind. Dabei geht man so vor, daß man zunächst die Zustände beschreibt, die in einem System gemäß seinen inneren Eigenschaften möglich sind, und dann die Beobachtungen als eine spezifische Aktualisierung des Möglichen unter Einwirkung besonderer Bedingungen (der »Geschichte«) erklärt. Historische Erklärungen werden nicht als ausreichend erachtet. Weshalb aber sind sie dann in der Biologie so weit verbreitet?

Der Hauptgrund geht zurück auf eine Annahme Darwins, die noch immer weithin akzeptiert wird. Wie wir in Kapitel 2 erfuhren, glaubte Darwin, daß das Erbgut von Organismen kleine, zufällige Änderungen erfährt und die Selektion unter diesen Organismen die besser angepaßten Varianten auswählt. Der evolutionäre Wandel ist somit auf beständige Variation angewiesen. Nun kommt die Zusatzannahme: Diese geringfügigen Variationen sind solcher Art, daß beinahe *alles* möglich ist – Organismen können jede beliebige Form annehmen, jede beliebige Farbe entwickeln und jede beliebige Nahrung zu sich nehmen, und sie unterliegen hierbei nur sehr weit gesteckten Beschränkungen, die im wesentlichen auf physikalische und chemische Gesetze zurückzuführen sind. Elefanten werden niemals fliegen können, weil es keine Materialien gibt, die ihnen erlauben würden, hinreichend leichte und feste Flügel und hinreichend starke Muskeln zu entwickeln. Und Organismen können auch keine Diamanten verzehren, obwohl diese aus Kohlenstoff bestehen und obgleich sie in dem Sinne Eisen »essen«, als sie das Metall für ihre energieerzeugenden Aktivitäten verwenden, wie es auch gewisse Typen von Bakterien tun.

Wenn es stimmt, daß Organismen ein dichtes Spektrum von Zuständen besetzen können und daß für die Evolution durch natürliche Selektion nahezu alles möglich ist, dann gehorchen Organismen nicht in der gleichen Weise wie physikalische und chemische Systeme bestimmten Regeln. Physikalische Gesetze lassen nur bestimmte mögliche Formen für Planetenbahnen und für Flüssigkeiten (wie in Kapitel 1 beschrieben) zu. Wenn Organismen jedoch fast alles möglich ist, sind sie keinerlei eigenen Gesetzen unter-

worfen; das heißt, es gibt in der Biologie keine Organisationsprinzipien, die uns erlauben würden zu beschreiben,
was im biologischen Bereich möglich ist und was nicht.
Dann aber basiert die Biologie in ihrer Gesamtheit lediglich auf den Zufallsereignissen der Geschichte: Wir finden
die Formen vor, die zufälligerweise in bestimmten Lebensräumen ausgewählt wurden. Die Biologie wird so zu einer
Sammlung historischer Schilderungen: Welche Spezies entwickelten sich unter welchen Bedingungen aus welchen
Ahnen, wobei das Überleben die einzige Notwendigkeit
darstellt. Im Unterschied zu den anderen Naturwissenschaften, in denen wir aufgrund von Organisationsprinzipien die Regelmäßigkeiten und allgemeinen Grundsätze
des Aufbaus der physikalischen und chemischen Welt verstehen können, lassen sich die biologischen Phänomene
nicht mit diesen Kategorien erklären, und das Überleben
ist das einzige Gesetz. Aus diesem Grund hat die natürliche Selektion in der Biologie einen so überragenden Stellenwert errungen: Sie ist die einzige »Kraft«, die zur Erklärung der evolutionären Vorgänge herangezogen wird.
    Die Schwierigkeit liegt darin, daß die natürliche Selek-
tion nur einen sehr beschränkten Erklärungswert besitzt
und sie bei einigen wichtigen und interessanten Fragen
völlig versagt. Erinnern wir uns an das Beispiel der Wirtel:
Die natürliche Selektion vermag lediglich zu erklären, daß
Wirtel bei den meisten Mitgliedern der riesigen Ordnung
der einzelligen Grünalgen als Gametophoren von Nutzen
sind und sie offenbar *Acetabularia* nicht allzuviel »kosten«, so daß sie weiterhin produziert werden, auch wenn
sie nicht für die Gametenbildung genutzt werden. Natürlich findet in den Wirteln während des Wachstums der
Zelle auch Photosynthese statt, und sie mögen weitere
Funktionen ausüben, die wir noch nicht kennen – man
kann schließlich niemals sicher sein. Doch während des

größten Teils des Lebenszyklus von *Acetabularia* fehlen die Wirtel. Erklärungen auf der Basis der Geschichte und der natürlichen Selektion sind nicht sehr hilfreich, da sie das Beobachtete lediglich nach Funktionen und »Kosten« neu beschreiben, während man im Hinblick auf eine »Erklärung« nicht klüger ist als zuvor. Voltaire verspottete im 18. Jahrhundert die Ärzte, welche die Wirksamkeit von Schlaftrünken wie etwa Laudanum mit deren »schlaffördernden Prinzipien« erklärten. Daher sollte sich niemand über den Wert biologischer Erklärungen auf der Grundlage historischer Berichte oder der natürlichen Selektion täuschen. Doch was braucht man, um darüber hinaus zu gelangen?

Wenn wir tiefer ansetzen wollen als bei Geschichte und Funktion, um zu einem Verständnis der Form oder Struktur zu gelangen, müssen wir versuchen, eine Theorie der Gestaltbildung zu entwickeln, und die Frage beantworten, wie Organismen mit ihren charakteristischen Formen entstehen. Denn darum geht es bei einer Erklärung des Typs, die Newton für die Planetenbewegung formuliert hat und die gleichzeitig den Fall eines Apfels, den Gezeitenrhythmus der Ozeane und zahllose andere Phänomene, die denselben Grundprinzipien gehorchen, erklärt. Wir lassen uns auf ein ähnliches Abenteuer ein, indem wir nach den allgemeinen Prinzipien der biologischen Organisation suchen, welche die Formen des Lebens erklären könnten. Dies klingt geradezu lächerlich ehrgeizig, und das ist es auch. Doch in der Wissenschaft beginnt man gewöhnlich nicht mit den großen Fragen, sondern mit einer kleinen, rätselhaften. Und man stellt fest, daß es viele andere Personen gab und gibt, die bedeutende Beiträge zur Lösung des Rätsels geliefert haben. Wenn diese zu einem Gesamtbild zu verschmelzen beginnen, macht sich Euphorie breit. Mehrere Wissenschaftler, die sich gegenwärtig mit verschiedenen Aspekte der Komplexitätswissenschaften befassen, spüren, wie sich langsam auf einem Gebiet, das noch immer wenig konturiert ist und sich kaum exakt beschreiben läßt (ich werde in Kapitel 6 sehr viel ausführlicher darauf eingehen), eine solche Synthese abzuzeichnen beginnt. Vorerst ist es allerdings ratsam, sich auf ein kleines Problem mit genau umrissener Fragestellung zu beschränken. Noch einmal: Weshalb bildet *Acetabularia* Wirtel aus?

Die Teile des Rätsels

Eines der reizvollsten Merkmale von *Acetabularia* besteht, abgesehen von ihrer grazilen Schönheit, darin, daß es ein einfacher Organismus ist, der dennoch hinreichend komplex ist, um uns mit einem nichttrivialen Problem der Gestaltbildung zu konfrontieren. Dieser Organismus besteht aus nur vier Hauptteilen: der Zellwand, dem Zytoplasma, dem Zellkern und einer großen, mit einer Flüssigkeit gefüllten Kammer, die *Vakuole* genannt wird und den größten Teil des Zellinnern ausfüllt. Im Zytoplasma finden die meisten Zellaktivitäten statt. Es setzt sich aus vielen verschiedenen Bestandteilen einschließlich Chloroplasten und Mitochondrien (den Energiefabriken) zusammen. Bei *Acetabularia* bildet das Zytoplasma eine dünne Hülle zwischen der inneren Vakuole und der Zellwand, die eine noch dünnere Außenhülle darstellt. Eine beträchtliche Konzentration von Salzen und kleinen organischen Molekülen in der Vakuole führt zu einem hohen osmotischen Druck, der von innen gegen die Zellwand drückt, so daß die Zelle auf die gleiche Weise wie ein aufgeblasener Ballon ihre Form bewahrt. Wenn der Druck nachläßt, erschlafft die Zelle wie eine unter Wassermangel leidende Pflanze, und aus genau demselben Grund, denn der Wasserdruck hält den Turgor (Innendruck) aufrecht. Was die Gestaltbildung anlangt, ist dies alles, was wir über die Rolle der Vakuole wissen müssen: Sie übt einen Druck auf die Zellwand aus.

Wie steht es mit der Zellwand selbst? Sie wächst und verändert ihre Form in dem Maße, wie die Zelle die verschiedenen Stadien ihres Lebenszyklus durchläuft (Abbildung 4.2). Erinnern wir uns daran, daß die Wirtel und der Hut nicht aus besonderen Zellen gebildet werden, sondern das Resultat komplizierter Änderungen der Form der Zellwand selbst sind, die eine geschlossene Hülle um den Gesamtorganismus bildet. Ist es die Zellwand selbst, welche die Formänderungen auslöst und die morphogenetische Sequenz organisiert, die zur Adultform des Organismus führt? Die Zellwand ist eine relativ träge Struktur, die auf Einflüsse reagiert, welche von anderen Stellen ausgehen und bestimmen, wo die Zellwand wächst und wie sie ihre Gestalt verändert, so daß sie nicht die Ursache der räumlichen Musterbildung zu sein scheint. Es bleiben somit nur zwei Kandidaten übrig: die dünne Zytoplasmaschicht zwischen der Zellwand und der Vakuole oder der Zellkern, der im Zytoplasma in einer der Verzweigungen des Rhizoids liegt. Welcher von beiden organisiert die Entwicklung räumlicher Muster bei der wachsenden Alge? Es unterliegt keinem Zweifel, wie die Mehrheitsmeinung diese Frage beantworten würde: Im Zellkern ist die Information bzw. der Plan für die Erzeugung der Gestalt des Organismus gespeichert. Man kann diese Hypothese durch ein hübsches Experiment überprüfen.

Wenn eine ausgewachsene *Acetabularia* in zwei Hälften zerteilt wird, indem man sie in der Mitte des Stengels durchschneidet, dann bildet der untere (basale) Teil mit dem Rhizoid und dem Zellkern einen neuen Hut, während der Teil mit dem Hut nach einigen Wochen abstirbt. Die

Neubildung aus dem basalen Teil verläuft nach der gleichen Abfolge von Ereignissen wie die normale Gestaltbildung: Nachdem der Schnitt verheilt ist und sich eine neue Zellwand über der Schnittstelle gebildet hat, entsteht ein kleiner Vegetationsscheitel, der wächst und eine Reihe von Wirteln und dann einen Hut hervorbringt. Die Wirtel fallen ab, und die Alge ist so gut wie neu, nicht unterscheidbar vom Original. Dieser Organismus kann seine Form erneuern und eignet sich gut für die Erforschung der Gestaltbildung, weil dieselben Pflanzen immer wieder verwendet werden können. Sie verschleißen nicht! Dieses Experiment deutet darauf hin, daß der Zellkern die Gestaltbildung organisiert, weil sich nur der Teil der Alge mit dem Zellkern regeneriert. Man kann jedoch noch ein weiteres Experiment durchführen, dessen Ergebnisse uns erneut zum Nachdenken zwingen.

Angenommen, man schneidet den Hut und das Rhizoid ab, so daß nur der Stiel übrig bleibt. Wir wissen, was mit dem Hut geschieht – er stirbt nach einer Weile ab. Und aus der Basis mit dem Zellkern bildet sich erneut die ganze Alge. Was aber geschieht mit dem Stiel? Wir erwarten, daß er sich genauso verhält wie der Hut – also nach einer gewissen Zeit abstirbt. Und das ist richtig. Aber das, was der Stiel bis zu seinem Absterben tut, überrascht uns. Er bildet nämlich einen neuen Hut! Und er tut dies auf die gewöhnliche Weise: Er wächst an beiden Enden zu, und bildet dort, wo der Hut war, eine Spitze, aus der Wirtel und ein neuer Hut hervorgehen. Mitunter kommt es zur Regeneration am entgegengesetzten Ende des Stiels, dort, wo die Basis war, und sehr sehr selten beidendig, so daß der Stiel an beiden Enden einen Hut hervorbringt. Ein Teil ohne Zellkern hingegen stirbt immer nach einer gewissen Zeit ab. Wie sollen wir diese faszinierenden Beobachtungen erklären?

Erstens ist ein Zellkern für das Überleben des Organismus und für die Vollendung des Lebenszyklus absolut unverzichtbar. Genauso klar ist, daß die Morphogenese auch bei fehlendem Zellkern abläuft, so daß es nicht der Nukleus selbst ist, der diesen Prozeß steuert. Man kann jedoch leicht nachweisen, daß *Kernprodukte* im Zytoplasma erforderlich sind, damit eine Regeneration stattfindet. Wenn man den Hut, der von einem kernlosen Stiel neu gebildet wurde, abschneidet, so daß der Stiel zum zweiten Mal seinen Hut einbüßt, kann der Stiel keinen weiteren Hut produzieren und bringt lediglich einen Scheitel und ein bis zwei Wirtel hervor. Offensichtlich wird das Kernmaterial während der Regeneration aufgebraucht; diese Schlußfolgerung läßt sich durch direkte Messung des Kernmaterials im Zytoplasma bestätigen. Diese Produkte werden im Zellkern erzeugt, freigesetzt und durch aktive Strömungsbewegungen des Zytoplasmas in der ganzen Zelle verteilt. In einer so großen Zelle würde die Diffusion allein nicht ausreichen, um diese großen, informationshaltigen Moleküle (Messenger-RNS) und die von ihnen erzeugten Proteine an die Stellen zu bringen, wo sie für den Aufbau von Strukturen wie Seitenzweigen und einem Hut benötigt werden. Doch wer steuert den Aufbauprozeß? Dies scheint die Aufgabe des Zytoplasmas zu sein.

Wir benötigen jetzt mehr Informationen über die Eigenschaften des Zytoplasmas, die uns Aufschluß darüber geben könnten, wie die vielfältigen Gestaltänderungen beim sich entwickelnden Organismus zustande kommen. Die Wirkung von Calcium auf die Morphogenese weist auf eine dieser Eigenschaften hin. Forschungsarbeiten in meinem Labor haben gezeigt, daß das Muster der Morphogenese verändert werden kann, wenn man die Konzentration dieses Ions (die zweifach positiv geladene Form von Calcium, Ca^{++}) ändert. Die Calciumkonzentration im Meerwasser beträgt normalerweise etwa 10 Millimol (also ein Tausendstel eines Mols je Liter). Wird sie auf 1 Millimol gesenkt, während die Konzentrationen aller übrigen Bestandteile des Meerwassers auf ihrem normalen Niveau gehalten werden, vermögen sich die Zellen nicht zu regenerieren, nachdem ihre Hüte abgeschnitten wurden. Bei einer Calciumkonzentration von 1,5 Millimol bilden sich Scheitel, und der Stiel wächst, aber Wirtel entstehen nicht. Unter diesen Bedingungen wachsen die Zellen einfach endlos weiter, und die normale Morphogenese wird nicht vollendet. Bei einer Calciumkonzentration von 2,5 Millimol wächst der Stiel und bildet sich eine Reihe von Wirteln, dagegen entstehen keine Hüte. Diese bilden sich erst ab einer Calciumkonzentration von 4 Millimol. Verschiedene Experimente zeigten, daß die Calciummenge, die in das Zytoplasma gelangt, und nicht bloß die Wirkung von Calcium auf die Zellwand ausschlaggebend ist. Eingehende Beobachtungen von Lionel Harrison und seinen Kollegen in Kanada haben gezeigt, daß geringfügige Änderungen der Calciumkonzentration sich auf den Abstand zwischen den Seitenzweigen in einem Wirtel auswirken. Daraus erhellt, daß dieses Ion bei der Morphogenese von *Acetabularia* eine wichtige Rolle spielt. Lionel Jaffe, der in den Vereinigten Staaten Eizellen von *Fucus* erforscht, hat nachgewiesen, daß das erste Anzeichen für die Entstehung einer Achse bei Algen ein elektrischer Strom ist, der durch das Einströmen von Calciumionen in den Teil der Zelle, in dem sich der Auswuchs bildet, erzeugt wird. Dieses Ion spielt erwiesenermaßen bei jeder Morphogenese bzw. Gestaltänderung eine Rolle, ganz gleich, ob sie einen pflanzlichen oder tierischen Organismus betrifft. Die Wirkungen von Calcium auf das Zytoplasma sind daher offenbar bedeutsam für die Beantwortung der Frage, wie Zellen ihre Form verändern.

Das Zytoplasma ist nicht bloß ein Klecks Gelee, in dem eine Menge Stoffe gelöst sind. Vielmehr besitzt es eine komplexe, verzweigte Struktur in Form eines Netzwerks aus Proteinpolymeren, aus denen das Zytoskelett (*Zyto* bedeutet Zelle; siehe Abbildung 4.7) besteht. Diese Polymere werden fortwährend auf- und wieder abgebaut, so daß die gesamte Struktur einen außerordentlich dynamischen Charakter besitzt. Tatsächlich sind ihre Aktivitäten ziemlich chaotisch. Der mechanische Zustand des Zytoplasmas – seine Festigkeit oder Weichheit – ist weitgehend

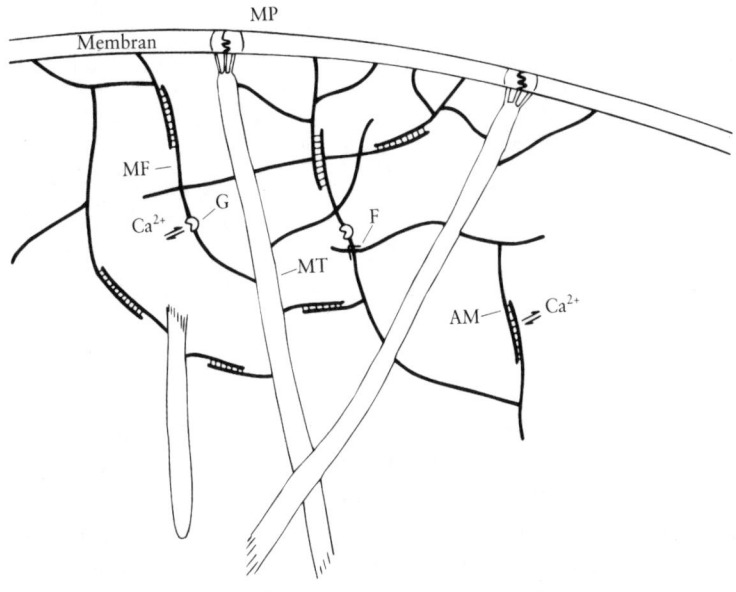

Abbildung 4.7 *Einige Elemente des Zytoskeletts: Mikrotubuli, Mikrofilamente, Aktomyosin und verschiedene Proteine, die auf das Zytoskelett einwirken und es an der Membran verankern, zusammen mit einigen Stellen der Calcium-Wirkung.*

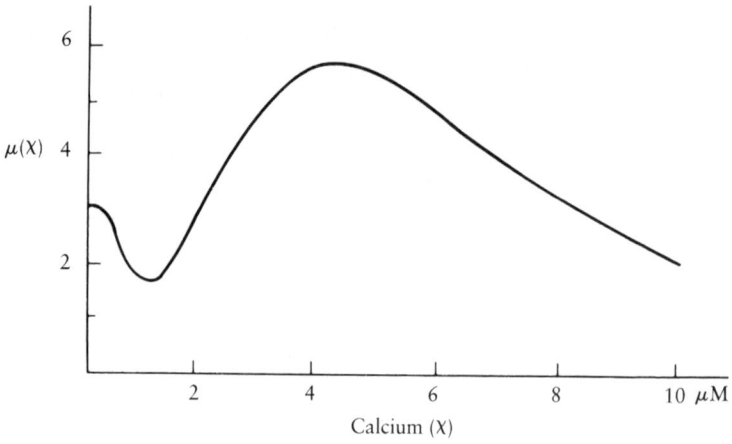

Abbildung 4.8 *Der Elastizitätsmodul des Zytoplasmas schwankt mit der Konzentration von freiem Calcium. In dem Maße, wie die normale Calciumkonzentration von 10^{-7} Mol ansteigt, wird das Zytoplasma zunächst weicher (der Elastizitätsmodul sinkt), weil Enzyme, die Mikrofilamente zerschneiden, aktiviert werden, während sich dann seine Steifigkeit erhöht, weil sich das Aktomyosin zusammenzieht (der Elastizitätsmodul steigt an). Oberhalb einer Calciumkonzentration von 5×10^{-6} Mol kommt es dann erneut zu einer Erweichung, weil die Mikrotubuli depolymerisieren und die Mikrofilamente in noch kürzere Einheiten zerlegt werden.*

vom Zustand der Zytoskelettpolymere abhängig. Und Calcium ist einer der Faktoren, die maßgeblich am Auf- und Abbau der Polymere beteiligt sind. Calcium beeinflußt also die mechanischen Eigenschaften einer Zelle; eine mechanische Eigenschaft des Zytoplasmas, der sogenannte *Elastizitätsmodul* (ein Maß der Steifigkeit bzw. des Verformungswiderstandes), ist eine Funktion der Calciumkonzentration. Abbildung 4.8 zeigt diese Beziehung. Die Wirkung unterschiedlicher Calciumkonzentrationen auf die weiter vorn beschriebene Morphogenese von *Acetabularia* ist auf deren Wirkungen auf das Zytoskelett und auf die Auswirkungen von Calcium auf den Elastizitätsmodul der Zellwand zurückzuführen. Wir brauchen jedoch eine genauere Beschreibung der Wirkungsweise dieser Einflußfaktoren. Hierzu benötigen wir Gleichungen, die einerseits die Dynamik der schwankenden Calciumkonzentration in einer Zelle und andererseits die mechanischen Eigenschaften des Zytoplasmas sowie deren Wechselwirkungen beschreiben.

Morphogenetische Felder

Ich werde nun auf morphogenetische Felder eingehen, die genauso exakt definiert sind wie jedes beliebige Feld in der Physik; daher sollte man sie nicht mit dem Begriff der morphischen Resonanz verwechseln, den Rupert Sheldrake in seinem Buch *A New Science of Life* verwendet. Seine Felder sind nichtphysikalischer Natur, während der Feldbegriff, der seit vielen Jahren zur Beschreibung der Musterbildung in der Biologie benutzt wird, räumliche Ordnungsaktivitäten bezeichnet. Diese sind mit klar definierten physikalischen und chemischen Prozessen verbunden, auch wenn sie auf eine Weise kombiniert werden, die sich vom lebenden Zustand unterscheidet. Die Gleichungen, die das morphogenetische Feld beschreiben, das ich nun darstellen werde, habe ich in Zusammenarbeit mit Lynn Trainor, einem Physiker an der Universität von Toronto, und Christian Brière, einem Biologen und Informatiker an einem landwirtschaftlichen Forschungsinstitut in Toulouse, hergeleitet. Wir suchten nach Gleichungen, die beschreiben, wie eine Zelle die Calciumkonzentration im Zytoplasma steuert; wie Kräfte, die auf das Zytoplasma einwirken, dessen Zustand beeinflussen; wie sich dieser

Zustand auf die Calciumkonzentration auswirkt, und wie sich Calcium durch seine Einwirkung auf das Zytoskelett auf die mechanischen Eigenschaften des Zytoplasmas auswirkt. Zellen steuern die Konzentration von freiem Calcium auf sehr exakte Weise, da dieses Ion aufgrund seiner Fähigkeit, Proteine zu binden und deren Aktivitäten zu verändern, nachhaltig in vielfältige Zellfunktionen eingreift. Tatsächlich ist Calcium ein wirksames Gift, und wenn seine Konzentration in der Zelle weit über den Wert $0,00001 = 10^{-5}$ Mol ansteigt, werden sämtliche Lebensvorgänge in der Zelle so schwerwiegend gestört, daß die Zelle stirbt. Die Zelle steuert daher die Konzentration so, daß sie innerhalb eines Bereichs von 10^{-7} bis 10^{-5} Mol liegt, gewöhnlich nahe am unteren Ende dieser Schwankungsbreite. Das Ion wird von speziellen Proteinen gebunden, die es in einem reaktionsunfähigen Zustand halten, und es wird in Speicherkammern in der Zelle aufbewahrt oder durch die Zellmembran nach außen gepumpt. Diese sehr genaue Steuerung der Konzentration von freiem Calcium innerhalb der Zelle bedeutet, daß dieses Ion zu einem herausragenden Steuersignal wird, das durch seine Wirkungen auf die Zytoskelettproteine die mechanischen Eigenschaften und durch seine Wirkung auf Enzyme die Stoffwechselaktivitäten der Zelle beeinflußt, wie in Abbildung 4.7 und 4.8 gezeigt.

Die Gleichungen, die Trainor, Brière und ich für diese Interpretationen herleiteten, fußten auf den Arbeiten vieler anderer Wissenschaftler, die mathematische Beschreibungen der Morphogenese formuliert hatten, und auf den Ergebnissen experimenteller Untersuchungen über die Wechselwirkungen zwischen den Eigenschaften des Zytoskeletts und Calcium sowie über das Wachstum von Pflanzenzellwänden. Wir verfolgten insbesondere einen vielversprechenden Weg, den Gary Odell vom Rensselaer Polytechnic

Institute in Troy, New York, und George Oster von der Universität von Kalifornien in Berkeley gebahnt hatten. Sie hatten gezeigt, daß Calcium-Zytoskelett-Wechselwirkungen zur spontanen Bildung räumlicher Muster in der Konzentration von freiem Calcium führen und den mechanischen Zustand des Zytoplasmas, gemessen an der Spannung (Dehnung oder Verdichtung), beeinflussen können. Unsere Annahmen über *Acetabularia* unterschieden sich zwar geringfügig von den ihren, aber wir stießen auf dieselbe Eigenschaft: Ausgehend von räumlich gleichförmigen Zuständen, bildeten sich spontan Muster von Calciumkonzentration und zytoplasmatischer Spannung als Folge der Wechselwirkungen zwischen ihnen. Dieser Typus von Verhalten ist für jedes Modell der Morphogenese von absolut grundlegender Bedeutung, weil ein sich entwickelnder Organismus, wie im vorangehenden Kapitel beschrieben, seine Form aus einer einfachen, symmetrischen Anfangsgestalt selbst erzeugen muß. Bei *Acetabularia* muß die kugelförmige Zygote ihre einfache Gestalt durchbrechen und eine geordnete, komplexere Form annehmen. Der Fachbegriff zur Bezeichnung des Übergangs aus einem Zustand höherer Symmetrie (niedrigerer Komplexität) in einen niedrigerer Symmetrie (höherer Komplexität) lautet *Bifurkation* (Verzweigung). Weshalb zeichnet sich die Dynamik der Calcium-Zytoskelett-Wechselwirkung durch dieses Merkmal aus? Es wird Sie nicht überraschen zu erfahren, daß es derselbe Grund ist, der auch für die Bildung von Mustern bei der Belousov-Zhabotinsky-Reaktion, bei aggregierenden Schleimpilzamöben und bei all den übrigen Systemen, die wir im vorangehenden Kapitel beschrieben haben, verantwortlich ist. Es gibt einen positiven Rückkopplungsprozeß, der die Calcium-Konzentration erhöht und auf den Wirkungen von Calcium auf das Zytoskelett basiert, und es gibt gegenläufige

Prozesse, welche die Calciumkonzentration verringern. Da Calcium ein Element ist, wird es nicht wie bromige Säure oder cAMP in einer chemischen Reaktion synthetisiert; nur Sterne können Calcium erzeugen. Allerdings kann es aus einem gebundenen oder gespeicherten Zustand im Zytoplasma freigesetzt werden, wo es durch die in Abbildung 4.7 gezeigten Arten von Wechselwirkungen auf das Zytoskelett einwirkt. Das Zytoplasma kann als eine elastische Haut um die Vakuole betrachtet werden, die durch den osmotischen Druck, den die Vakuole gegen die mit einer dünnen Schicht Zytoplasma überzogene Zellwand ausübt, unter Spannung gehalten (gedehnt) wird.

Immer wenn die Konzentration von freiem Calcium geringfügig über ihren Ruhezustand von 10^{-7} Mol steigt, beeinflußt dies die Zytoskelettpolymere, und die Elastizität des Zytoplasmas nimmt zu (vgl. die anfängliche Zunahme des Elastizitätsmoduls des Zytoplasmas in Abbildung 4.8). Aus diesem Grund dehnt sich das Zytoplasma aus, so daß seine *mechanische Spannung* (der Fachbegriff zur Bezeichnung der Dehnung eines Materials) zunimmt. Diese erhöhte Spannung bewirkt, daß Calcium aus seiner gebundenen oder gespeicherten Form freigesetzt wird; dieser experimentelle Befund wurde in das Modell integriert. Es kommt also zur Anhäufung von weiterem freien Calcium, wodurch sich die Elastizität des Zytoplasmas weiter erhöht, was wiederum zur Freisetzung von noch mehr Calcium führt. Diese positive Rückkopplungsschleife birgt, wie alle derartigen Schleifen, ein Zerstörungspotential in sich, und wenn der Prozeß weiterginge, würde sich das Zytoplasma so weit dehnen, daß es risse. Allerdings gibt es gegenläufige Prozesse, wie etwa die Diffusion von Calcium aus Regionen erhöhter Konzentration, die Entfernung von Calcium durch molekulare Pumpen und die Versteifung des Zytoplasmas, sobald die Calciumkonzentration 10^{-6}

Mol übersteigt (die Zunahme des Elastizitätsmoduls nach der anfänglichen Abnahme in Abbildung 4.8). Wir haben hier die Kombination von positiven und negativen Rückkopplungsprozessen, die dem Zytoplasma die Bestandteile eines erregbaren Mediums zuführen. Wir erwarten daher, eine Vielfalt dynamischer Zustände zu finden, die dem Zytoplasma offenstehen: (1) einen gleichförmigen stationären Zustand, in dem alles im Gleichgewicht ist und keine Muster auftreten; (2) spontane Bifurkation oder Symmetriebrechung durch Übergang von einem gleichförmigen Anfangszustand in ein stationäres Wellenmuster aus Calciumkonzentration und Spannung mit einer charakteristischen Wellenlänge; (3) ein ähnliches, aber dynamisches Wellenmuster mit Maxima und Minima von Calciumkonzentration und Spannung, die sich in konzentrischen Kreisen oder Spiralen durch das Zytoplasma fortpflanzen; und (4) chaotische Muster in Raum und Zeit. Dies sind die Grundmuster, die durch erregbare Medien erzeugt werden, und wir haben sie alle mit Ausnahme des zweiten, das sich als eines der wichtigsten für die Morphogenese erweisen wird, bereits in Kapitel 3 kennengelernt. Sie alle tauchten in unseren Computersimulationen auf, und zwar in Abhängigkeit von den Werten der Konstanten (Parameter) in den Gleichungen. Dies sind Größen wie etwa die Affinität der Bindungsproteine für Calcium, die effektive Diffusionskonstante für Calcium, der Verformungswiderstand (d. h. die Rückstellkraft) der Elemente des Zytoskeletts und so weiter. Alle diese Größen werden von Genprodukten beeinflußt, so daß sie sich von Art zu Art unterscheiden können, und sie können sich sogar während der Entwicklung eines Individuums verändern, wenn die Genaktivität in einer Weise wechselt, die sich auf diese Parameter auswirkt. In dem Maße, in dem sich die Parameter ändern, entstehen verschiedenartige Muster. Dies ist eine Möglichkeit, wie sich die Gene auf die Morphogenese auswirken können. Auch die Umwelt beeinflußt die Entwicklung über solche Größen wie die Calciumkonzentration im Meerwasser, die ebenfalls als ein Parameter in die Gleichungen eingeht.

Mit Hilfe von Computersimulationen konnten wir die Formtypen erforschen, die eine Zelle wie etwa eine sich entwickelnde Alge erzeugen kann. Wir verfügten über ein Modell eines morphogenetischen Feldes, das uns Aufschluß darüber geben konnte, welche Formen für diese Art von Organismen typisch (generisch) sind. Würden Wirtel als eine natürliche Form auftreten? Ich gestehe, daß ich das in dieser Phase unserer Untersuchungen als eine recht fernliegende Möglichkeit erachtete. Während unser Modell in biologischer Hinsicht sehr einfach war und nur Vakuole, Zytoplasma und Zellwand umfaßte, war es doch in mathematischer Hinsicht mit nicht weniger als 26 Parametern sehr komplex. Die Erforschung einfacherer Systeme und insbesondere lineare Näherungen ihres Verhaltens, in denen die Eigenschaften des Ganzen, grob gesprochen, gleich der Summe der Eigenschaften der Teile sind, hatten zu einer Art Faustregel geführt: Wenn das Modell mehr als drei Parameter enthält, ist alles möglich! Dies deutete darauf hin, daß wir uns in einer Darwinschen Welt befanden, in der alles geschehen und jede beliebige Gestalt auftreten konnte; wir brauchten nur die richtige Kombination von Parameterwerten (Genen) auszuwählen, um die gewünschte Form zu erhalten. Nach allgemeiner Überzeugung hatte die Evolution genügend Zeit, um diesen riesigen Möglichkeitsraum durch Zufallsvariation von Parametern zu erkunden und Strukturen zu entdecken, die unter den herrschenden Umständen (dem Habitat) funktionstüchtig waren. Die ersten *Dasycladales* blieben bei Wirteln, weil sie sich als blattartige Strukturen, die photosynthetische Aktivität mit der reproduktiven Funktion von Gametophoren verknüpfen, bewährten. *Acetabularia* hat sich niemals ernsthaft bemüht, die Wirtel loszuwerden, nachdem es entdeckt hatte, wie man Hüte erzeugt, und sich damit begnügt, die Wirtel zuerst zu bilden und dann abzustoßen. Wir hätten uns in dem Bemühen, das zu wiederholen, was die Evolution im Verlauf von Jahrtausenden zustande gebracht hatte, auf ein sehr langsames, weitschweifiges Absuchen eines riesigen Parameterraumes einlassen können – nur daß uns solche Zeitspannen nicht zur Verfügung standen.

Typische Formen

Wir suchten nach einer Abfolge von Gestaltänderungen, ähnlich der in Abbildung 4.9 gezeigten (die Formen, die sich nach der Entfernung des Hutes bis zum Entstehen des ersten Wirtels bilden). Die Schnittstelle wächst zu; eine neue Zellwand bildet über dem Zytoplasma eine Halbkugel, die durch den vakuolären Druck herausgepreßt wird; es bildet sich eine Spitze, aus der ein Stiel herauswächst, dann flacht sich die Spitze ab, und die Ansätze eines Wirtels kommen zum Vorschein. Unser Modell berücksichtigte auch Wechselwirkungen zwischen dem mechanischen Zustand des Zytoplasmas und der Zellwand, die von der zytoplasmatischen Spannung abhängig waren: Die Zellwand erschlaffte, sobald die zytoplasmatische Spannung einen kritischen Wert überstieg; dieser Prozeß wurde bei Pflanzenzellen entdeckt und experimentell beschrieben. Außerdem enthielt das Modell Gleichungen, die das Wachstum der Zellwand beschreiben, sobald ihre Spannung einen kritischen Wert überschritt. Dann änderte sich nicht nur der Elastizitätsmodul (die Steifigkeit) der Zellwand in Abhängigkeit vom zytoplasmatischen Zustand, was zu einer elastischen Verformung führte, vielmehr konnte die Zellwand infolge differentiellen Wachstums auch plastische Änderungen durchlaufen, wie dies bei Pflanzenzellwänden tatsächlich der Fall ist. Wir stellten die Parameter auf solche Werte innerhalb des Bifurkationsbereichs ein, welche die spontane Bildung räumlicher Muster in der Calciumkonzentration und der zytoplasmatischen Spannung erlaubten. Dabei waren die Wellenlängen kleiner als die Größe der sich regenerierenden Halbkugel, so daß sich in diesem Bereich Strukturen entwickeln konnten. Dann überließen wir das Modell sich selbst.

Das erste Muster, das zum Vorschein kam, wies einen Calciumgradienten und eine zytoplasmatische Spannung mit Maxima am Scheitel auf (Abbildung 4.10). Diese Computergraphik zeigt, daß die Calciumkonzentration zum Scheitel hin zunimmt. Das dreidimensionale Bild wird durch eine Finite-Elemente-Analyse erzeugt: Jede der kleinen Linien in der Abbildung stellt das Zytoplasma dar und gehorcht den Gleichungen des Modells. Es gibt eine weitere Schale von ähnlicher Form, welche die Zellwand darstellt.

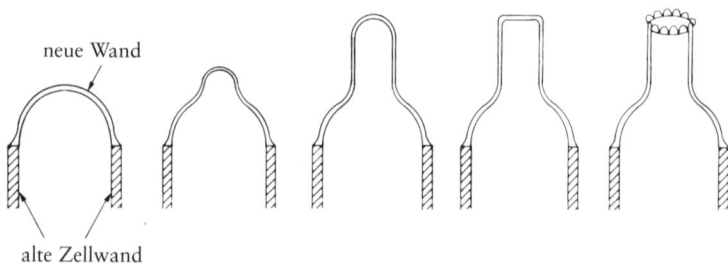

neue Wand

alte Zellwand

Abbildung 4.9 *Gestaltveränderungen bei einer sich entwickelnden oder regenerierenden Alge, die zur Abgliederung eines Wirtels führen.*

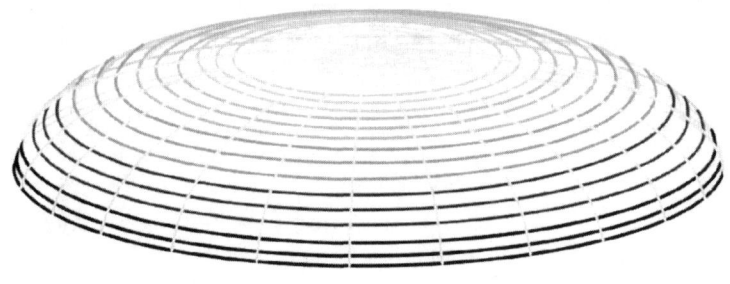

Abbildung 4.10 *Der Gradient in der Konzentration von freiem Calcium, der spontan in einer regenerierenden Alge entsteht, mit einem Maximum im Scheitelpunkt der Kuppel. Die Linien, aus denen sich die Gestalt zusammensetzt, sind die finiten Elemente, die bei der Analyse verwendet werden.*

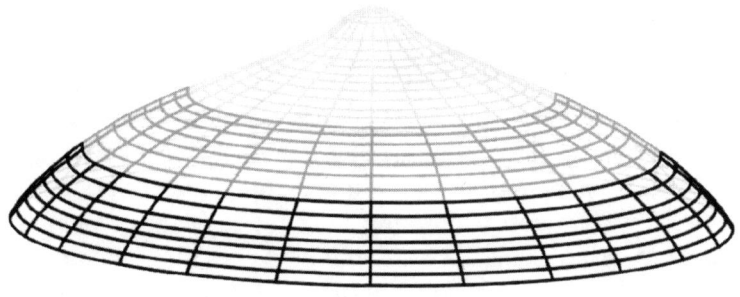

Abbildung 4.11 *Scheitelbildung im Modell; dargestellt ist die elastische Verformung, die das Scheitelwachstum auslöst.*

Wenn die Spannung hinreichend groß wurde, wurde die Zellwand am Scheitel weicher, und dies war das erste Anzeichen einer sich verändernden Struktur in der regenerierenden Halbkugel (Abbildung 4.11). Daran schlossen sich das Wachstum des Scheitels und die Bildung eines Stiels an. Dies waren Prozesse der Art, wie wir sie erhofft und erwartet hatten, denn es gibt nur eine begrenzte Anzahl von Möglichkeiten, wie die Kugelsymmetrie der sich erneuernden Hemisphäre bei der Auslösung der Morphogenese gebrochen werden kann, und dies war eine davon. Dennoch war es beruhigend zu sehen, daß das Modell die Anfangsphasen des Regenerationsprozesses so wirklichkeitsgetreu wiedergab.

Dann kam die erste echte Überraschung für uns. Nachdem der Scheitel ein gewisses Stück gewachsen war, begann er sich plötzlich abzuflachen. Dies hatten wir oft bei wachsenden und regenerierenden Algen beobachtet, und es war immer ein Anzeichen für die unmittelbar bevorstehende Bildung eines Wirtels; aber wir hatten keine Erklärung dafür. Nun aber deutete das Modell eine Antwort an. Als wir das Calciummuster betrachteten, sahen wir, daß ein Wechsel von einem Gradienten mit einem Maximum im Scheitel, wie in Abbildung 4.10 und 4.11 dargestellt, zu dem in Abbildung 4.12 gezeigten Muster stattgefunden hatte: Nunmehr lag das Maximum unterhalb des Scheitels, und das Calciumprofil, das zunächst auf einen Gipfelwert anstieg und dann an der Spitze wieder abfiel, hatte die Form eines Kreisringes. Die zytoplasmatische Spannung zeigt ein ähnliches Muster. Dies hat zur Folge, daß die Zellwand am Kreisring elastischer wird, so daß sie sich hier unter dem von der Vakuole ausgehenden Druck am stärksten krümmt, während der Scheitel sich versteift und abflacht. Hierin lag eine Erklärung für diese charakteristische Gestaltänderung. Doch die nächste Frage war die eigentlich bedeutsame: Würde sich nun auf dem Kreisring ein Wirtel abgliedern?

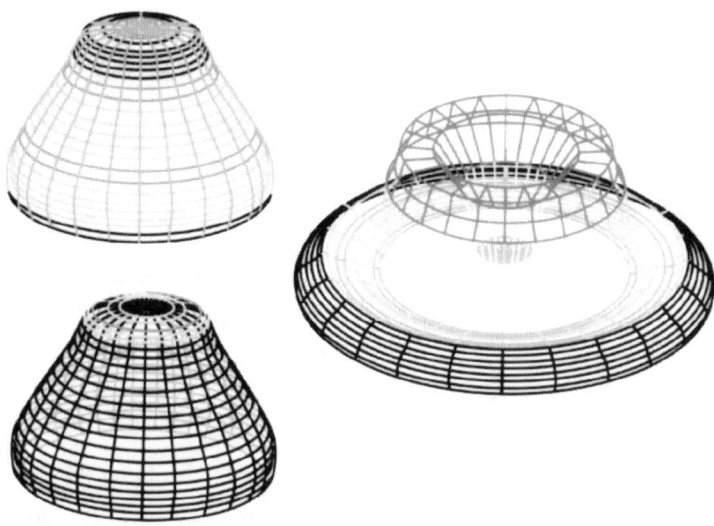

Abbildung 4.12 *Wachstum im Modell, das zur Bildung einer kreisringför-migen Verteilung der Calciumkonzentration und zyto-plasmatischen Spannung führt, mit Maxima wie darge-stellt (rechts). Dieses Muster der Calciumkonzentration und Spannung bewirkt eine Abflachung der Spitze (links).*

Dies ist im Grunde eine Frage nach der Stabilität: Ist der Kreisring formbeständig gegenüber zufälligen Störungen, oder geht er in einen benachbarten Zustand über? Wir prüften die Stabilität, indem wir eine Erschütterung auf den Kreisring einwirken ließen, das heißt, indem wir Stö-rungen in die Calciumkonzentration einbrachten, so daß sie um den Kreisring herum schwankte. Daraufhin änderte sich die Form des Ringes entsprechend dem in Abbildung 4.13 gezeigten Muster. Dieses zeigt die Symmetrie eines Wirtels: eine Reihe von Scheitelpunkten um eine abge-flachte Spitze. Aber es handelt sich nicht um einen echten

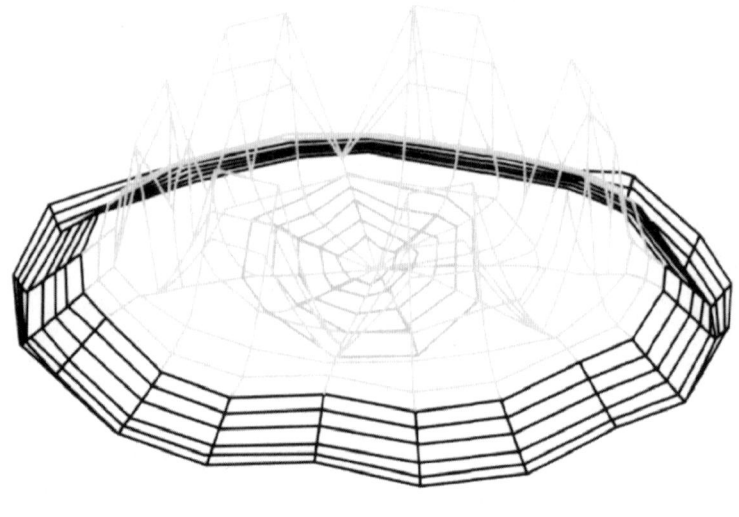

Abbildung 4.13 *Unter Einwirkung von Störungen formt sich der Calcium-ring in den dargestellten Ring mit Scheitelpunkten um, der die Symmetrien eines Wirtels aufweist und die Wirtel-bildung auslöst.*

Wirtel, sondern um ein Muster der Calciumkonzentration, das aus einer Krone kleiner Vegetationsspitzen besteht, die sich zu verzweigenden Seitenzweigen entwickeln. Unser Modell stieß hier aufgrund einer technischen Begrenzung an seine Leistungsgrenze. Jeder der kleinen Scheitelpunkte der Calciumkonzentration, der von einem ähnlichen Scheitelpunkt der zytoplasmatischen Spannung begleitet wird, sollte sich genau wie ein Vegetationsscheitel verhalten, wenn auch in einem kleineren Maßstab: Die Zellwand wird über dem Scheitelpunkt weicher, baucht sich unter Druck aus und wächst zu einem Seitentrieb heran. Aber dies erfordert einen Wechsel des Maßstabs im Modell, das aus finiten Elementen aufgebaut ist – den kleinen Linien, aus denen die Gesamtstruktur des regenerierenden Scheitels besteht. Das Modell enthält zwei dieser Schalen aus finiten Elementen, eine für das Zytoplasma und eine für die Zellwand. Jedes dieser Elemente ist dynamisch, das heißt, es gehorcht den Gleichungen des Modells und dehnt sich, schrumpft oder wächst entsprechend den Werten der Variablen, die seinen Zustand definieren. Das Computerprogramm berechnet nacheinander jeden dieser Werte für beide Schalen – eine Menge Rechenarbeit! Damit sich ein Wirtel aus Seitenzweigen abgliedert, müßte das ganze Programm jedoch mit einem kleineren Maßstab viele Male hintereinander wiederholt werden. Wir verfügten weder über einen geeigneten Computer noch über fachkundiges Personal, um diese Aufgabe durchzuführen. So mußten wir uns mit dem ersten Stadium der Wirtelbildung im Modell begnügen. Dies genügte jedoch, um uns zu zeigen, daß die morphogenetische Sequenz, nach der wir suchten, sehr leicht zu finden war. Wir mußten nicht, wie die Evolution, Millionen von Jahren warten, bis wir zufällig darauf stießen. Vielleicht verlief auch die Suche der Evolution nicht so mühsam. Offenbar gibt es einen großen Bereich innerhalb des Parameterraums, der zu Wirteln führt; das bedeutet, daß das System gegen die Wirtelstruktur konvergiert, solange sich die Parameter innerhalb eines großen Wertebereichs bewegen. Um diese Folgerung mit Gewißheit ziehen zu können, bedarf es jedoch einer sehr viel eingehenderen Studie, als wir sie durchführen konnten, oder eines Übergangs zu einem mathematischeren Ansatz, der uns genauer Aufschluß darüber geben kann, was in dynamischer Hinsicht im Modell geschieht. Dennoch deutet die Leichtigkeit, mit der wir in unserem Modell auf das Wirtelmuster stießen, zweifelsfrei darauf hin, daß in dem Parameterraum, der die Morphogenese bei einzelligen Algen repräsentiert, eine große Region für diese Struktur existiert. Daraus folgt, daß diese Struktur eine hohe Auftrittswahrscheinlichkeit besitzt. Gene müssen nicht sehr genau gesteuert werden, um in die Region zu fallen, in der Wirtel gebildet werden. Für ein System mit der Grundorganisation von *Acetabularia*, die alle Mitglieder der *Dasycladales* auszeichnet, sind Wirtel offenbar typische Formen – Strukturen, die für diese Art von morphogenetischem Prozeß genauso charakteristisch sind, wie es Ellipsenbahnen für die Planetenbewegung in Gravitationsfeldern sind. Ich muß betonen, daß dies *keine* bewiesene Erkenntnis ist, sondern lediglich eine Vermutung. Die Plausibilität dieser Vermutung wird jedoch in dem Maße zunehmen, wie verschiedene Beweisketten verfolgt werden. Vorläufig wollen wir zu unserem Modell zurückkehren, denn weitere Befunde deuteten darauf hin, daß wir auf einer vielversprechenden Spur waren.

Obgleich wir in Wirklichkeit keine Wirtel erhielten, setzten wir den Wachstumsprozeß im Modell fort, um herauszufinden, ob es während des Stielwachstums zu einer Wiederholung des Wirtelmusters kam, wie es bei Algen mit der Bildung einer Reihe von Wirteln geschieht. Wir stellten fest, daß es tatsächlich zu einer Wiederholung der morphogenetischen Sequenz kam: Bildung eines Calciumgradienten mit dem Maximum in der Spitze und Wachstum des Stiels; dann die Umwandlung des Calciumgradienten in einen Kreisring mit einem etwas unterhalb der Spitze liegenden Scheitelpunkt, was zur charakteristischen Abflachung der Spitze und zur Wirtelbildung führt, indem sich der Calciumring in einen Ring mit Scheitelpunkten umwandelt, wie in Abbildung 4.12 gezeigt. Dieser Prozeß gleicht einer wandernden Welle, die mit einer unregelmäßigen Periodizität steigt und fällt und eine strukturelle Spur ihrer Fortbewegung in der Folge der Wirtel hinterläßt. Wir haben es hier mit einem sogenannten *Problem der bewegten Grenze* zu tun, das durch eine Kategorie von

Feldgleichungen beschrieben wird, in der sich die Feld-
grenze aufgrund eines Wachstumsmusters verschiebt, wie
etwa bei einem entstehenden Kristall oder, in unserem Fall,
einer wachsenden Zelle. Ein solcher Prozeß ist in der Morphogenese von besonderer Bedeutung, da der Organismus
während der Entwicklung seine Gestalt verändert. Daraus
folgt eine enge Verknüpfung von Dynamik und Form: Die
Felddynamik erzeugt ein Muster, das eine bestimmte Gestalt hervorbringt, die sich dann ihrerseits auf die Dynamik auswirkt, so daß sich die Form über eine Folge von
Veränderungen entfaltet. Wir können dies als eine der Dynamik implizite Ordnung beschreiben, die in der Gestalt
ausgedrückt wird, die dann wiederum die implizite Ordnung beeinflußt. Obgleich wir die Parameter in unserem
Modell konstant hielten, weiß man, daß sich Genprodukte
wie etwa Enzyme während der Morphogenese von *Acetabularia* verändern, und diese wiederum können die Parameter ändern. Im realen Organismus ist die Dynamik also
komplexer als in unserem Modell. Da wir jedoch nicht
genau wissen, welche Gene beteiligt sind und wie sie sich
auf die Physik und Chemie der Gestaltbildung auswirken,
zogen wir es vor, mit einem einfacheren Modell zu arbeiten und zu sehen, wie weit es uns bringt.

Es gelang uns nicht, Bedingungen zu finden, unter denen
sich eine Struktur wie der Hut von *Acetabularia* ausbil-
dete. Wir erhielten eine große, knollenartige Endstruktur,
nicht die schirmartige Form des »Seejungfer-Huts«. Offensichtlich läßt sich diese Form nicht so leicht finden, und
es ist recht wahrscheinlich, daß wir Änderungen an unserem Modell vornehmen müssen, bevor es eine solche Form
generiert. Erinnern wir uns jedoch daran, daß Hüte erst
spät die Bühne der Evolution der *Dasycladales* betraten.
Während alle Mitglieder dieser Ordnung Wirtel bilden,
werden Hüte nur von der relativ jungen Gruppe der *Ace-*

tabulariaceae produziert. Wahrscheinlich entstehen daher Hüte nur dann, wenn die Parameterwerte (Gene) in einem recht eingeschränkten Bereich liegen, so daß der Hut im Gestaltraum der Algen – dem Raum ihrer potentiellen Formen – eine wenig wahrscheinliche Struktur darstellt.

Wie steht es nun mit den experimentellen Befunden? Stehen sie in Einklang mit dem Modell? Lionel Harrison und seine Kollegen von der Universität von British Columbia berichteten, daß die Calciumkonzentration an der Spitze einer wachsenden *Acetabularia*-Zelle am höchsten ist, so daß der Calciumgradient dann die Form eines Kreisringes annimmt, wenn sich die Spitze abflacht, und daß sich dieses Muster dann in eine Reihe von Scheitelpunkten umformt, die den einzelnen Seitenzweigen eines Wirtels entsprechen. Sie suchten nach Calcium, das an Membranen gebunden war, nicht nach der freien Ionenform, aber es ist zu erwarten, daß die Konzentration dieses Calciums in ähnlicher Weise schwankt. Diese Beobachtungen stimmen mit unserem Modell und mit anderen morphogenetischen Modellen überein, darunter einem, das von Harrison selbst aufgestellt wurde. Statt die Wechselwirkungen zwischen Calcium und dem Zytoskelett zu erforschen, nahm er an, daß dynamische Muster in erster Linie durch Wechselwirkungen zwischen chemischen Reaktionen erzeugt werden, die den Reaktionen gleichen, mit denen wir die Dynamik der Signalausbreitung beim Schleimpilz beschrieben haben. Dazu gehören Reaktionen, an denen Calcium beteiligt ist, das eine wichtige Rolle beim Aggregationsprozeß und bei der Muskel- und Nervenaktivität spielt. Wie bereits erwähnt, ist Calcium an so vielen grundlegenden Zellvorgängen beteiligt, daß es zweifellos eine der Variablen in jedem dieser erregbaren Systeme ist. Und es ist schwierig zu entscheiden, was für eine Rolle das Element spielt, ob eine primäre, wie in unserem Modell, oder eine sekundäre, wie in Harrisons Modell. Trotz unterschiedlicher Schwerpunkte sind alle Modelle des morphogenetischen Feldes in einem grundlegenden Sinne gleichwertig. Sie alle stützen sich auf eine Erregungsdynamik, um die Auslösung weiträumiger bzw. globaler Musterbildung zu erklären.

Die erste Person, die bewies, daß chemische Reaktionen zusammen mit Diffusionsvorgängen durch spontane Symmetriebrechung eines zunächst räumlich gleichförmigen Zustandes räumliche Muster erzeugen können, war der geniale Mathematiker Alan Turing, der bekannter ist wegen seiner brillanten Arbeiten über die Logik der Berechnung und der Entwicklung des ersten leistungsfähigen Rechners, den er unmittelbar nach dem Zweiten Weltkrieg in Manchester baute. Er war fasziniert von biologischen Mustern wie etwa Blattstellungen und den Flecken auf Schmetterlingsflügeln und auf dem Fell von Dalmatiner-Hunden, und er wollte zeigen, daß biochemische Reaktionen hinreichender Komplexität (Nichtlinearität), bei denen es zu einer Diffusion der Reaktionsprodukte kommt, stationäre Wellenmuster der an den Reaktionen beteiligten Chemikalien erzeugen können. Sein 1952 veröffentlichter Aufsatz »The Chemical Basis of Morphogenesis« markiert den Beginn der Erforschung erregbarer Medien, auch wenn dieser Begriff erst sehr viel später, mit der Entdeckung der ganzen Bandbreite dynamischer Muster, die diese Systeme erzeugen können, allgemein bekannt wurde. Ilya Prigogine und seine Kollegen in Brüssel haben bedeutende Beiträge zu diesem Forschungsbereich geleistet, und die Annahme, daß in komplexen Systemen »Ordnung aus Chaos« hervorgeht, ist ein herausragendes Thema ihrer Arbeit (siehe *Die Erforschung der Komplexität*). Man hat mittlerweile nachgewiesen, daß viele unterschiedliche Systemtypen, belebte und unbelebte, das Merkmal der Verzweigung von räumlicher Gleichförmigkeit zu räumlichen Mustern aufweisen. Sie alle besitzen gewisse Eigenschaften wie Nichtlinearität, Energiefluß durch das System, so daß sie sich nicht im thermodynamischen Gleichgewicht befinden, und chaotische Schwankungsmuster an Verzweigungs- und Übergangspunkten, die kennzeichnend sind für diese plötzlichen Zustandsänderungen. Wir betrachteten einige dieser Systeme im vorangehenden Kapitel, aber es gibt noch viele weitere. In dem kürzlich erschienenen Buch *Fearful Symmetry: Is God a Geometer?* behandeln die Autoren Ian Stewart und Martin Golubitsky einige faszinierende Beispiele aus einer Perspektive, die besonders gut zum Thema dieses Buches paßt. Sie untersuchen den Ablauf von Symmetriebrechungsprozessen, die Muster komplexer dynamischer Ordnung in belebten und unbelebten Systemen erzeugen, einschließlich der Strömungsmuster von Flüssigkeiten, der Formen von Galaxien und Turing-Mustern in der Morphogenese.

Robuste Morphogenese

Wir müssen nun versuchen, eine Eigenschaft zu ermitteln, die für das Verständnis der spezifischen Merkmale sich entwickelnder Organismen als komplexer Systeme besonderer Art und der außergewöhnlichen Robustheit der Formen des Lebens von entscheidender Bedeutung ist. Diese Eigenschaft vermag uns vielleicht Aufschluß zu geben über einen der fundamentalsten und bemerkenswertesten Aspekte der belebten Natur: die Tatsache, daß verschiedene Typen von Organismen in systematischen, geordneten Mustern, *Taxonomien* genannt, miteinander in Beziehung gesetzt werden können. Der Vater der Biologie, wie wir sie heute kennen, war der bedeutende schwedische Systematiker Carolus Linnaeus. Organismen sind keine Apparate aus zufällig zusammengestückelten Bauteilen und nicht das Ergebnis eines unsystematischen Herumbastelns der natürlichen Selektion. Vielmehr spiegelt sich in ihnen ein tiefreichendes Muster geordneter Beziehungen wider. Woher kommt diese Ordnung? Vielleicht kann uns die Art und Weise der Gestaltbildung der Lebewesen einen ersten Anhaltspunkt liefern.

Beginnen wir mit der Frage, weshalb Wirtel ein so stabiles, robustes morphologisches Merkmal der gesamten Ordnung der einzelligen Grünalgen, der *Dasycladales*, darstellen. Die Wirtel und Seitenzweige verschiedener Spezies weisen eine große Formenmannigfaltigkeit auf, wie Sie in Abbildung 4.14 und bei den in Abbildung 4.5 und 4.6 gezeigten Spezies sehen können. Dies alles sind Variationen zum gleichen Thema. Bei einigen Spezies ist dieses Thema allerdings beim ausgewachsenen Individuum nicht mehr erkennbar. Betrachten Sie Abbildung 4.15. Die Adultform dieser Spezies, *Bornetella sphaerica*, besitzt eine kugelförmige Gestalt mit einer facettierten Rinde (Oberfläche), die aus eng zusammenstehenden sechs-, fünf- und siebeneckigen Einheiten besteht.

Wo sind die Wirtel? Sie finden sich bei den jungen Zellen dieser Spezies (Abbildung 4.15). Die wirtelig angeordneten Seitenzweige machen während des Reifungsprozesses der Alge eine erstaunliche Modifikation durch, indem sie sich an ihren Spitzen erweitern und so die schöne, kugelige Struktur der Adultform hervorbringen. Eine weitere Variante dieser Modifikation, *Cymopolia van bosseae*, ist in Abbildung 4.16 gezeigt; hier wiederholt sich die kugelförmige Struktur periodisch entlang der Vegetationsachse. Diese Form setzt sich aus zwei Wellenlängen zusammen, die kürzere der sich wiederholenden Wirtel und eine längere, die kürzere überlagernde Wellenlänge der Kugel-

Abbildung 4.14   *Die Anordnung der Wirtel bei der Spezies* Acetabularia caliculus *vor und nach der Hutbildung.*

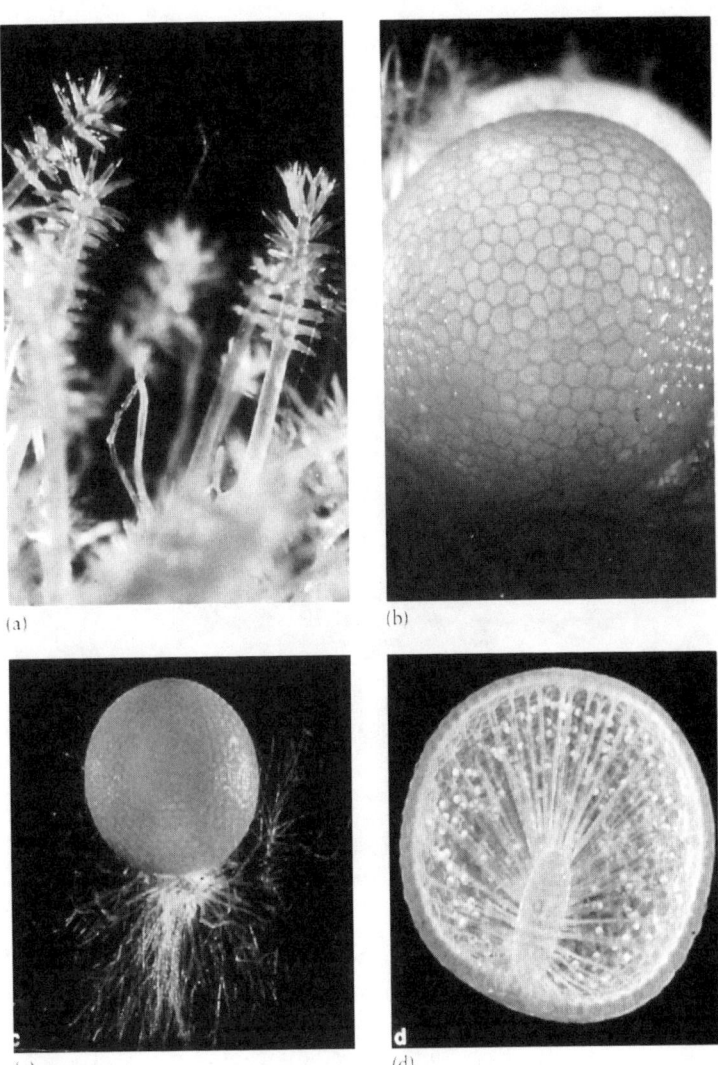

(a)

(b)

(c)

(d)

Abbildung 4.15   *Die Adultform der Spezies* Bornetella sphaerica, *gezeigt von außen (b und c) und im Querschnitt (d), weist keinerlei Anzeichen von Wirteln auf. Die juvenile Form hingegen zeigt deutlich ausgebildete Wirtel (a). Die Adultform entsteht durch eine bemerkenswerte Umformung der Wirtel zu einer Kugel.*

171

struktur, wodurch die perlenschnurartige Gestalt entsteht. Wer hätte geglaubt, daß dies alles einzellige Organismen sind? Und weshalb ist der Wirtel ein so konstantes Merkmal der Ordnung? Dieser Typ stabiler, beständiger Struktur bei einer Gruppe von Spezies ermöglicht erst eine systematische Klassifikation der Gruppe, die auf gemeinsamen Merkmalen und Variationen dieser Merkmale basiert. Was ist die Ursache für die Stabilität dieser Grundform?

Abbildung 4.16 *Die Art* Cymopolia van bosseae *stellt eine weitere Ausarbeitung der Bauform von* Bornetella *dar; die kugelförmige Struktur wiederholt sich entlang der Vegetationsachse.*

In unseren Computersimulationen untersuchten wir die Muster von Calciumkonzentration und mechanischer Spannung, die in einer Kugel, wie die Zygote sie darstellt, und in einer Halbkugel, die das erste Stadium des Regenerationsprozesses repräsentiert, auftreten können. Zunächst prüften wir, welche Muster ohne Wachstum in Erscheinung traten. Indem wir die Parameterwerte veränderten, deckten wir jede Form auf, die ein erregbares Medium erzeugen kann: räumliche Gleichförmigkeit, Gradienten, stationäre Wellen, sich fortpflanzende Wellen und Chaos. Zu den sich fortpflanzenden Wellen zählten wir auch Spiralen, die sich um die Halbkugel drehen. Dabei fanden wir keine Anhaltspunkte dafür, daß irgendein Muster bevorzugt wird. Wenn wir dagegen Wachstum zuließen, stabilisierte sich sogleich ein bestimmter Wachstumsmodus, wobei die Sequenz der Gradientenbildung am Scheitel besonders herausstach: Wachstum, Ringbildung und dann das Wirtelmuster. Es hatte den Anschein, daß der Wachstumsprozeß selbst wesentlich zur Stabilisierung der Sequenz beitrug. Ein erregbares Zytoplasma gabelt sich in einen durch plastische Verformungen des Scheitels stabilisierten Anfangsgradienten, dessen Wachstum dann das Erscheinen des nächsten Modus einer Mustersequenz, eines Kreisringes, ermöglicht. Die Gestalt ändert sich dann ein weiteres Mal mit der Abflachung des Scheitels, welche die Voraussetzungen für eine weitere Bifurkation schafft, indem sie die Kreissymmetrie des Ringes bricht und so das Wirtelmuster erzeugt, das erneut an jedem der Calciummaxima durch Wachstum der Seitenzweige stabilisiert wird. In unserem Modell geschah das nur ansatzweise, da der von uns gewählte Maßstab kein Wachstum ermöglichte. Die Entstehung eines Seitenzweiges stellt im Grunde eine Wiederholung der Morphogenese eines Vegetationsscheitels dar; es kommt zu einem Wachstumsprozeß und dann – in dem Maße, wie sich der Seitentrieb verlängert – zu einer weiteren Bifurkation in noch kleinere Elemente. Dies erzeugt eine Art struktureller Selbstähnlichkeit in fortlaufend kleineren Maßstäben, wie bei einem Fraktalmuster, das im Wachstum höherer Pflanzen ebenfalls recht häufig anzutreffen ist. Offenbar ist die Kaskade symmetriebrechender Bifurkationen, die den grundlegenden Mustergenerator der *Dasycladales*-Struktur darstellt, sowohl auf die Erregungsdynamik *als auch* auf die Gestaltänderung zurückzuführen; beide Faktoren zusammen erzeugen die robuste Sequenz, die das morphologische Gepräge hervorbringt, das diese Gruppe zu einer taxonomischen Einheit macht. Daher ist die Gestalt, die innerhalb und von einer bewegten Grenze erzeugt wird, offenbar die charakteristische Eigenschaft der morphogenetischen Dynamik lebender Organismen. Die Dynamik verändert dabei die Gestalt, während die sich verändernde Gestalt auf die Dynamik zurückwirkt, indem sie die Modi stabilisiert, welche die Form erzeugen, und die Voraussetzungen für die nächste Bifurkation schafft. Geordnete Komplexität geht daher aus einer sich selbst stabilisierenden Kaskade symmetriebrechender Bifurkationen hervor, die in sich hierarchisch gegliedert sind, so daß sich die feineren räumlichen Einzelheiten innerhalb bereits bestehender Strukturen ausprägen, wie etwa Wirtel aus Scheiteln hervorgehen und wachsende Seitenzweige feine Verästelungen bilden. Diese hierarchischen Bifurkationskaskaden sind ein charakteristisches Merkmal der Gestaltbildung sämtlicher Arten, wie wir im nächsten Kapitel sehen werden.

Der Punkt, den ich jetzt hervorheben möchte, ist die innere Stabilität dieser Kaskaden, wenn sie mit der veränderlichen Gestalt des in Entwicklung begriffenen Organismus verbunden werden. Aus dieser Perspektive betrachtet, stellen die *Dasycladales* nicht aufgrund ihrer Geschichte, sondern wegen der Art und Weise, wie ihre Grundstruktur erzeugt wird, eine natürliche Gruppe dar. Die historische Abfolge, in der die verschiedenen Spezies evolvierten, ist von erheblichem Interesse, denn sie kann uns womöglich

Aufschluß geben über ihre benachbarte Lage im Raum der Parameter (Gene), welche die Bereiche definieren, die zu verschiedenen Formen führen. Doch wir können diese Geschichte nur innerhalb des Kontextes einer morphogenetischen Theorie erklären, die beschreibt, wie die verschiedenen Formen erzeugt werden. Dies ist eine Theorie dessen, was Stephen Jay Gould als Gestaltraum bezeichnet hat, worunter er den nach bestimmten Prinzipien organisierten Raum möglicher Baupläne für Spezies versteht. Unsere Theorie deutet darauf hin, daß Wirtel, die aus einem unverzweigten Stiel entspringen, typisch für die taxonomische Ordnung sind, da dies eine intrinsisch robuste, typische Form ist, welche das morphogenetische Feld dieses Organismus erzeugt.

Eine schematische Darstellung dieser Zusammenhänge findet sich in Abbildung 4.17. Hier ist der Gestaltraum als ein zweidimensionaler Parameterraum dargestellt, obwohl er in Wirklichkeit sehr viel mehr Dimensionen besitzt. In unserer vereinfachten Beschreibung ist es der Raum der Gene und Umwelteinflüsse, der festlegt, welcher morphogenetischen Entwicklungsbahn der Organismus folgt. Der große elliptische Bereich, der als *invariante Menge* bezeichnet wird, stellt eine Region dar, in der alle Parameterwerte Entwicklungsbahnen hin zu einem Formtypus hervorbringen, welcher durch den engen Hals des Kegels, durch den diese Entwicklungsbahnen verlaufen, repräsentiert wird. Dieser Kegelhals steht für eine Struktur, die typisch ist für eine ganze Artengruppe und ein allgemeines taxonomisches Merkmal beschreibt, das alle Mitglieder dieser Gruppe auszeichnet. Bei den *Dasycladales* handelt es sich hierbei um eine Zelle mit Wirteln aus Seitenzweigen. Auch wenn die geschlechtsreifen Formen von Spezies wie *Bornetella sphaerica* (Abbildung 4.15) und *Cymopolia van bosseae* (Abbildung 4.16) wenig Ähnlichkeit mit dieser Grundstruktur aufweisen, wird sie doch von den juvenilen Individuen durchlaufen und dann später einer sekundären Modifikation unterzogen. Diese Auffächerung in Sekundärformen ist in Abbildung 4.17 durch die divergie-

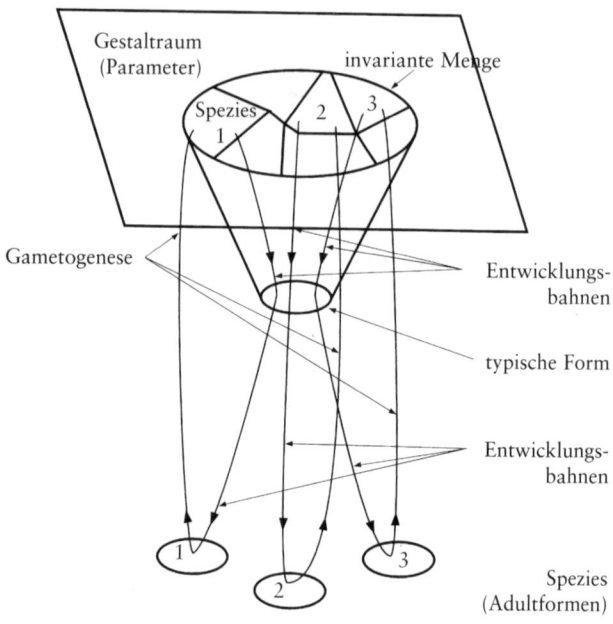

Abbildung 4.17   *Die Beziehungen zwischen dem Gestaltraum, invarianten Mengen, morphogenetischen Entwicklungsbahnen, typischen Formen und den Lebenszyklen von Spezies. Die Parameterbereiche im Gestaltraum, die als Spezies 1, 2 und 3 bezeichnet sind, erzeugen morphogenetische Entwicklungsbahnen, die gegen die typische Form konvergieren und anschließend divergieren, wobei sie artspezifische Baupläne (Adultformen) hervorbringen. Die Gametenentwicklung führt dann zurück in den Gestaltraum und vollendet so einen tragfähigen Lebenszyklus, sofern die Parameter in die invariante Teilmenge der Spezies fallen. Die invariante Menge der gesamten Gruppe, die durch die typische Form identifiziert und definiert wird, ist der Parameterbereich, der sämtliche lebensfähigen Spezies umfaßt, welche die typische Form aufweisen.*

renden Pfeile dargestellt, die zu den verschiedenen Spezies 1, 2 und 3 führen. Diese entspringen in den Parameterbereichen, die im Gestaltraum die Ziffern 1, 2 und 3 tragen. Sie alle liegen innerhalb der invarianten Menge, die zur typischen Form führt.

Bei der Fortpflanzung erzeugt jede Spezies Gameten mit Genen, die Parameter definieren, welche die morphogenetische Entwicklungsbahn der Zygote festlegen. Die Gametenbildung führt demnach in den Gestaltraum zurück, wie es von den ansteigenden Entwicklungsbahnen angezeigt wird. Dieser Prozeß vollendet den Lebenszyklus. Jede Spezies durchläuft folglich eine geschlossene Schleife, mit einem Toleranzbereich für genetische Variation, der die Grenzen der Lebensfähigkeit der Spezies definiert. Die gesamte Gruppe liegt innerhalb einer Menge von Toleranzparametern, die deshalb *invariant* genannt werden, weil sie Entwicklungszyklen lebensfähiger Individuen hervorbringen, die über die Gametenentwicklung in dieselbe Menge zurückkehren. Natürlich können Zufallsvariationen Entwicklungsbahnen hervorbringen, die nicht in die Menge münden, so daß entweder lebensunfähige Organismen entstehen oder Durchgangsformen, die zu anderen invarianten Mengen (anderen taxonomischen Gruppen) führen. Die Speziesbereiche sind invariante Teilmengen, und es gibt weitere Aufteilungsmöglichkeiten dieser Mengen, die Gattungen, Familien und so weiter definieren, welche hierarchisch gleichgeordneten invarianten Teilmengen entsprechen. (Ich danke Peter Saunders vom Fachbereich Mathematik des King's College in London dafür, daß er mich auf diese Verwendungsmöglichkeit des Begriffs *invariante Menge* hingewiesen hat.) Ein ehrgeiziges Projekt, das heute in den Bereich des Möglichen gerückt ist, bestünde darin, auf der Basis einer erweiterten Version des von mir beschriebenen Modells mit Hilfe von Computersimulationen das Formenspektrum zu erzeugen, das in der Ordnung der einzelligen Grünalgen anzutreffen ist, und die Größen der verschiedenen Attraktionsbereiche der vielfältigen Gattungen und möglicherweise sogar der Arten, die auftreten können, zu bestimmen. Einige davon werden sich vielleicht als mögliche Formen erweisen, die weder unter den fossilen noch unter den rezenten Spezies vertreten sind.

Diese Menge simulierter Algenformen würde den Gestaltraum der *Dasycladales* beschreiben. Innerhalb dieses Raumes könnten verschiedene Bauformen und verschiedene Taxa über eine im Parameterraum gemessene Entfernung zueinander in Beziehung gesetzt werden: Wie stark müßten die Parameter geändert werden, damit man von einem Taxon zu einem anderen gelangt? Die so gemessenen Ähnlichkeitsbeziehungen würden dann eine logische oder rationale Taxonomie der Formen definieren, die auf deren generativer Dynamik basiert. Dies würde uns, innerhalb eines kleines Ausschnitts der Taxonomie, eine Theorie der biologischen Formen liefern, deren physikalisches Gegenstück das Periodensystem der Elemente wäre, das auf der Grundlage einer Theorie erstellt wurde, die uns die dynamisch stabilen Muster von Elektronen, Protonen und Neutronen erklärt. Die Biologie würde sich ein wenig der Physik annähern, insofern sie über eine Theorie der *Organismen* als dynamisch robuster Einheiten verfügen würde, die natürliche Spezies sind und nicht bloß Geschöpfe des historischen Zufalls von beschränkter Überlebensdauer. Dies würde die Biologie von einer rein historischen Wissenschaft in eine Wissenschaft mit einem logischen, dynamischen Unterbau verwandeln. Es gibt jedoch gute Gründe für die Annahme, daß kein derartiges System biologischer Formen jemals eine vollständige Beschreibung aller möglichen Organismen, und sei es auch nur inner-

halb einer bestimmten Ordnung wie der *Dasycladales*,
wird liefern können. Dies ist darauf zurückzuführen, daß
die Dynamik dieser nichtlinearen Systeme, in denen immer
wieder unerwartete Neuerungen auftreten können, durch
eine fundamentale Nichtvorhersagbarkeit gekennzeichnet
ist. Dies ist die schöpferische Grundlage des biologischen
Prozesses, die sich auf der Ebene der Struktur in den
außerordentlich mannigfaltigen und variantenreichen Bau-
plänen der Arten niederschlägt. Daher könnte eine rationale Taxonomie biologischer Formen nicht mehr leisten,
als die logische Ordnung hinter den wichtigsten Themen
des Evolutionsdramas, wie es sich bislang abgespielt hat,
aufzudecken. Die Zukunft wird immer Überraschungen
bereithalten. Dennoch lassen sich die rationalen und intel-
ligiblen Grundlagen des Abenteuers Leben weit über ihre
gegenwärtigen Grenzen hinaus erweitern. Im nächsten
Kapitel werden wir uns fragen, inwiefern man die Evolution als Emergenz typischer Formen auffassen kann.

Kapitel 5

Die
Evolution typischer
Formen

Was wird im Drama der Evolution eigentlich gespielt?
Was offenbart sich in dem Spektrum der Formen, deren
Anblick uns so betört – angefangen bei den einfachsten
Zellen und den unzähligen Arten meeresbewohnender
Lebewesen über Riesenfarne und Dinosaurier bis hin zu
Säugetieren und zum Menschen? Offenkundig läßt sich
dieses Panoptikum des sich entfaltenden Lebensprozesses
auf viele verschiedene Weisen deuten. Der Darwinismus
betont die geschichtlichen Zufälle, den regellosen Zusammenbau des Erbgutes, das Konkurrieren der Individuen
um knappe Ressourcen und die Fähigkeit der natürlichen
Selektion, die Schwachen und Schlechtangepaßten auszu-
sieben, um diejenigen übrigzulassen, die als tauglich befunden wurden, sich fortzupflanzen und ihr überlegenes
genetisches Vermächtnis weiterzugeben. Die Evolution

wird als Kampf betrachtet, in dessen Mittelpunkt das Individuum steht. Selbst die Spezies werden insofern als Individuen betrachtet, als sie die Produkte geschichtlicher Zufälle und der Zwänge des Überlebens sind. Einer der bedeutendsten zeitgenössischen Wissenschaftstheoretiker, David Hull, widmet seinen ganzen intellektuellen Scharfsinn der Klärung dieser grundlegenden darwinistischen Vorstellung von der Spezies als einem historischen Individuum, als einem Produkt von Zufall und Kontingenz (siehe »Historical Entities and Historical Narratives« in *Minds, Machines, and Evolution*). Nach dieser Auffassung erzählen Klassifikationen der Spezies bzw. biologische Taxonomien rein historische Begebenheiten – die zufälligen Abenteuer der Lebewesen –, die im Neodarwinismus weitgehend gleichgesetzt wurden mit den Abenteuern der Gene. Das wird als der Sinn der Evolution erachtet.

Geschichte, Zufall und Überleben sind zweifellos Teil der Evolutionssaga, wie sie Teil jedes belebten oder unbelebten Prozesses sind. Wir sahen jedoch im vorangehenden Kapitel, daß diese Faktoren keine hinreichende Grundlage für das Verständnis einer biologischen Form wie *Acetabularia* bilden, deren Wirtel offenbar weder ein Zufallsprodukt noch aus irgendeinem ersichtlichen Grund unverzichtbar für ihr Überleben sind. *Acetabularia* strebt anscheinend nicht nach Maximierung ihrer Fitneß, und doch hat sich diese Alge über Millionen von Jahren sehr erfolgreich behauptet. Weshalb entledigt sich diese Spezies nicht gänzlich ihrer Wirtel und nutzt ihre Ressourcen für die Fortpflanzung, etwa indem sie weitere Hüte bildet? Im vorangehenden Kapitel führten uns diese Beobachtungen zu der Schlußfolgerung, daß die Gestaltbildung ein Prozeß ist, der innere Eigenschaften dynamischer Ordnung aufweist, so daß sich bestimmte Formen bilden, wenn das System in bestimmter Weise organisiert wird. Diese Lektion über natürliche Ordnung entstammt der Physik. Weshalb sollte dies für die Biologie nicht gelten? *Weil sie so komplex ist*, wird argumentiert. Doch aus Komplexität, aus einer nichtlinearen Dynamik geht robuste Ordnung hervor. Dieses Thema möchte ich nun im Rahmen der Evolution entwickeln:

Dem Leben selbst wohnt eine Logik inne, die es uns ermöglicht, dieses Phänomen auf einer viel tieferen Ebene als der funktionaler Nützlichkeit und historischer Zufälligkeit zu verstehen.

Muster in Grün

Ich möchte diese Behauptung anhand eines weiteren Beispiels aus der Pflanzenwelt verdeutlichen. Es gibt etwa 250.000 Arten höherer Pflanzen; dazu gehören die uns wohlvertrauten Pflanzen mit Wurzeln, Stengeln, grünen Blättern und Blüten. Der Feinbau der Blätter und die Formen, Größen und Farben der Blüten dieser verschiedenen Spezies zeichnen sich durch eine unvorstellbare Mannigfaltigkeit aus und bieten uns ein bezaubernd schönes Schauspiel schöpferischer Vielfalt in der Pflanzenwelt. Dieser Mannigfaltigkeit liegt jedoch ein verblüffend hoher Grad an Ordnung zugrunde. Trotz der Fülle der Blattformen bei höheren Pflanzen gibt es nur drei Grundmuster der Blattanordnung an einem Stengel. Die Blätter können erstens in recht regelmäßigen Abständen einzeln am Stengel aufeinanderfolgen, wobei das jeweils nächste Blatt auf der gegenüberliegenden Stengelseite angeordnet ist. Ein bekanntes Beispiel ist der in Abbildung 5.1 (rechts) dargestellte Mais. Diese Blattstellung ist typisch für Grasarten, die wissenschaftlich als *Monokotyledonen* (Einkeimblättrige) bezeichnet werden, weil das erste Keimblatt (Kotyledone) eines Keimlings, das als Nährstoffspeicher für die sich entwickelnde Pflanze dient, nur einfach ausgebildet wird. Diese wechselständige Blattstellung, die zu einer Längszeile von Blättern auf jeder Stengelseite führt, wird *zweizeilige (distiche) Blattstellung* genannt. Ein weiteres Muster besteht aus einem Wirtel aus zwei oder mehr Blättern an einer Stelle (Knoten) des Stengels und einem Wirtel mit derselben Blattzahl am nächsten Knoten, wobei jedoch die Blattansatzstellen so weit verschoben sind, daß die Blätter genau über den Lücken des vorhergehenden Wirtels stehen. Ein Beispiel (Abbildung 5.1, Mitte) ist *Fuchsia*, die einen zweizähligen Wirtel besitzt. Man nennt dies *kreuzgegenständige (dekussierte) Blattstellung*. Das dritte und häufigste Muster ist die *spiralige (zerstreute) Blattstellung*, wobei jedes Blatt gegenüber dem vorangehenden um einen konstanten Divergenzwinkel verschoben ist, der in einer Richtung gemessen wird (im Uhrzeigersinn oder gegen den Uhrzeigersinn, in der Draufsicht). Abbildung 5.1 (links) zeigt dieses Muster bei einer Palmlilie. Das Bemer-

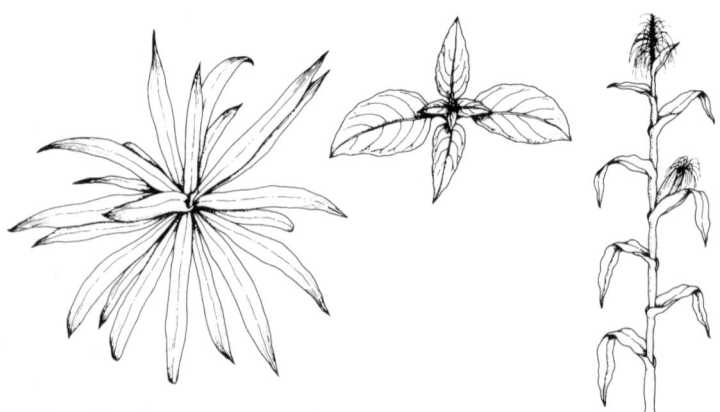

Abbildung 5.1   *Die drei Blattstellungstypen: spiralig, wie bei der Palmlilie (links), kreuzgegenständig, wie bei* Fuchsia *(Mitte), und zweizeilig, wie beim Mais (rechts).*

kenswerteste an der zerstreuten Blattstellung ist die Tatsache, daß der Verschiebungswinkel unabhängig von den Spezies nur einige wenige Werte annimmt, von denen 137,5° der häufigste ist. Abbildung 5.2 ist ein schematisches Diagramm, welches das Anordnungsmuster der aufeinanderfolgenden Blätter am Sproßscheitel zeigt und die Vorgehensweise bei der Messung des Divergenzwinkels. Der wachsende Sproßscheitel einer Pflanze, das sogenannte *Meristem*, gleicht einem Kegel, dessen Größe und Form der Thallusspitze einer sich entwickelnden *Acetabularia* ähnelt, aber aus vielen Zellen besteht. Ein Photo dieser Struktur ist in Abbildung 5.3 zu sehen. Es zeigt das Scheitelmeristem eines Amerikanischen Amberbaumes, der auf dem Campus der Universität Stanford, unweit des Labors von Paul Green, wächst. Green hat einige sehr interessante Ideen über den Ursprung einer so außergewöhnlichen Regelmäßigkeit in den Blattstellungsmustern entwickelt. In Abbildung 5.3 können Sie die Abfolge der Blätter sehen, die vom Meristem gebildet werden: Das jüngste Blatt (10) ist nicht mehr als eine kleine Ausbeulung, während die älteren Blätter immer größer werden, bis hin zum ersten bzw. ältesten Blatt (1) auf diesem Photo. Blatt 2 wurde entfernt, um den Blick auf die übrigen Blätter freizugeben. Es gibt Pflanzenarten, wie etwa die der Familie der Ananasgewächse (*Bromeliaceae*), deren Blätter spiralig angeordnet sind, während die Kronblätter ihrer Blüten ein zweizeiliges Stellungsmuster zeigen; und es kommt häufig vor, daß die Blattstellung vom zweizeiligen ins spiralige Muster übergeht. Die unterschiedlichen Muster sind also offenbar keine unveränderlichen Merkmale verschiedener Spezies, sondern eine Reihe alternativer Zustände, die für den Blattbildungsprozeß im Meristem verfügbar sind. Paul Green pflegt zu sagen, daß das Problem nicht darin besteht, für jedes Muster einen anderen Motortyp zu erfinden, sondern darin, einen Motor zu entwickeln, der in jedem der drei Muster laufen und zwischen ihnen umschalten kann. Die Frage lautet demnach: Welche Eigenart besitzt der Generator im Meristem, der diese Eigenschaften aufweist und die Einheit der verschiedenen Muster, die auseinander hervorgehen, begründet?

 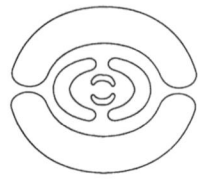 

Divergenzwinkel 137,5°

1. Zweizeilig (Mais)   2. Wirtelig (Ahorn, Minze)   3. Spiralig (Efeu, Lupine, Kartoffel)

Abbildung 5.2   *Verschiedene Blattstellungstypen in der Draufsicht, um den Divergenzwinkel zu bestimmen.*

Offenbar läuft hier ein Prozeß ab, ganz ähnlich jenem, den wir für *Acetabularia* beschrieben haben, deren wirtelig angeordnete Seitenzweige Blattwirteln gleichen, auch wenn ein Wirtel einer höheren Pflanze in der Regel weniger Blätter enthält, als der Wirtel einer Alge Seitenzweige zählt. Die Forschungen von Paul Green und seinen Kollegen deuten zweifelsfrei darauf hin, daß im Meristem ein morphogenetisches Feld existiert. Dieses wird im wesentlichen durch die mechanischen Spannungen in der Oberflächenschicht aus Epidermiszellen definiert, die als eine elastische Schale wirken, welche dem Druck des wachsen-

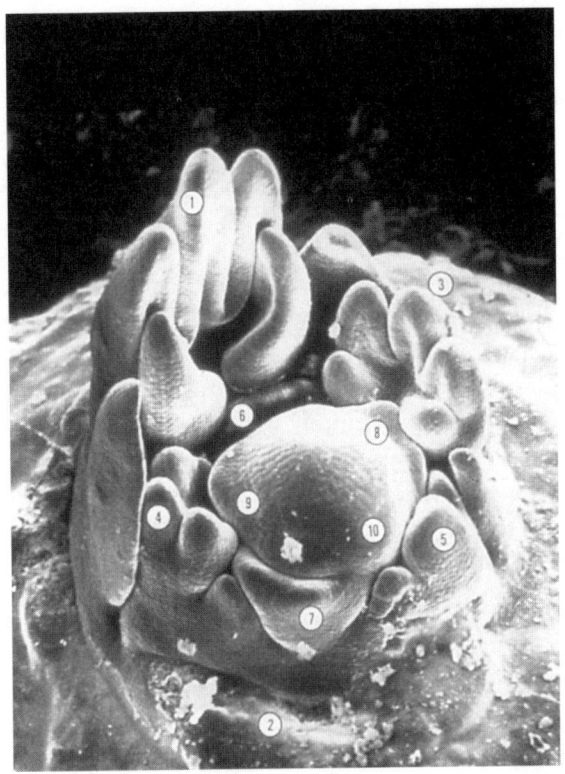

Abbildung 5.3 *Meristem am Sproßscheitel eines Amerikanischen Amberbaums mit den Positionen der aufeinanderfolgenden Blätter.*

den Gewebes darunter standhält. Die Epidermiszellen reagieren auf diesen Druck mit der Synthese von Mikrofibrillen aus Zellulose, mit denen sie ihre Zellwände so verstreben, daß sie der nach nach außen gerichteten Kraft entgegenwirken. Dies ist ein völlig natürlicher Prozeß. Wenn Sie Ihren Pullover mit beiden Händen ergreifen und dehnen, richten sich die Wollfasern entlang den Spannungslinien aus und halten so der Spannung stand. In lebendem Gewebe werden neue Fasern gebildet, die sich von selbst parallel zu den bereits vorhandenen Fasern ausrichten und so den Spannungswiderstand erhöhen. Die Blattanlagen in einem Meristem erzeugen gemäß ihrem Wachstumsmuster Spannungslinien in anderen Bereichen des Sproßscheitels. Ein Einzelblatt an einer Seite des Meristems, wie dies beim Mais der Fall ist, erzeugt Spannungslinien, die auf die Epidermiszellen an der Oberfläche der gegenüberliegenden Seite einwirken. Die festigenden Zellulosefasern werden in den Zellen parallel zu diesen Linien, die seitlich am Meristem entlang verlaufen, ausgerichtet. Diese Zellen halten dem Druck, der durch das Wachstum des darunterliegenden Gewebes ausgelöst wird, besser parallel zur Ausrichtung der Zellulosefasern stand als im rechten Winkel dazu, so daß das Gewebe unter dem Druck seitlich nachgibt und sich nach außen faltet. Dabei bildet es auf der dem nächsten wachsenden Blatt gegenüberliegenden Seite eine Blattanlage aus. Green hat ein Modell entwickelt, das diese Kräfte beschreibt, und er hat gezeigt, auf welche Weise sie die Grundtypen der Blattstellung hervorbringen. Außerdem hat er experimentell nachgewiesen, daß sich die Mikrofibrillen aus Zellulose wie erwartet verhalten. Nicht gezeigt hat er, daß die einzigen stabilen Muster der Blattanordnung die drei in Abbildung 5.2 dargestellten Typen sind.

Fällt Ihnen in dieser Abbildung irgend etwas auf, das Ihnen bekannt vorkommt? Schlagen Sie zurück zu den Abbildungen 3.2 und 3.5, auf denen die konzentrischen Kreise und Spiralen, die bei der Belousov-Zhabotinsky-Reaktion und bei der Aggregation zelliger Schleimpilzamöben entstehen, wiedergegeben sind. Man braucht nicht viel Phantasie, um zu erkennen, daß die zweizeilige und die wirtelige Blattstellung Muster sind, die auf konzentrischen Kreisen basieren, während das dritte Muster der bekannten Spiralform entspricht. Der Unterschied zwischen Mustern, die von erregbaren Medien erzeugt werden, und Mustern im Meristem von Pflanzen besteht darin, daß letztere durch diskrete Elemente, wie etwa Blätter oder Blütenteile, zum Ausdruck gebracht werden. Im übrigen sehen wir dieselben Grundmuster in Erscheinung treten. Ist das Meristem demnach ebenfalls ein erregbares Medium? Es gibt gute Gründe für diese Annahme.

Fibonacci und der Goldene Schnitt

Die Diskretheit der Elemente bei Blatt- und Blütenmustern hat einige faszinierende geometrische Konsequenzen, die eine bemerkenswerte Fülle mathematischer Beschreibungen hervorgebracht haben. Diese verbinden Blattstellungsmuster mit einem der ältesten Prinzipien struktureller Proportionen, das bereits die alten Griechen entdeckten und in ihrer Baukunst nutzten. Abbildung 5.4 zeigt die Anordnung und Größe aufeinanderfolgender Blätter an den Sproßscheiteln dreier unterschiedlich großer Zweige derselben Pflanze, *Araucaria excelsa*, einer Schuppentannenart. Die Abbildung stammt ursprünglich aus dem Buch *On the Relation of Phyllotaxis and Mechanical Laws* von A.H. Church, das 1904 in London erschien. Die Numerierung der aufeinanderfolgenden Blätter erfolgte in umgekehrter Reihenfolge wie beim Amerikanischen Amberbaum, so daß mit dem jüngsten Blatt (1) in der Sequenz begonnen wurde. Die Spirallinien verbinden Blätter, die miteinander in Kontakt stehen. Diese werden *Parastichen* (Nebenzeilen) genannt, und es gibt immer zwei Hauptspiralen dieses Typs, die, wie gezeigt, in entgegengesetzte Richtungen verlaufen. Betrachten wir nun die Zahlenfolge auf jeder dieser Parastichen in Abbildung 5.4 (a). Eine die-

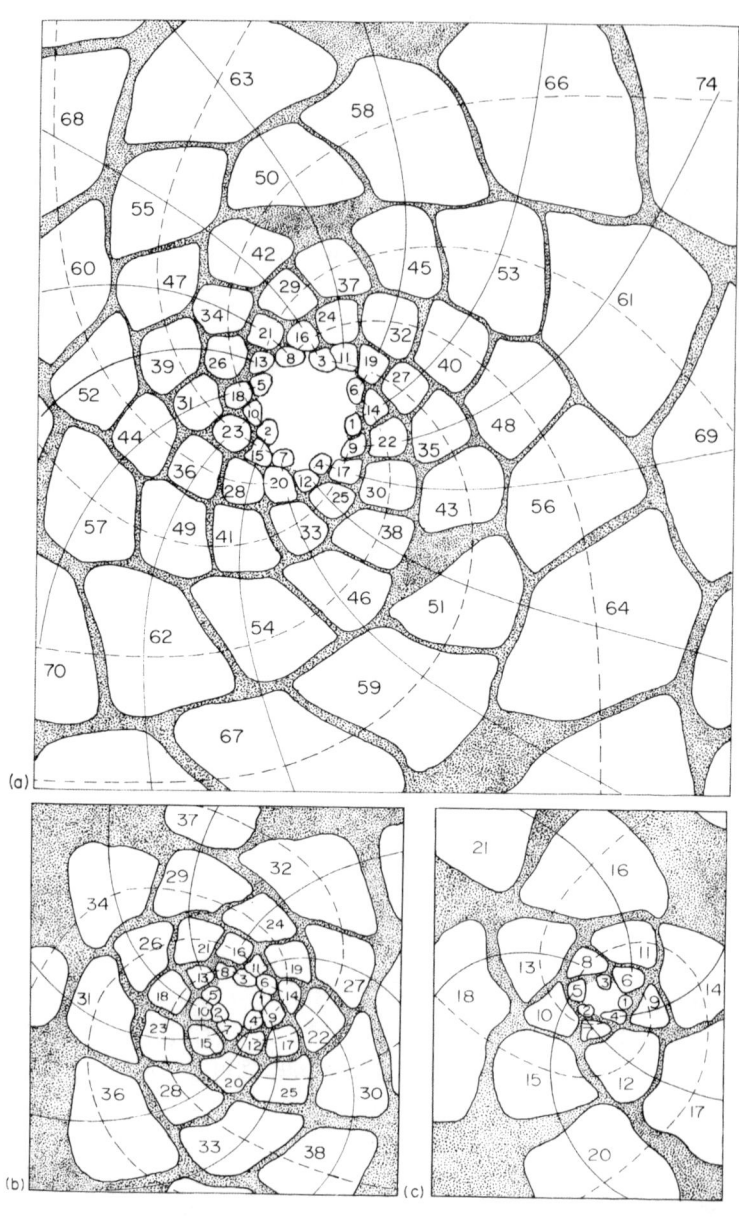

Abbildung 5.4 *Blattstellungen an Zweigen der Schuppentannenart* Araucaria excelsa.

ser Linien (die bei Blatt 1 beginnt) weist die Zahlenfolge 1, 9, 17, 24, 33, 41 und so weiter auf. Die Differenz zwischen je zwei aufeinanderfolgenden Zahlen beträgt acht. Betrachten wir nun die Spirale in der entgegengesetzten Richtung – 1, 14, 27, 40, 53, ...– die Differenz beträgt dreizehn. Dieses Muster wird (8, 13)-Blattstellung genannt. Abbildung 5.4 (b und c) zeigt die Muster an den Sproßscheiteln kleinerer Zweige. Die Differenzen zwischen den Zahlenwerten der beiden Spiralen in Abbildung 5.4 (b) sind fünf und acht, so daß hier eine (5, 8)-Blattstellung vorliegt; und die Differenzen in Abbildung 5.4 (c) sind drei und fünf, was eine (3, 5)-Blattstellung ergibt. Beachten Sie, daß in Abbildung 5.4 (c) die (bei Verwendung der Konvention, daß die Spirale vom Zentrum nach außen führt) entgegen dem Uhrzeigersinn gerichtete Spirale die größere Differenz (fünf) aufweist. Auch in Abbildung 5.4 (a) findet sich die größere Differenz auf der entgegen dem Uhrzeigersinn gerichteten Spirale. Diese Differenzen definieren die stärker gekrümmten Spiralen des Paares. In Abbildung 5.4 (b) dagegen finden wir die größere Differenz (acht), welche die stärker gekrümmte Spirale definiert, auf der im Uhrzeigersinn verlaufenden Linie. Diese Ausrichtungen sind demnach nicht durch die Gene der Spezies festgelegt, da bei ein- und derselben Pflanze die stärker gekrümmte Spirale bei verschiedenen Ästen sowohl im als auch entgegen dem Uhrzeigersinn verlaufen kann. Irgendein schwacher Anfangsreiz legt in jedem Meristem die Richtung der Spirale fest, genauso wie irgendeine Anfangsbedingung im Wasser der Badewanne die Symmetrie des Feldes bricht und im Abfluß eine links- oder rechtshändige Strömung bewirkt. Es gibt andere Spezies, bei denen Genprodukte selbst die Symmetrie in einer Richtung brechen, so daß sämtliche Spiralen einer Pflanze die gleiche Ausrichtung besitzen.

Vergleicht man die verschiedenen Zahlenpaare, durch welche die Spiralen definiert werden, von unterschiedlichen Pflanzenarten, kommt ein bemerkenswertes Ergebnis zum Vorschein: In der großen Mehrzahl der Fälle gehören die Zahlenpaare zu einer mathematischen Zahlenreihe, die im 13. Jahrhundert von dem florentinischen Mathematiker Leonardo Fibonacci definiert wurde. Die Fibonacci-Folge wird durch folgende Gleichung spezifiziert:

$$x_{n+1} = x_n + x_{n-1}$$

Jedes Glied der Folge ist gleich der Summe der beiden vorausgehenden Zahlen. Wenn wir mit $x_0 = 0$ und $x_1 = 1$ beginnen, lautet die Folge:

$$x_2 = x_1 + x_0 = 1 + 0 = 1$$
$$x_3 = x_2 + x_1 = 1 + 1 = 2$$
$$x_4 = x_3 + x_2 = 2 + 1 = 3$$
$$x_5 = x_4 + x_3 = 3 + 2 = 5$$
$$x_6 = x_5 + x_4 = 5 + 3 = 8$$
$$x_7 = x_6 + x_5 = 8 + 5 = 13$$

und so weiter. Fibonacci leitete diese Folge her, um die erwartete Anzahl von Hasen nach n Generationen vorherzusagen (er begann mit zweien und machte gewisse Annahmen über die Vermehrungs-, Überlebens- und Todesrate) und so mathematisch exakt zu zeigen, was es bedeutet, »sich wie die Kaninchen zu vermehren«. Er dachte gewiß nicht an Blattstellungsmuster von Pflanzen. Doch aufgrund einer jener außergewöhnlichen Koinzidenzen, wie sie in der Mathematik immer wieder vorkommen, generiert die von ihm hergeleitete Folge Zahlen, deren aufeinanderfolgende Paare die Blattstellungsmuster an einer Pflanze definieren. Aufeinanderfolgende Paare der Fibonacci-Folge beschreiben die meisten der Spiralen, die bei jeder beliebigen Spezies, etwa der Sonnenblume (Abbildung 5.5), der Ananas oder verschiedenen Typen von Kiefernzapfen, beobachtet werden, wie Sie selbst überprüfen können. Weshalb ist dies der Fall?

Abbildung 5.5   *Spiralig angeordnete Samen einer Sonnenblume.*

Mathematiker spielen gern mit Zahlen und entdecken gern Muster. Nun möchte ich Ihnen eine der Eigenschaften vorstellen, die mit Hilfe der Fibonacci-Folge aufgespürt wurden. Wir nehmen aufeinanderfolgende Glieder der Reihe und berechnen ihre Quotienten:

$x_2/x_3 = 1/2 = 0{,}5$
$x_3/x_4 = 2/3 = 0{,}66$
$x_4/x_5 = 3/5 = 0{,}60$
$x_5/x_6 = 5/8 = 0{,}625$
$x_6/x_7 = 8/13 = 0{,}615$
$x_7/x_8 = 13/21 = 0{,}619$

Die Folge schwankt bzw. oszilliert nach oben und unten, wobei die Differenzen zwischen aufeinanderfolgenden Zahlen immer kleiner werden und gegen 0,618 (gerundet) konvergieren. Dies aber ist eine sehr interessante Zahl, die seit langer Zeit bekannt ist. Angenommen, wir möchten ein Rechteck so in ein Quadrat und ein kleineres Rechteck unterteilen, daß das kleinere Rechteck dieselben Proportionen aufweist wie das größere Rechteck. Wie sollen diese Proportionen beschaffen sein? Nehmen wir (der Einfachheit halber) an, die längere Seite des großen Rechtecks habe die Länge 1 und die kleinere Seite die Länge a, wie in Abbildung 5.6 gezeigt. Nun bildet a die längere Seite des kleinen Rechtecks, dessen kleinere Seite die Länge b haben soll. Wir möchten, daß die Proportionen folgender Gleichung gehorchen:

$$1/a = a/b \qquad\qquad (5.1)$$

so daß die Seitenlängen der beiden Rechtecke im selben Verhältnis zueinander stehen. Da $a + b = 1$ bzw. $b = 1 - a$, können wir Gleichung (5.1) umschreiben in

$$1/a = a/(1-a).$$

Durch Umformung erhalten wir dann folgende quadratische Gleichung:

$$a^2 + a - 1 = 0.$$

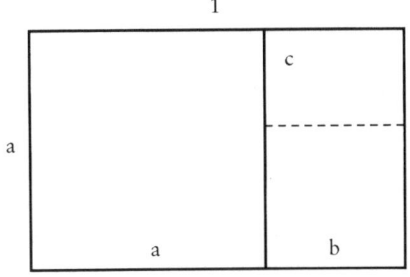

Abbildung 5.6 *Ein größeres Rechteck wird in ein Quadrat und ein kleineres Rechteck unterteilt, dessen Seitenlängen im selben Verhältnis zueinander stehen wie die Seitenlängen des größeren Rechtecks.*

Welchen Betrag hat nun die positive Wurzel dieser quadratischen Gleichung? Die Antwort lautet

$$a = [-1 + (5)^{1/2}]/2 = 0,618!$$

Die Griechen nannten dies den »Goldenen Schnitt« bzw. die »Göttliche Proportion«. Rechtecke mit dieser Proportion bildeten die Grundlage ihrer Baukunst, weil sie die sukzessive Unterteilung von Tempeln und anderen Gebäuden in Quadrate und Rechtecke erlaubte, die dem ursprünglichen Rechteck ähnlich sahen. Das kleine Rechteck in Abbildung 5.6 läßt sich weiter unterteilen in ein Quadrat b und ein Rechteck mit den Seiten b und c, deren Längen ebenfalls im Verhältnis von 0,618 zueinander stehen, und so weiter. Dies definiert eine selbst-ähnliche Folge von Formen stetig abnehmender Größe.

Wenden wir nun die gleiche Überlegung auf eine weitere geometrische Figur an, einen Kreis. Wir möchten den Umfang des in Abbildung 5.7 dargestellten Kreises in zwei Kreisbögen, a und b, aufteilen, so daß gilt

1/a = a/b

wobei der Kreisumfang als 1 = a + b definiert wird. Wenn diese Gleichung nach a aufgelöst wird, erhalten wir denselben Wert wie zuvor, da es sich um dieselbe Gleichung handelt. Wir können nun die Größe des Winkels im Mittelpunkt der Abbildung bestimmen, indem wir die Gleichung nach b auflösen: b = 1 − a = 1 − 0,6180339 = 0,3819661 (um ganz genau zu sein). Der Winkel beträgt 0,3819661 x 360° = 137,5°! Pflanzen mit spiraliger Blattstellung ordnen demnach aufeinanderfolgende Blätter vielfach in einem Winkel an, der den Kreisbogen des Meristems nach den Proportionen des Goldenen Schnitts teilt.

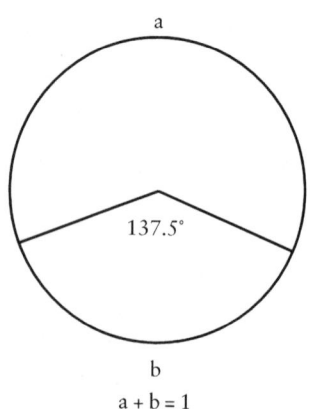

a

137.5°

b

a + b = 1

Abbildung 5.7   *Der Umfang eines Kreises wird in zwei Kreisbögen, a und b, geteilt, die im selben Verhältnis zueinander stehen wie der Kreis als Ganzer zu a.*

196

Pflanzen wissen offenbar eine Menge über harmonische Eigenschaften und architektonische Prinzipien. Wie läßt sich dies erklären?

Ein neueres Modell der Blattstellung, das von den französischen Wissenschaftlern Stéphane Douady und Yves Couder stammt, gibt uns wichtige Anhaltspunkte für die Beantwortung dieser Frage. Sie verwendeten ein einfaches physikalisches Modell, um Muster zu erzeugen, indem sie Tropfen einer ferromagnetischen Lösung auf das Zentrum einer mit einem Ölfilm bedeckten Scheibe fallen ließen, in dem die Tropfen schwammen. Durch ein Magnetfeld wurden die Tropfen so polarisiert, daß sie zu kleinen magnetischen Dipolen wurden, die einander abstießen. Das morphogenetische Feld des Meristems wurde also durch ein Magnetfeld simuliert (siehe Abbildung 5.8). Tropfen, die auf das Zentrum der Scheibe fielen, wurden von den bereits vorhandenen polarisierten Tropfen abgestoßen, und sie wurden zudem einem konstanten Magnetfeld ausgesetzt, das sie vom Zentrum zum Rand der Scheibe abdrängte. So traten, je nach den Versuchsbedingungen, unterschiedliche Muster auf, die jedoch alle mit den beobachteten Blattstellungsmustern übereinstimmten.

Bei niedriger Tropfrate wird ein Tropfen jeweils nur von dem unmittelbar vorangehenden beeinflußt; die Entfernung der anderen Tropfen ist zu groß, als daß sie irgendeinen Einfluß ausüben könnten. Entsprechend wird jeder neue Tropfen durch Abstoßung in eine Position gedrängt, die 180° von der des vorangehenden Tropfens entfernt ist, so daß das Muster, das entsteht, dem der zweizeiligen (wechselständigen) Blattstellung, wie sie beim Mais vorkommt (Abbildung 5.1), gleicht. Mit wachsender Tropfrate (die der Blattbildungsrate in einem Meristem entspricht) erfährt ein neuer Tropfen Abstoßungskräfte von mehr als einem vorangehenden Tropfen, so daß sich das

Muster ändert: Die anfängliche einfache Symmetrie des wechselständigen Modus wird gebrochen, und ein spiraliges Muster beginnt in Erscheinung zu treten. Es dauert eine Weile, bis sich das System in ein konstantes Muster einschwingt, wobei die Länge dieser Übergangsphase von der Tropfrate abhängig ist. Bei hoher Tropfrate, also bei einer starken Wechselwirkung zwischen den Tropfen, stellt sich rasch ein stabiles Muster ein, und die Positionen aufeinanderfolgender Tropfen auf der Scheibe weisen kontinuierlich einen Divergenzwinkel von $137,5°$ auf, wobei die Spiralen der normalen Fibonacci-Folge gehorchen. Ein Beispiel hierfür ist in Abbildung 5.9 gezeigt, die auch die rasche Konvergenz des Verschiebungswinkels gegen den Wert des Goldenen Schnitts veranschaulicht, wobei mit $180°$ begonnen wird, also dem Winkel, der sich immer zwischen den ersten beiden Tropfen bildet. Das konkrete Fibonacci-Zahlenpaar, das die Spiralen beschreibt, ist von der Tropfrate abhängig. Das abgebildete Spiralmuster hat die Werte (13, 21), das heißt, dreizehn Spiralarme verlaufen in die eine Richtung und einundzwanzig in die andere. Douady und Couder fanden für verschiedene Tropfraten noch weitere Divergenzwinkel, zum Beispiel $99,502°$, $77,955°$ und $151,135°$, die zu den Minoritätsklassen gehören, die mitunter bei Pflanzen beobachtet werden. Diese kennzeichnen jedoch Spiralen, die viel instabiler sind als die Spirale mit einem Verschiebungswinkel von $137,5°$, welche die einzige unmittelbar symmetriebrechende Bifurkation aus einem wechselständigen Anfangsmuster in ein Spiralmuster darstellt. Das bedeutet, daß jedes System, das zunächst ein Muster wechselständiger Blattanlagen aufweist (die beiden ersten Blätter an einem Meristem sind meist so angeordnet), von selbst einer Bifurkation folgt, die in die dominante Spirale mit einem Divergenzwinkel von $137,5°$ mündet, sobald die Geschwindigkeit der Blatt-

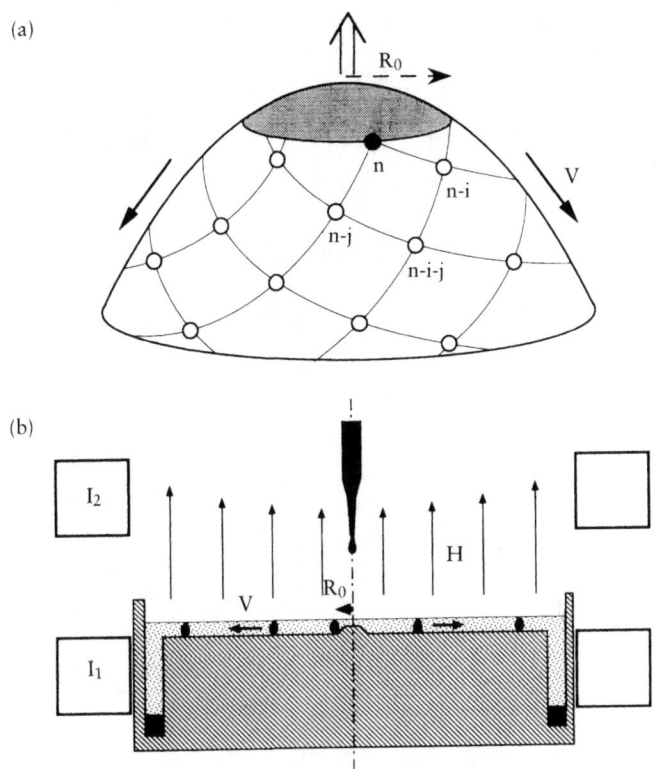

Abbildung 5.8 *(a) Meristem einer Pflanze mit den Positionen der Blätter und ihren relativen Zahlen bei der spiraligen Blattstellung, wobei i und j sukzessive Paare von Fibonacci-Zahlen sind; (b) Versuchsvorrichtung zur Simulation von Blattstellungsmustern.*

bildung einen kritischen Wert übersteigt. Alle übrigen Spiralen gehören zu Minoritätsklassen, die weniger robust sind als die dominante.

Douady und Couder gelangten auf folgende Weise zu diesem wichtigen Befund. Die Größe, die sie als Parameter zur Kontrolle des Übergangs von der wechselständigen zur

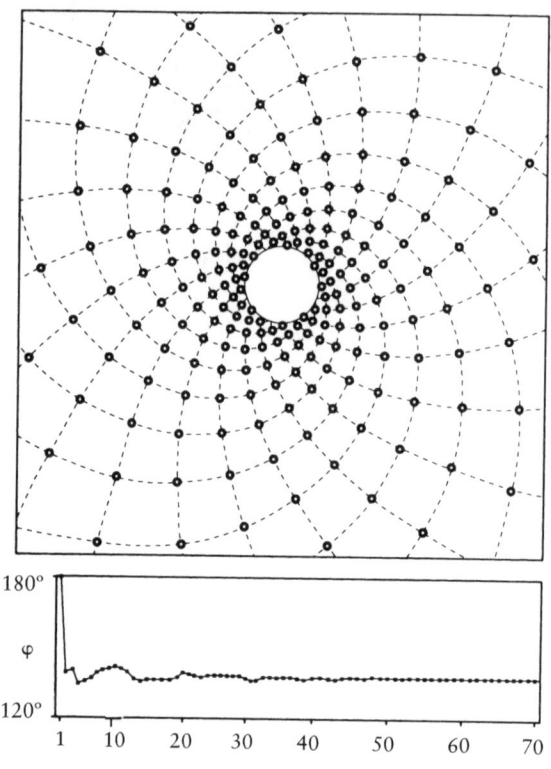

Abbildung 5.9 *Das Spiralmuster mit i = 13 und j = 21, das sich nach einer Übergangszeit, in welcher sich der Divergenzwinkel änderte (vgl. den unteren Graph), von selbst einstellte.*

spiraligen Blattstellung benutzten, ist eine reine Zahl, die sie als $G = V\, T/R_0$ definieren. Dabei ist V die Geschwindigkeit, mit der sich die Tropfen unter Einwirkung eines konstanten Magnetfeldes vom Zentrum der Scheibe wegbewegen, T ist der Zeitraum, der zwischen der Zuführung zweier aufeinanderfolgender Tropfen vergeht, und R_0 ist

200

der Radius der Region, die dem Zentrum des Meristems entspricht, an dessen Rand die Blattanlagen gebildet werden (siehe Abbildung 5.3). Mit wachsender Tropfrate (Blattbildungsrate) nimmt T ab, so daß der Übergang von der wechselständigen zur spiraligen Blattstellung dann stattfindet, wenn G *unterhalb* eines kritischen Wertes liegt, den sie als $G_{1,1}$ bezeichnen. $(1, 1)$ ist das erste Zahlenpaar in der Fibonacci-Folge $(1, 1, 2, 3, 5, 8, \dots)$ und entspricht der wechselständigen Blattstellung (eine Spirale verbindet nur aufeinanderfolgende Blätter oder Tropfen, und diese Spirale kann sowohl im als auch entgegen dem Uhrzeigersinn gezeichnet werden). Die spiralige Blattstellung beginnt, wenn G Werte annimmt, die kleiner sind als $G_{1,1}$, und in dem Maße, wie G weiter kontinuierlich kleiner wird, wird die normale Sequenz von Fibonacci-Spiralen generiert, die aufeinanderfolgenden Zahlenpaaren entsprechen, wobei es zu recht abrupten Übergängen zwischen diesen kommt. Die Divergenzwinkel, die aufeinanderfolgenden Werten von G entsprechen, sind in Abbildung 5.10 dargestellt. Die Hauptkurve, die bei $\Phi = 180°$ (Dreiecke) beginnt, konvergiert gegen $\Phi = 137,5°$, wobei es mit kleiner werdendem G zu Schwankungen nach oben kommt und die Blattstellungszahl sich systematisch ändert. Dargestellt sind zwei Folgen, die verschiedenen Energiefunktionen entsprechen, welche die Stärke der wechselseitigen Hemmung zwischen den Tropfen (»Blättern«) beschreiben. Die exakten Werte von $G_{1,1}$ am Übergang von der wechselständigen zur spiraligen Blattstellung verändern sich, ebenso die genauen Kurvenverläufe, aber ihre Grundmerkmale bleiben gleich; das bedeutet, das Modell ist unempfindlich gegenüber Änderungen in den Einzelheiten des morphogenetischen Feldes. Es gibt jedoch eine quantitative Beziehung, die sich nicht verändert, und diese ist dafür verantwortlich, daß der Übergang in Form einer Bi-

furkation erfolgt. Douady und Couder haben gezeigt, daß
der Divergenzwinkel in der Nähe des Übergangs als eine
parabolische Beziehung zwischen Φ und G schwankt:

$$180 - \Phi = (G_{1,1} - G)^{1/2}$$

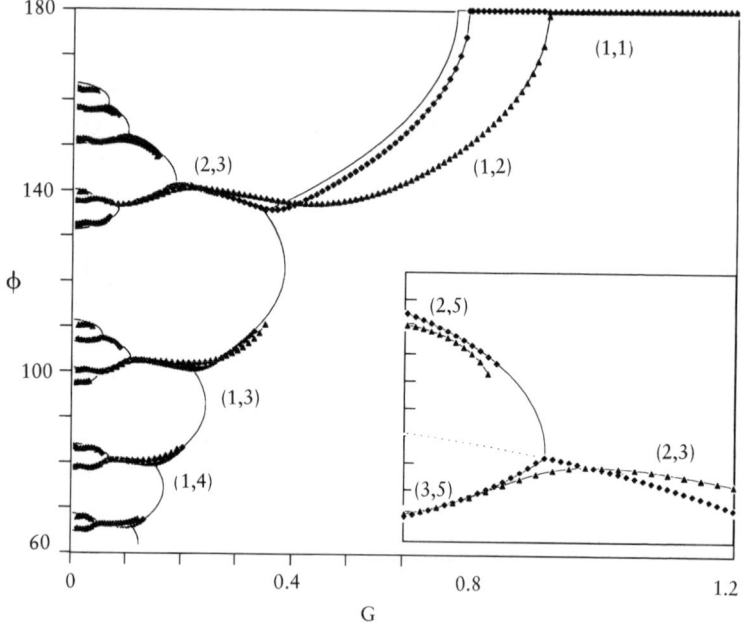

Abbildung 5.10 *Die Änderung des Divergenzwinkels in Abhängigkeit von
kontinuierlich sinkenden Werten des Parameters G (beginnend bei 1,2). Die Hauptbifurkationsfolge konvergiert
gegen den Divergenzwinkel von 137,5°, während andere
Divergenzwinkel als Minoritätsklassen auftreten. Es wurden zwei verschiedene Energiefunktionen verwendet, um
zu zeigen, daß die Konvergenz gegen 137,5° unabhängig
ist von der Wechselwirkungsenergie. Das eingefügte Diagramm zeigt einen Übergang auf einen kleineren Ast der
Verzweigung in Vergrößerung.*

Dies weist den Übergang als eine symmetriebrechende Bifurkation aus. Daraus folgt, daß die robuste Sequenz für Meristeme exakt mit der wichtigsten Fibonacci-Folge übereinstimmt, die bei höheren Pflanzen auftritt: Die in der Natur beobachteten Blattanordnungen sind die typischen Formen, die aus einem selbstorganisierten, robusten morphogenetischen Prozeß hervorgehen. Die von $\Phi = 137{,}5°$ abweichenden Winkel können unter besonderen Umständen auftreten und werden gelegentlich in der Natur beobachtet, aber sie stellen Minoritätsklassen dar, die nicht von der Hauptfolge erreicht werden. Pflanzen erzeugen also diesen Aspekt ihrer Form einfach dadurch, daß sie das tun, was von selbst kommt – sie folgen den robusten morphogenetischen Pfaden zu den typischen Formen.

Es gibt ein Muster, das in dieser Beschreibung fehlt: die wirtelige Blattstellung. Diese würde man erhalten, wenn man immer mehr als einen Tropfen gleichzeitig zuführen würde, wobei $G > G_{1,1}$, so daß nur der vorangehende Cluster von Tropfen einen Einfluß ausübte. Dann würde sich jeder Cluster von Tropfen in maximaler Entfernung von allen anderen anordnen, und nachfolgende Cluster würden in den Zwischenräumen der vorangehenden Cluster Position beziehen und so ein wirteliges Muster erzeugen. Demnach lassen sich alle Muster einfach dadurch erzeugen, daß man die Wachstumsgeschwindigkeit und die Anzahl der Blätter, die gleichzeitig gebildet werden, verändert; dies sind vermutlich die wichtigsten Parameter, die unter den Pflanzenspezies variieren. Die Nachbarschaftsrelationen der verschiedenen Glieder der Folge sind eindeutig definiert durch ihre Nähe im symmetriebrechenden Prozeß, der in Abbildung 5.10 beschrieben ist, und durch die Übergänge zu den möglichen Fibonacci-Zahlenpaaren von Minoritätsklassen. Dies alles sind Transformationen, die bei Änderungen der Parameter und der Anfangsbedingungen von selbst auseinander hervorgehen.

Über 80 Prozent der etwa 250.000 Spezies höherer Pflanzen weisen eine spiralige Blattstellung auf. Dies ist auch die dominante Form, die im Modell erzeugt wird, das diese Anordnung als die wahrscheinlichste Form im generativen Raum möglicher Blattstellungsmuster identifiziert. So können wir eine interessante Vermutung aufstellen: In den unterschiedlichen Häufigkeiten der einzelnen Blattstellungsmuster in der Natur spiegeln sich womöglich nur die relativen Wahrscheinlichkeiten der morphogenetischen Entwicklungsbahnen der verschiedenen Formen wider, so daß die natürliche Selektion hierbei kaum eine Rolle spielt. Das bedeutet, daß sämtliche Blattstellungen eine ähnlich gute Lichtausnutzung durch die Blätter erlauben, so daß sie selektionsneutral sind. Dann aber ist es die Größe der Bereiche im generativen Raum dieser Formtypen, die ihre unterschiedliche Häufigkeit erklärt. Damit soll nicht bestritten werden, daß die Formen von Organismen und deren Teilen zur Stabilität der Lebenszyklen in bestimmten Habitaten beitragen, was die Domäne der natürlichen Selektion ist. Es ist einfach festzuhalten, daß eine Analyse dieser dynamischen Stabilität von Lebenszyklen niemals vollständig sein kann ohne eine Erklärung der generativen Dynamik, die Organismen mit bestimmten Formen *hervorbringt*, weil diese inneren Stabilitätsmerkmale womöglich ihre Häufigkeit und Überlebensfähigkeit ganz nachhaltig beeinflussen. Es geht nicht darum, diese verschiedenen Aspekte des Lebenszyklus zu trennen, sondern darum, sie in einer dynamischen Analyse zusammenzuführen, die der natürlichen Selektion den ihr gebührenden Platz zuweist: Sie bringt die biologischen Formen nicht selbst hervor, ist aber möglicherweise an der Prüfung der Stabilität der Formen beteiligt.

Gene und Typizität

Die Blattstellungsmuster bei höheren Pflanzen sind zweifellos Kandidaten für typische biologische Formen – sich selbsttätig stabilisierende Zustände eines generativen Prozesses im sich entwickelnden Organismus, in diesem Fall im Meristem. Welche Rolle aber spielen die Gene bei der Bildung dieser Formen? Wie im vorangehenden Kapitel dargelegt, definieren Gene die Region des Parameterraumes, in der die Entwicklung einer bestimmten Spezies beginnt. Diese Region wird determiniert durch solche Variablen wie den Turgor in den Meristemzellen, die mechanischen Eigenschaften der Mikrofibrillen aus Zellulose, die Zusammensetzung der Zellwände, die Aktivitäten von Pumpen und Kanälen, welche die Konzentrationen von Ionen wie Calcium regulieren, und durch eine Vielzahl weiterer Eigenschaften, die von Pflanzenphysiologen eingehend erforscht worden sind. Mit voranschreitender Entwicklung beeinflussen diese und andere Größen, die sich auf das morphogenetische Feld im Meristem auswirken, einschließlich Pflanzenhormonen wie Auxin und Kinetin, welche sich auf die Wachstumsgeschwindigkeiten auswirken, die Entwicklungsbahn, der das System folgt. Nach dem Modell von Douady und Couder können die Gene einfach, indem sie die Geschwindigkeit der Blattanlagenentwicklung beeinflussen, im Meristem einen Wechsel von einem zweizeiligen zu einem spiraligen Muster bzw. umgekehrt herbeiführen, wie dies beim Übergang von der spiraligen Blattstellung zur zweizeiligen Blütenstellung bei den Ananasgewächsen geschieht. Aber die Gene bedienen sich offenbar typischer Formen, die sie ineinander umwandeln, wie es auch zu erwarten ist, da die stabilen, robusten Modi des Systems die vorherrschenden sind.

In den letzten Jahren durchgeführte Untersuchungen über die Art und Weise, wie Gene die vom Meristem erzeugten Muster beeinflussen und wie sie zusammenwirken, um Umwandlungen struktureller Elemente herbeizuführen, stehen mit dieser Annahme in Einklang. Diese Arbeiten befaßten sich vor allem mit der Frage, wie Gene die Blütenbildung beeinflussen.

Die Genetiker wählen die Spezies nach ihrer »Labortauglichkeit« aus – nach der Leichtigkeit, mit der man Bestände anlegen kann; nach der Kürze der Generationsdauer und nach zahlreichen weiteren Merkmalen.

Es würde nicht viel Sinn machen, die Genetik des Amerikanischen Amberbaums oder der Schuppentanne zu erforschen, da man eine riesige Freilandversuchsstätte bräuchte, um hinreichend große Populationen zu unterhalten, und man in Anbetracht der Generationsdauer dieser Bäume von zwanzig bis dreißig Jahren in jeder Generation von Wissenschaftlern nur wenige Experimente durchführen könnte. Deshalb greift man auf geeignetere Spezies zurück, und eines der bevorzugten Versuchsobjekte der Pflanzengenetiker ist ein kleines, unscheinbares Krautgewächs mit einer winzigen Blüte, das *Arabidopsis thaliana* genannt wird. Trotz ihrer geringen Größe weist diese Pflanze dieselben grundlegenden Blatt- und Blütenmuster auf wie andere Spezies, die ihre Größe um ein Mehrtausendfaches übertreffen. Wir verstehen mittlerweile immer besser, wie Gene diese Muster beeinflussen.

Arabidopsis erzeugt Blüten mit Mustern, die in einer Struktur spiralige und wirtelige Formen kombinieren. Die Blütenanlagen, die Ansätze der späteren Blüten, bilden eine typische phyllotaktische Spirale, die zunächst genauso aussieht wie die Blattstellung, die bei dieser Spezies ebenfalls spiralig ist. In dem Maße, wie sich diese Blütenanlagen entwickeln, bilden sie jedoch eine Reihe von Strukturen in wirteliger Anordnung aus: zunächst einen Wirtel aus vier Kelchblättern (abgewandelte Hochblätter), dann einen Wirtel aus vier Kronblättern, die in den Lücken zwischen den Kelchblättern angeordnet werden. Der dritte Wirtel besteht aus sechs Staubblättern, den pollenproduzierenden Organen, während der vierte Wirtel aus zwei Fruchtblättern besteht, die miteinander verwachsen und zusammen das Gynoeceum mit einem zweikammerigen Fruchtknoten bilden. Dies ist der weibliche Teil der Blüte mit den Eizellen (siehe Abbildung 5.11). Diese Einzelblüten entwickeln sich nacheinander, so daß man in allen Entwicklungsstadien spiralig angeordnete Blüten sehen kann, wobei die ältesten Blüten am weitesten vom Sproßscheitel entfernt stehen und die jüngsten dem Sproßscheitel am nächsten sind. Diese Blütenstandsform aus zahlreichen Einzelblüten, die bei vielen bekannten Spezies wie der Stockrose, der Glockenblume und dem Rittersporn vorkommt, nennt man *Traube*.

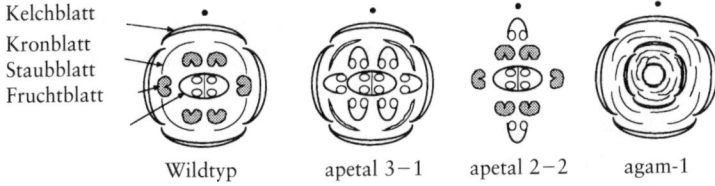

Kelchblatt
Kronblatt
Staubblatt
Fruchtblatt

Wildtyp   apetal 3−1   apetal 2−2   agam-1

Abbildung 5.11   *Normales und mutierte Muster der Blütenorgane von Arabidopsis.*

Man hat Mutanten von *Arabidopsis* entdeckt, die faszinierende Varianten dieses Grundmusters zeigen. Bei einer dieser Mutanten ist der erste Wirtel aus Blütenorganen zwar normal (aus Kelchblättern) gebaut, aber die Kronblätter sind zu Kelchblättern umgebildet. Außerdem besitzt diese Form einen Wirtel aus sechs Fruchtblättern statt der normalen Staubblätter und zudem normale Fruchtblätter im vierten Wirtel (siehe *apetal* 3–1, Abbildung 5.11; *apetal* heißt »ohne Kronenblätter«). Es gibt eine weitere Phänotyp-Mutante, die ebenfalls keine Kronblätter aufweist, aber die Umbildungen betreffen hier die Wirtel 1 und 2 statt 2 und 3. Der erste Kelchblattwirtel wurde durch zwei Fruchtblätter ersetzt, während die Kronblätter des zweiten Wirtels zu Staubblättern umgebildet wurden, die sich mit dem normalen dritten Wirtel vermischen; der vierte Wirtel ist wieder normal gebaut. Dieses Muster wird *apetal* 2–2 genannt. Die dritte Hauptkategorie von Blütenmutationen betrifft die Wirtel 3 und 4 und bewirkt eine Umbildung der Staub- in Kronblätter und der Frucht- in Kelchblätter. Da diese Blüte also weder Staubblätter noch einen Fruchtknoten besitzt, ist sie steril. Diese Mutante wird *agam*-1 (»ohne Gameten«) genannt. Ein hochinteressantes Merkmal dieser Mutante besteht darin, daß sich die Folge von Wirteln aus Kelch- und Kronblättern oftmals wiederholt, so daß die Blüte aus Kelchblättern-Kronblättern-Kronblättern-Kelchblättern-Kronblättern-Kronblättern-Kelchblättern besteht. Offenbar weiß sie nicht, wann sie aufhören soll, ähnlich einem Blattmeristem, dessen normale Aufgabe es ist, endlos Blätter zu produzieren – daher die Fähigkeit von Bäumen, zu gewaltiger Größe heranzuwachsen. Man erhält auf diese Weise eine sehr dekorative »Superblume«, deren Fortpflanzungsfähigkeit jedoch stark eingeschränkt ist. Wenn man diese drei mutierten Gene paarweise in einer Pflanze verbindet, entwickeln sich sämtliche vier Wirtel zu einem Organtyp – zu Fruchtblättern oder Kelchblättern oder zu Intermediärorganen zwischen Kronblättern und Staubblättern, je nach der Genkombination. Und bei einer Dreifachmutante, die alle drei mutierten Gene in sich trägt, entwickeln sich alle Blütenorgane zu Blattwirteln.

Wir wissen seit langem, daß sich die verschiedenen Organe einer Blüte durch morphologische Umwandlung auseinander entwickeln und daß alle umgebildete Blätter sind. Diese Schlußfolgerung stützte sich auf die Beobachtung, daß bei Pflanzen spontan Zwischenzustände von Organen auftreten können. Vor etwas mehr als zweihundert Jahren, 1790, stellte Johann Wolfgang von Goethe die These auf, daß sich sämtliche Blütenorgane – als unterschiedliche Reinheitsformen des Saftes – aus dem grundlegenden Blattzustand entwickelten. Dies war eine völlig richtige Schlußfolgerung, die, so könnte man sagen, um so bemerkenswerter erscheint, als sie von einem Dichter stammt. Goethe selbst allerdings hielt seine naturwissenschaftlichen Schriften für viel bedeutender als seine literarischen Werke, die doch seinen Ruf als schöpferisches Genie von Weltrang begründeten. Was können wir mit Goethes naturwissenschaftlichem Paradigma anfangen, das gegenwärtig am Rande der traditionellen Forschung ein eher kümmerliches Dasein führt, marginalisiert durch seine Originalität? Goethe glaubte an eine Naturwissenschaft der Ganzheitlichkeit – die ganze Pflanze, der ganze Organismus oder der ganze Farbenkreis in seiner Theorie der Farbwahrnehmung. Aber er war auch davon überzeugt, daß diese Ganzheiten ihrem Wesen nach dynamisch sind und Verwandlungen durchlaufen – in Übereinstimmung mit Gesetzen oder Prinzipien, nicht regellos. Er war demnach ein organozentrischer Biologe und ein dynamischer obendrein! Erst jetzt beginnen wir, seine Erkenntnisse zu würdigen, die auch eine ästhetische Wertschätzung von Form, Qualität und dynamischer Regelmäßigkeit umfaßten. Die Ideen, die ich in diesem Buch darlege, stehen ganz im Geist Goethes, und ich werde im letzten Kapitel, »Eine Wissenschaft der Qualitäten«, ausführlicher darauf eingehen. Vorläufig wollen wir zur Präzision und Schönheit genetischer und molekularbiologischer Studien zurückkehren, die mit den von Goethe erörterten Umwandlungen in Zusammenhang stehen.

Homöotische Umwandlungen

Die vorangehend beschriebenen Gestaltänderungen bei den Blütenorganen sind Beispiele für homöotische Umwandlungen (*homöo* bedeutet »ähnlich«), weil ein Organ durch ein anderes Gebilde ersetzt wird, das zum selben natürlichen Formensatz gehört. Wir verfügen heute über ein elegantes Modell, das zahlreiche der gerade beschriebenen genetischen Auswirkungen erklärt. Man könnte beispielsweise zunächst einmal nach einem räumlichen Muster der Genwirkung im Meristem suchen, so daß jeder der vier Organtypen jeweils von einem eigenen Gen beeinflußt wird. Ein solches Muster könnte zum Beispiel aus einer Genausprägung in Form konzentrischer Kreise bestehen, die jeweils einem Organwirtel in einer Blüte entsprechen. Da jedoch für vier verschiedene Wirtel nur drei Gentypen zur Verfügung stehen, müssen die Gene in irgendeiner Weise zusammenwirken, um verschiedene Kombinationen hervorzubringen. Die Mutanten geben uns Aufschluß darüber, welches diese Kombinationen sind, da bei jedem Mutantentyp zwei benachbarte Organwirtel betroffen sind. Wir können demnach die Hypothese aufstellen, daß es drei konzentrische Kreise der Genwirkung gibt, die jeweils zwei Wirtel abdecken. Wir nennen die Gene der Einfachheit halber A, B und C; eine mögliche Anordnung der Einflußbereiche im Blütenmeristem ist in Abbildung 5.12 schematisch dargestellt. Diese zeigt das Meristemgewebe, aus dem die konzentrischen Kreise der verschiedenen Organe hervorgehen, und die Muster der Genexpression in diesen. Der kombinatorische Code für die Genwirkung lautet demnach A = Kelchblätter, AB = Kronblätter, BC = Staubblätter, C = Fruchtblätter. Wir können weiterhin annehmen, daß, auch wenn all diese Gene inaktiv sind, Blätter erzeugt werden; das heißt, daß Blätter den »Grundzustand« bilden, wie schon Goethe behauptete. Was geschieht, wenn eines dieser Gene fehlt (mutiert)?

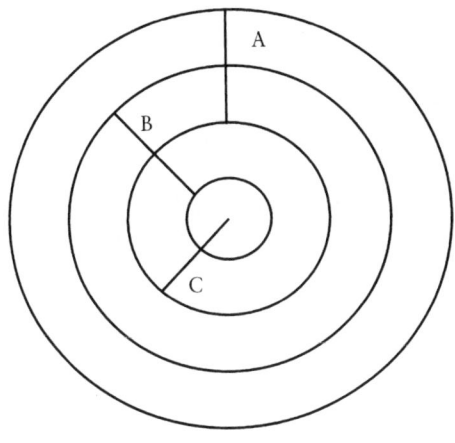

Abbildung 5.12 *Die räumlichen Wirkungsmuster der drei Hauptkategorien homöotischer Gene, welche die Anordnung der Blütenorgane bei* Arabidopsis *beeinflussen, abgeleitet von den Mutanten.*

Wenn A verlorengeht, würde man eigentlich folgende Sequenz von Blütenorganen erwarten: nichts (Blätter), B (ein Mischorgan, das normalerweise nicht anzutreffen ist), BC (Staubblätter), C (Fruchtblätter). Empirisch zeigt sich indes eine andere Folge: Fruchtblätter, Staubblätter, Staubblätter, Fruchtblätter, entsprechend der Gensequenz C, BC, BC, C. Wenn A verlorengeht, breitet sich also offenbar C über die Region aus, die normalerweise von A beeinflußt wird. Dieses Verhalten ist bei der Genausprägung häufig anzutreffen: Gene wechselwirken miteinander und begrenzen gegenseitig ihre Aktivitätsbereiche. Das bedeutet, daß Gene gegenseitig ihre Aktivität durch hemmende Wechselwirkungen steuern können. Bei fehlendem C würden wir nun entsprechend erwarten, daß A seinen Einflußbereich über das gesamte Meristem ausdehnt. Und dies scheint in der Tat mit dem Muster der *agamen* Mutante übereinzustimmen. Bei fehlendem C lautet die Folge der Blütenorgane:

A	AB	AB	A
Kelchblätter	Kronblätter	Kronblätter	Kelchblätter

So weit, so gut. Nun betrachten wir B. Wenn dieses Gen in seine inaktive Form mutiert, erwarteten wir folgende Sequenz:

A	A	C	C
Kelchblätter	Kelchblätter	Fruchtblätter	Fruchtblätter

Und dies stimmt mit der Beobachtung überein. Es gibt also keine Komplikationen bei den räumlichen Mustern, wenn B mutiert.

Innerhalb seines Gültigkeitsbereichs liefert dieses Modell, das auf Arbeiten von Forschungsgruppen in Pasadena, Kalifornien, am John Innes Institute in Großbritannien und am Max-Planck-Institut in Köln basiert, eine völlig befriedigende Erklärung dieser Klassen der Genaktivität. Diese homöotischen Mutanten bilden eine äußerst interessante Klasse von Genmutationen, die sowohl bei Tieren als auch bei Pflanzen auftreten und oftmals schwerwiegende Defekte hervorrufen. So gibt es beispielsweise homöotische Mutanten der Fruchtfliege *Drosophila*, bei denen Teile der Augen zu Beinen oder Flügeln umgebildet sind! Und beim Menschen können Finger zu Daumen bzw. umgekehrt transformiert werden (ich werde in einem späteren Abschnitt dieses Kapitels darauf zurückkommen). Homöotische Mutanten zeigen uns, daß sich Bauteile von recht unterschiedlicher Gestalt – wie etwa Beine, Flügel und Augen oder Kronblätter, Staubblätter und Fruchtblätter – durch einfache Genmutationen mühelos ineinander umwandeln lassen. Dies liefert uns sehr aufschlußreiche Informationen über zwei Aspekte der Morphologie: Erstens, von einer generativen oder morphogenetischen Perspektive aus liegen gewisse Strukturen, selbst wenn sie recht unterschiedliche Formen aufweisen, im Raum möglicher biologischer Formen dicht nebeneinander; zweitens, die Häufung gewisser Formen in bestimmten Regionen des Gestaltraums erklärt, weshalb sie bei unterschiedlichen Spezies vorkommen – etwa die vier grundlegenden Organwirtel bei Blüten.

Es gibt weitere Belege dafür, daß es im Reich der Natur typische Formen gibt, Strukturen, die an sich robust sind. Nun wissen wir, daß solche Strukturen im generativen Raum dicht beieinander liegen und als Grundformen verfügbar sind. Die Aktivitäten homöotischer Gene, die genauso wie andere Komponenten erregbarer Medien (wie etwa die konzentrischen Kreise der Genausprägung im Blütenmeristem) in räumlichen Mustern organisiert sind, stabilisieren bzw. selektieren bestimmte Muster aus der Menge typischer Formen, beispielsweise die konzentrischen Wirtel aus Blütenorganen. Andere Gene steuern spezifische Merkmale bei, wie etwa die genaue Form, Größe und Farbe einzelner Organe. Es sind diese zusätzlichen Merkmale, welche die breitgefächerten Variationen über grundlegende Typen auslösen, die das Pflanzenreich zu einer Bühne überwältigender schöpferischer Vielfalt machen. Gene kooperieren mit und bringen Abwechslung in Typen.

Muster der Genaktivität und die Morphogenese

Die gegenwärtigen molekularbiologischen Analysemethoden ermöglichen es uns, die Produkte bestimmter Gene genau in den Zellen sich entwickelnder Gewebe zu lokalisieren. Sämtliche heute verfügbaren Belege deuten auf die Richtigkeit des Modells hin, das für die drei Gruppen homöotischer Gene, die wir im letzten Abschnitt als A, B und C bezeichneten, vorgeschlagen wurde (Abschnitt 5.12). Solche räumlichen Muster der Genaktivität, die mit Gestaltänderungen bei den Mutanten einhergehen, wurden bei zahlreichen sich entwickelnden Organismen nachgewiesen, insbesondere bei der Fruchtfliege *Drosophila*, deren Erforschung wir ausführliche Informationen über die räumliche Organisation der Genprodukte im Embryo verdanken. Die Genmuster selbst entwickeln sich schrittweise und systematisch und besitzen eine Eigendynamik. Diese Dynamik ist zum Teil auf die Wechselwirkungen zwischen den Genen selbst zurückzuführen, die über die Genprodukte vermittelt werden, etwa die Hemmung der Aktivität des Gens C durch A, so daß ihre Wirkungsbereiche scharf gegeneinander abgegrenzt sind.

Es gibt zudem positive Wechselwirkungen zwischen den Genen, wobei ein Genprodukt ein anderes aktiviert, so daß sich ihre Ausprägungszonen überlappen. Für zahlreiche Gene, die für die räumliche Musterbildung bei *Drosophila* verantwortlich sind, und für die Gene, die das Muster der Blütenorgane bei Pflanzen auslösen, wurde nachgewiesen, daß die von diesen Genen erzeugten Proteine eine Regulationsfunktion besitzen. Diese Funktion ist auf ihre Fähigkeit zurückzuführen, sich an DNS-Abschnitte anzulagern bzw. die Aktivität anderer Proteine mit dieser Fähigkeit zu modulieren, so daß sie Gene entweder ein- oder ausschalten können. In dieser Hinsicht gleichen Genprodukte Chemikalien, die miteinander wechselwirken und sich vermischen. Dabei bringen sie räumliche Muster der Genaktivität hervor, so daß wir das Netzwerk regulatorischer Gene und die Verteilung ihrer Produkte als Komponenten des erregbaren Mediums, das der unausgereifte Organismus darstellt, betrachten können. Dieses Netzwerk besteht aus den homöotischen Genen und zahlreichen weiteren Genen einschließlich derer, welche die homöotischen Gene einschalten und den Prozeß der Blütenbildung bei einer wachsenden Pflanze auslösen. Eines davon, *floricuala* genannt, beeinflußt irgendwie die Reaktion einer Pflanze auf Umweltfaktoren, die sich mit darauf auswirken, ob diese Blüten statt Blätter ausbildet. Zu diesen Faktoren gehören die Tageslänge und die Temperatur, zu denen sich dann innere Faktoren wie Alter und Größe gesellen, welche den zeitlichen Ablauf der Blütenbildung beeinflussen.

Es gibt einen interessanten Unterschied zwischen den in Abbildung 5.12 gezeigten räumlichen Mustern der Gene und dem Muster der Blütenorgane (Abbildung 5.11). Während die Genprodukte in geschlossenen Ringen bzw. Kreisen verteilt sind, stellen die Organe diskrete Elemente dar, die entweder voneinander getrennt oder infolge eines Sekundärprozesses miteinander verwachsen sind, wie dies bei den Fruchtblättern der Fall ist. Die Diskretheit der Elemente ist offenbar auf die Dynamik des morphogenetischen Feldes und nicht auf die Gene zurückzuführen. Am Beispiel der Wirtelbildung bei *Acetabularia* sahen wir, wie dies möglicherweise vor sich geht. Der sich bildende Kreisring aus Calciumionen, der für die Abflachung der Thallusspitze verantwortlich ist, verwandelt sich von selbst in eine Reihe von Gipfelpunkten, aus denen die Wirtel hervorgehen. Dieser Prozeß ist auf die Wechselwirkung zwischen der Dynamik des Calciumgradient-Zytoskelett-

Feldes und Gestaltänderungen im sich entwickelnden Organismus zurückzuführen. Ähnliche kreisförmige Wellenmuster im Blütenmeristem entstehen wahrscheinlich auf dieselbe Weise durch Symmetriebrechung, wobei sich das Feld auf seinen stabilen Attraktor einschwingt. Gene tun von sich aus das Vernünftige: Sie kooperieren mit den typischen Formen des Feldes, um Organismen robuste Baupläne zu verschaffen. Gene können zahlreiche Sekundärmerkmale dieser Formen beeinflussen, wie etwa die Anzahl der Elemente in einem Wirtel (das heißt, die Wellenlänge des Musters); den Feinbau der erzeugten Strukturen (Kronblätter, Staubblätter, Fruchtblätter); ihre Farbe und ihren Geruch und so fort. Aber typische Merkmale lassen sich nur um den Preis einer erheblichen Blickfeldverengung leugnen.

Um diesen Punkt zu veranschaulichen, wollen wir Blüten betrachten, die scheinbar den Diskretheitsgrundsatz verletzen, wie ein Löwenmaul oder eine Orchidee, bei der das Kronblatt die Gestalt einer geschlossenen Röhre hat. Es zeigt sich, daß dies auf eine sekundäre Verschmelzung eines anfänglichen Wirtels aus Kronblättern zurückzuführen ist, die zu einer zusammenhängenden Struktur verwachsen. Offensichtlich ist es leichter, einen Wirtel zu modifizieren, als gleich eine röhrenförmige Struktur zu bilden, auch wenn das Muster der Genausprägung selbst dazu tendieren würde, eine Struktur mit einem kreisförmigen Querschnitt zu schaffen. Aus ähnlichen Gründen fällt es *Acetabularia* leichter, Wirtel zu erzeugen und abzuwerfen, als die Produktion dieser Formtypen einzustellen. Die Kombination von typischen Formen und genetischen Variationen über diese Formen bringt sowohl die Formenmannigfaltigkeit in der belebten Natur als auch die innere Ordnung dieser Formen hervor, dank derer sie klassifiziert werden können. So kommt eine logische Einheit zum Vorschein, die über die historische Einheit in Darwins Auffassung vom Leben als einem Baum verwandter Formen, die von gemeinsamen Ahnen abstammen, hinausgeht; denn diese Ahnformen, die der Darwinismus nicht erklärt, lassen sich jetzt als die generischen bzw. typischen Formen begreifen, die vom generativen Prozeß, von der Dynamik des morphogenetischen Feldes, die dem Ursprung der Arten zugrunde liegt, hervorgebracht werden.

Dies ist keine neue Idee. Sie ist so alt wie die moderne Biologie selbst, die im 18. Jahrhundert von dem bedeutenden Systematiker Linné begründet wurde, und sie stimmt mit der Vorstellung überein, die sich Goethe von einer dynamischen Einheit durch Umgestaltung machte, wie sie seiner Meinung nach der spektakulären Vielfalt der Lebensformen zugrunde liegt. Sie entspricht der ursprünglichen Tradition der Biologie, die auf Erklärungsprinzipien abzielte, die eng mit denen der Physik und Mathematik verwandt sein sollten. Darwin führte ein neues Paradigma in die Biologie ein, indem er sie als eine historische Wissenschaft konzipierte, und die Biologie des 20. Jahrhunderts steuerte einen molekularbiologischen und genetischen Reduktionismus bei, der beinahe die Organismen als dynamische, sich wandelnde Formen und als die Grundeinheiten des evolutionären Abenteuers abgeschafft hätte. Neuere Entwicklungen in der Mathematik und in den Komplexitätswissenschaften haben indes Wege aufgezeigt, wie man diese unterschiedlichen Traditionen miteinander in Einklang bringen und die Biologie wieder an die exakten Naturwissenschaften anbinden kann. Gene steuern nicht; sie kooperieren und schaffen Variationen über Typen.

Fortbewegung auf Gliedmaßen

Bislang beschränkten wir uns bei der Erörterung der Frage, welche Gestaltungskräfte im Panoptikum der evolvierenden biologischen Formen zum Vorschein kommen, auf Pflanzen. Jetzt ist es Zeit, ein Beispiel zu betrachten, welches dieselben Mechanismen bei Tieren verdeutlicht. Seit langem sind die Gliedmaßen vierbeiniger Wirbeltiere (Vierfüßer) die bevorzugten Objekte für die Erforschung der Evolution von Tierformen. Gliedmaßenknochen sind außerordentlich beständig und hinterlassen als fossilisierte Überreste deutliche Abdrücke in Sedimentgestein, so daß wir über eine reiche Sammlung dieser Strukturen verfügen; sie ermöglicht es uns, eine Brücke zu schlagen von den rezenten Arten zu deren frühesten bekannten Ahnen, die vor etwa 400 Millionen Jahren lebten. Die Gliedmaßen entwickelten sich aus Fischflossen; aus irgendeinem Grund wandelten diese sich in die komplexeren Strukturen um, die sich schließlich als so nützlich für das Töpfern von Tongefäßen, das Weben von Gobelins und das Klavierspielen erwiesen. Es gibt eine Fülle von Materialien, die eingehend untersucht und verschieden gedeutet wurden, entsprechend den unterschiedlichen Anschauungen über den Aussagegehalt des Fossilbelegs.

Das Bemerkenswerteste an unseren Gliedmaßen ist die Tatsache, daß ihr Grundbauplan weitgehend übereinstimmt mit dem der Gliedmaßen aller anderen Vierfüßer – Pferde, Fledermäuse, Vögel, Krokodile und der fernen Vorfahren, die in den Meeren des Devons lebten. Betrachten Sie die kleine Auswahl von Gliedmaßen in Abbildung 5.13 und überlegen Sie, welche Übereinstimmungen und Unterschiede zwischen ihnen bestehen. Die erste ist die Hinterextremität eines fossilen Fisches, *Ichthyostega*, aus dem Devon. Die zweite ist das Hinterbein eines Salaman-

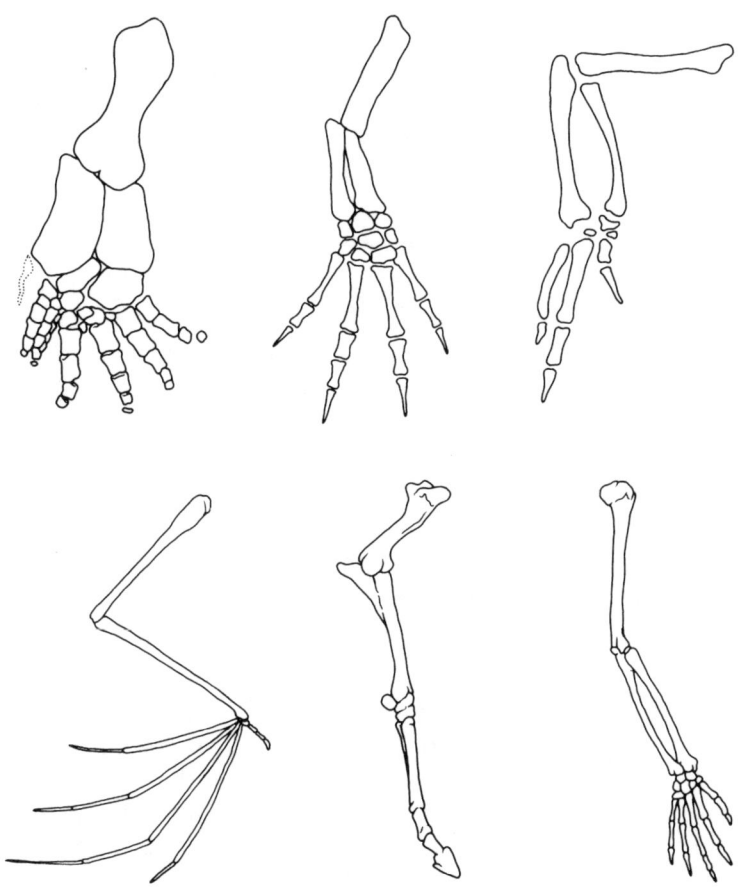

Abbildung 5.13 *Baupläne der Gliedmaßenknochen verschiedener Vier-füßer:* Ichthyostega, *Salamander, Huhn, Fledermaus, Pferd und Mensch.*

ders. Dann folgen der Flügel eines Vogels (Huhn) und ei-ner Fledermaus, der Vorderlauf eines Pferdes und der Arm eines Menschen. All diese Spezies nutzen (oder nutzten) ihre Gliedmaßen für recht unterschiedliche Zwecke: *Ich-*

thyostega zum Schwimmen; der Salamander zum Schwimmen und Krabbeln; das Huhn zum Flattern; die Fledermaus zum Fliegen; das Pferd für eine Reihe von Gangarten zwischen Schrittgehen und Galoppieren sowie zum Scharren und Ausschlagen; und der Mensch zu einer endlosen Vielfalt von Aktivitäten. In Anbetracht dieser vielfältigen Nutzungszwecke könnte man erwarten, daß die natürliche Selektion jede Gliedmaße so ausgestaltet hat, daß sie ihre Funktionen optimal erfüllt. Weshalb beginnt der Flügel der Fledermaus nicht mit zwei Knochen, die ihn fest an der Schulter verankern? Weshalb besitzen Pferde zwei dünne Zusatzknochen, die schienenartig an beiden Seiten der »Mittelzehe« hinablaufen? Welche Funktion könnten sie haben? Weshalb haben sich die Pferde dieser beiden Knochen nicht gleich ganz entledigt? In Anbetracht der außerordentlichen Nützlichkeit der Finger bzw. Zehen und der Tatsache, daß *Ichthyostega* sieben davon besaß, stellt sich die Frage, weshalb wir nicht sechs Finger an jeder Hand tragen und dafür den recht nutzlosen kleinen Zeh, den man sich so leicht anstößt, erübrigen. Normalerweise werden diese Fragen folgendermaßen beantwortet: Die natürliche Selektion muß sich mit dem Material begnügen, das die Ahnform mitbringt und das sie, so gut sie kann, für eine Vielzahl von Zwecken ausgestaltet. Doch dann bleibt immer noch das Problem: Woher kommt diese Ahnform, und weshalb ist sie so gebaut, wie sie ist? Ist es bloß ein historischer Zufall, oder gibt es eine tiefere Ursache für das Grundmuster der Gliedmaßen von Vierfüßern, die eine rationale Struktureinheit unterhalb der Mannigfaltigkeit funktionaler Zwecke begründet?

Beginnen wir die Erörterung dieser Frage mit der Identifikation des Grundmusters, das den in Abbildung 5.13 gezeigten Gliedmaßen gemeinsam ist. Sie alle beginnen mit einem großen Knochen, an den sich zwei weitere große

Knochen anschließen, gefolgt von einer Gruppe kleinerer Knochen, die in die abschließenden Zehen münden, deren Zahl zwischen eins (Pferd) und sieben (*Ichthyostega*) schwanken kann. Ein anderer fossiler Vierfüßer, *Acanthostega*, besaß acht Zehen. Die Zahl Fünf wurde früher als Merkmal der Ahnform betrachtet, so daß die Gliedmaßen der Vierfüßer als *fünfstrahlige* (pentadaktyle) Extremitäten bezeichnet wurden. Davon hat man mittlerweile Abstand genommen, obwohl die Fünf in jüngster Zeit als eine besondere Zahl in der Genetik wieder zu Ehren gekommen ist, wie wir noch sehen werden.

Die Aufklärung des Grundbauplans der Gliedmaßen von Vierfüßern, die schon im 18. Jahrhundert den vergleichenden Morphologen gelang, gehört zu den großen Leistungen der prädarwinistischen Schule, die als *Rationale Morphologie* bezeichnet wird. Einer der herausragendsten Vertreter dieser Schule, der französische Zoologe Étienne Geoffroy Saint-Hilaire, verdeutlichte anhand dieser Struktur sein Konstanzprinzip, demgemäß bestimmte Beziehungsmuster zwischen Strukturelementen in Organismen erhalten bleiben, auch wenn sich die Elemente selbst ändern. So haben die beiden kleinen Knochen und die Mittelzehe in der Extremität des Pferdes, die Mittelhandknochen genannt werden und die Ziffern II, III und IV tragen, dieselbe Beziehung zueinander und zu der Gruppe von Knochen über ihnen (Handwurzelknochen) wie ihre Gegenstücke in den Gliedmaßen der anderen Tiere, auch wenn II und IV im Vergleich zu dem stark ausgeprägten Mittelhandknochen III, der sich einfügt in die Folge von drei Einzelknochen (Phalangen) der einen Zehe, die in einen vorspringenden »Zehennagel«, den Huf, ausläuft, sehr stark zurückgebildet sind. Geoffroy hielt alle Gliedmaßen der Vierfüßer für Transformationen eines einzigen Grundbauplans von Strukturelementen, so daß die Mannigfaltigkeit der Formen logisch auf einem einheitlichen Typ beruht. Ich glaube, daß Ihnen diese Aussage mittlerweile bekannt vorkommt und Sie erkennen, daß die von mir in diesem Buch vertretene Auffassung sich auf eine lange Tradition stützt. Nun tauchte jedoch das Problem auf, daß Geoffroys morphologisches Konstanzprinzip als Beschreibung eines statischen Beziehungsgefüges interpretiert wurde, welches eine ideale bzw. archetypische Gliedmaße definiere, aus der alle anderen Extremitäten durch Umbildung hervorgingen. Einer der einflußreichsten Schüler Geoffroys, der bedeutende Morphologe Richard Owen, Gründer des Natural History Museums in London, äußerte sich sehr offen zu diesen Idealformen, die er als das Werk eines transzendenten Schöpfers betrachtete. Owen glaubte, daß der Archetyp, eine Art Platonische Idee, je nach seiner Nutzung bei verschiedenen Spezies unterschiedliche Formen annehme. Dies war die Tradition morphologischer Erklärungen, von der Darwin, der zu Beginn des 19. Jahrhunderts im viktorianischen England aufwuchs, selbst durchdrungen war. Er kannte Geoffroys Ideen und die von dessen berühmtem Landsmann, dem Baron George Cuvier, der ebenso wie Geoffroy von dem leidenschaftlichen Willen beseelt war, die von der vergleichenden Morphologie aufgedeckte Ordnung in der belebten Natur zu verstehen, aber über das Ausmaß, in dem alle Tierarten als Umwandlungen von der einen zur anderen aufgefaßt werden konnten, tief mit Geoffroy zerstritten war. Statt eines tierischen Grundtyps wie Geoffroy postulierte Cuvier deren vier: Wirbeltiere, Weichtiere, Gliederfüßer (Insekten) und Strahlentierchen (zum Beispiel Seeigel und Süßwasserpolyp). Dies ist zwar ein zahlenmäßig geringer, konzeptionell dagegen sehr bedeutsamer Unterschied, und die beiden Franzosen trugen ihren Disput in öffentlichen Streitgesprächen und privaten Fehden aus.

222

Ihre leidenschaftlichen intellektuellen Auseinandersetzungen beflügelten die vergleichende Morphologie, wie auch Goethe, der sich auf die Seite Geoffroys schlug und sämtliche Arten des Tierreichs als eine Einheit begriff, die durch Umwandlung aus einander hervorgegangen seien, sie mit leidenschaftlichem Interesse betrieb.

Darwin wußte von diesen Kontroversen, doch er wählte einen anderen Weg zur Einheit. Sein tiefes Interesse an historischen Erklärungen und seine Überzeugung, daß sich der Wandel allmählich und nicht abrupt vollziehe (die Arten entstehen durch Anhäufung kleiner Erbunterschiede und nicht durch diskrete Sprünge), veranlaßten ihn, die Suche nach einer logischen Einheit der organismischen Formen aufzugeben und nach einem Schema der stammesgeschichtlichen Verwandtschaftsverhältnisse zu suchen. In diesem Schema basiert die Einheit auf historischer Kontinuität und die Mannigfaltigkeit auf funktionaler Notwendigkeit (dem Überleben in verschiedenen Habitaten). Er griff auf die von Richard Owen postulierten archetypischen Formen zurück und deutete sie in gemeinsame Ahnen um, welche die Verzweigungspunkte am phylogenetischen Stammbaum bilden, an denen durch Anhäufung geringfügiger Variationen eine wesentliche Differenz entsteht. Mit einem Schlag verwandelte er die Biologie von einer rationalen Wissenschaft, die nach immanenten Prinzipien biologischer Ordnung suchte, wie es etwa Saint-Hilaires morphologisches Konstanzprinzip eines war, in eine historische Wissenschaft, in der praktisch jede beliebige Form möglich ist und die nur das Prinzip des Überlebens durch adaptive Modifikation kennt.

Dies ist eine Extremposition, die eine tiefe Kluft zwischen den Erklärungsprinzipien der Biologie und denen der anderen Naturwissenschaften aufriß, auch wenn Darwin seine evolutionsbiologischen Begriffe nach dem Vorbild der Geologie prägte. Er ließ sich hierbei von den Werken und Schriften von Sir Charles Lyell, einem bedeutenden Geologen des 19. Jahrhunderts, inspirieren; dieser behauptete, die Erde sei in der Vergangenheit von denselben physikalischen und chemischen Prozessen gestaltet und umgeformt worden, die auch in der Gegenwart noch am Werk sind. Aus diesem Grund könnten wir lange zurückliegende Ereignisse mit Hilfe der uns nunmehr bekannten Prinzipien der Physik und Chemie erklären, insofern diese ein universelles, rationales Bezugssystem für die Rekonstruktion der Vergangenheit lieferten. Darwin beobachtete die Dynamik des Wandels in Populationen von Organismen – etwa von Haustieren, die einer Auslesezüchtung unterzogen wurden – und folgerte daraus, daß die Spezies in der Vergangenheit durch ähnliche Prozesse geformt worden seien, die Selektion aber auch in der Natur selbst ablaufe. Dies ist eine vollkommen rationale Schlußfolgerung. Aber die Selektion – künstliche wie natürliche – gehorcht keinen inneren Prinzipien; der Züchter kann die gezüchteten Organismen nach jedem beliebigen Merkmal, das ihm oder ihr »gefällt«, aussieben, und das gleiche gilt für die Natur, wobei »gefallen« in diesem Zusammenhang »funktionstauglich« bedeutet. Die darwinistische Biologie verfügt demnach über keine Prinzipien, die erklären können, weshalb eine Struktur wie die Extremität der Vierfüßer entsteht und eine so robuste Grundform aufweist: Sie trat einfach irgendwann bei einem gemeinsamen Ahnen auf. Die so entstehende sehr große Lücke in der Biologie als einer erklärenden Wissenschaft stellt in vielerlei Hinsicht einen Rückschritt gegenüber der Position der Rationalen Morphologen dar, die nach solchen Prinzipien suchten.

Geoffroy sah völlig zu Recht in dem Beziehungsgefüge der Elemente einer Vierfüßer-Extremität den Schlüssel für die Aufklärung der Frage, was an diesem Muster unveränderlich (invariant) ist. Aber diese Ordnung muß in einen dynamischen Kontext gestellt werden, der sich in den Anfangsjahren des 19. Jahrhunderts erst allmählich zu einem systematischen und wichtigen Teilbereich der Biologie kristallisierte. Dieser dynamische Kontext für das Verständnis biologischer Formen ist die Entwicklungsbiologie. Goethe erkannte ihren Stellenwert und beschrieb Organismen als sich wandelnde dynamische Formen. Auch Darwin war sich ihrer Bedeutung durchaus bewußt, aber er betrachtete sie eher als ein Hilfsmittel zur historischen Beschreibung und zur Rekonstruktion der stammesgeschichtlichen Verwandtschaftsverhältnisse denn als ein Gebiet, das die von ihm postulierten gemeinsamen Vorfahren als typische Formen des Entwicklungsprozesses erklären könnte.

Die letztgenannte Auffassung steht eigentlich den geologischen Anschauungen Lyells näher, von denen Darwin beeinflußt wurde, da sie unterstellt, daß die Physik und die Chemie der Morphogenese die Prinzipien für biomorphologische Erklärungen bereitstellen, so wie Lyell physikalische und chemische Gesetze zur Erklärung der veränderlichen Gestalt der Erde heranzog. Doch erst im 20. Jahrhundert wurde das mathematische Instrumentarium für diese Art von Analyse entwickelt, das uns erlaubt, die Probleme der Invarianz, Symmetrie und Symmetriebrechung in komplexen nichtlinearen dynamischen Prozessen zu behandeln, und das uns Aufschluß gibt über den Ursprung der strukturellen Zwänge, die spezifische Merkmale von biologischen Formen wie etwa Vierfüßer-Gliedmaßen erklären können. Es geht nicht darum, Darwin dafür zu rügen, daß er der Biologie einen neuen Weg gewiesen und die rationale Einheit der historischen Vereinheitlichung geopfert hat. Es gibt keinen Grund, weshalb wir nicht beides

miteinander verbinden können. Die Beseitigung dieses
Mangels und die Erkundung der sich darausergebenden
Folgen ist längst überfällig.

Die Morphogenese der Gliedmaßen

Die Extremität eines Lebewesens wie etwa eines Salamanders beginnt an der Seite des Embryos als ein kleiner Auswuchs (Abbildung 5.14), den man als Extremitätenknospe
bezeichnet. Betrachtet man diese unter dem Mikroskop,
sieht man lediglich einen Zellhaufen, der von einer extrazellulären Matrix umhüllt wird, die mit verschiedenen
Proteinen – einige davon Faser-, andere Kugelproteine –
und anderen Stoffen gefüllt ist. Die Zellen dieser Extre-

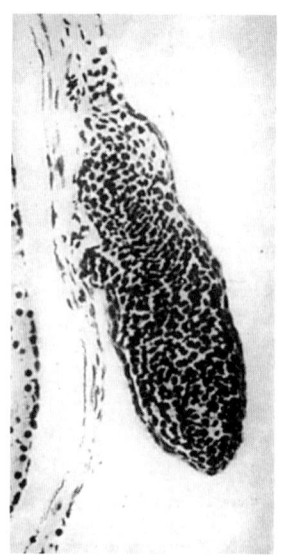

Abbildung 5.14   *Die Extremitätenknospe eines Salamanders.*

mitätenknospe, *Mesenchymzellen* genannt, besitzen ein differenziertes Zellskelett und molekulare Mechanismen zur Regulation der Calciumkonzentration, ähnlich denen, die wir für *Acetabularia* im vorangehenden Kapitel beschrieben haben. Zudem beherbergen sie in ihren Chromosomen einen Satz von Genen, die eine große Vielfalt von Proteinen herstellen können, darunter einige, die an der Extremitätenbildung beteiligt sind. Die extrazelluläre Matrix, welche die Zellen bilden, indem sie spezielle Proteine absondern, und innerhalb deren sie sich bewegen und miteinander wechselwirken, spielt bei der Morphogenese der Tiere eine genauso wichtige Rolle wie das innerzelluläre Zytoskelett. In dem vielzelligen Pflanzenmeristem berühren sich die Zellwände und bilden eine Hauptkomponente des morphogenetischen Feldes, indem sie, wie bereits dargelegt, die mechanischen Kräfte und chemischen Einflüsse weiterleiten, die an der Gestaltung der Elemente der Pflanzenform, wie etwa Blätter und Blütenorgane, mitwirken. Die extrazelluläre Matrix in der Extremitätenknospe dient einem ähnlichen Zweck, da sie mechanische und chemische Kräfte durch das morphogenetische Feld der Knospe weiterleitet und an der Bildung der Strukturelemente, aus denen die Knochen hervorgehen, mitwirkt. Aber während sich bei einer Pflanze die Blatt- und Blütenorgananlagen auf der Oberfläche des Meristems entwickeln, entstehen bei einem Tier die Strukturelemente, aus denen sich die Knochen bilden, in der Extremitätenknospe. Wie geschieht dies?

Der folgende Erklärungsansatz basiert auf den Arbeiten zahlreicher Experimentalforscher, die alle wesentliche Beiträge zu unserem Verständnis der Morphogenese der Gliedmaßen geliefert haben. Diese Einzelstudien wurden von Neil Shubin und Per Alberch zu einer allgemeinen Theorie der Extremitätenbildung zusammengefaßt, die auf einem Modell des morphogenetischen Feldes in der Extremitätenknospe beruht, das von George Oster, Jim Murray und Philip Maini entwickelt wurde, und die meiner Auffassung nach wichtige Erkenntnisse über Grundmerkmale dieses Prozesses liefert.

Die Extremitätenknospen gehen aus Regionen sich rasch teilender Zellen an der Flanke des Embryos hervor, welche die Bildung der Auswüchse anregen, die dann durch Wanderung benachbarter Flankenzellen in die Knospen vergrößert werden. Die Zone sich teilender Zellen an der Spitze der Knospe bildet unentwegt weitere Zellen, so daß die Knospe immer weiter aus der Flanke herauswächst und die in Abbildung 5.14 gezeigte Form annimmt. In diesem Stadium haben die Zellen im Innern der Knospe alle die gleiche Form, und sie sind innerhalb der extrazellulären Matrix auf eine Weise verteilt, die keinerlei differenzierte Struktur erkennen läßt. Sobald die Knospe jedoch eine bestimmte Größe erreicht, zeigt sich das erste Anzeichen eines räumlichen Musters: Die Zellen beginnen sich zu einer stärker verdichteten Struktur in der Knospenmitte zu bündeln. Offenbar geschieht dies, weil Zellen im Kernbereich der Knospe das Enzym Hyaluronidase absondern, das einen Hauptbestandteil der extrazellulären Matrix, Hyaluronsäure, abbaut. Diese Säure, die mit dem in der Matrix enthaltenen Calcium zu Calciumhyaluronat, einem Salz, reagiert, besitzt eine starke Affinität zu Wasser, mit dem es sich zu einer gelartigen Substanz verbindet, welche die Extremitätenknospe ausfüllt. Wenn Calciumhyaluronat durch Hyaluronidase abgebaut wird, zerfällt das Gel, und die darin enthaltenen Zellen nähern sich einander an. Tierische Zellen erkunden unentwegt ihre Umgebung mit Hilfe kleiner »Fühler« aus Zytoplasma – sogenannter Filopodien (fadenförmiger Scheinfüßchen) –, die aus der Zelle herausragen. Die Scheinfüßchen von amöboid beweglichen Zellen sind lediglich längere Abarten von Filopodien. In diesen zytoplasmatischen Verlängerungen, welche die Zellbewegung und das Erkundungsverhalten ermöglichen, manifestiert sich die dynamische Aktivität des Zellskeletts mit seinen Mikrofilamenten und Mikrotubuli, die unentwegt auf- und wieder abgebaut werden (polymerisieren und depolymerisieren) und sich unter Einwirkung von Calcium und unter Spannung zusammenziehen und wieder ausdehnen. Da Zelloberflächen klebrig sind, geben sich die Filopodien verschiedener Zellen, wenn sie aufeinandertreffen, regelmäßig die »Hände« (Füße) und lassen nicht mehr los. Wenn die Filopodien dann kontrahieren, werden die Zellen zueinander gezogen und klammern sich noch fester aneinander. Im Kernbereich der wachsenden Extremitätenknospe bildet sich also ein Aggregat von Mesenchymzellen. Diese dicht zusammengelagerten Zellen produzieren dann Stoffe, durch die sie in Knorpel verwandelt werden, aus dem sich dann Knochengewebe entwickelt.

Weshalb sammeln sich die Zellen in der Mitte der Extremitätenknospe? Gibt es ein spezifisches chemisches Signalstoffmolekül, das dort produziert wird und die Zellen zur Sekretion von Hyaluronidase veranlaßt? Wodurch aber wird dann die Produktion dieses Signalstoffmoleküls in dieser Region ausgelöst? Wie Sie sehen, gerät man sehr leicht in eine unendliche Rückwärtsschleife, wenn man den Auslöser eines Prozesses dingfest machen möchte. Aus diesem Grund verweisen die Biologen oftmals auf die Gene als Quelle aller entwicklungsbiologischen Informationen und als Grundspeicher sämtlicher Anweisungen für die Entwicklung des Embryos. Aber Gene können nur auf ihre unmittelbare biochemische Umgebung in einer Zelle reagieren. Sie wissen nur dann, an welcher Stelle in einem Gewebe sie sich befinden, wenn sie durch irgend etwas darüber aufgeklärt wurden. So kommen wir auf das morphogenetische Feld als Quelle räumlicher Information zurück. Lewis Wolpert, der bedeutende Beiträge zur Erforschung der Extremitätenbildung veröffentlicht hat, nennt dies »Positionsinformation«. Wie kommt diese zustande? Erinnern wir uns an das, was im *Acetabularia*-Modell geschah? Der Regenerationsbereich einer Zelle besteht, schematisch vereinfacht, aus zwei Schalen (Zytoplasma und Zellwand) mit einem zunächst gleichförmigen Muster der Feldvariablen, nämlich der Calciumkonzentration und der mechanischen Spannung. Da das Zytoplasma ein erregbares Medium ist, kann es spontan ein ungleichförmiges Muster entwickeln. Das Muster, das sich bildete, wies eine hohe Konzentration von Calcium (und eine starke Spannung) zur Spitze des Regenerationsbereichs hin auf. Dadurch wurde die Spitze zum Wachstum angeregt, und der Regenerationsvorgang durchlief dann eine Reihe räumlicher Umwandlungen und Bifurkationen – eine robuste Kaskade von Symmetriebrechungen.

In der Extremitätenknospe besteht das morphogenetische Feld aus dem gesamten System von Zellen, die in die extrazelluläre Matrix eingebettet sind, und dem Epithel (der Oberflächenschicht der Zellen). Auch die Knospe ist ein erregbares Medium, das spontan seinen Zustand ändern und räumlich ungleichförmige Muster erzeugen kann, weil alle Zellen ein erregbares Zellplasma besitzen und sie auf mechanischem und chemischem Wege durch die extrazelluläre Matrix miteinander kommunizieren. So entsteht zwangsläufig ein Muster. Die Geometrie der Extremitätenknospe, die näherungsweise einem Zylinder mit einer kegelförmigen Spitze gleicht, definiert die Anfangssymmetrien, von denen eine gebrochen wird. Die deutlichste Symmetrie verläuft entlang der Zentralachse des Zylinders, so daß sich ein Zustandsunterschied von der

Peripherie zum Zentrum hin entwickelt. Welche Variablen genau daran beteiligt sind, wissen wir noch nicht, doch irgend etwas muß einen Unterschied zwischen dem Zentrum der Knospe und der Peripherie auslösen, wodurch der gesamte Prozeß der Extremitätenbildung in Gang gesetzt wird. Beachten Sie, daß die anfängliche Geometrie der Knospe, ein Auswuchs mit einem annähernd zylindrischen Querschnitt, so beschaffen ist, daß wir die Bildung von nur einem Element im Zentrum erwarten, und genau dies geschieht bei allen Gliedmaßen von Vierfüßern: Das erste Element ist ein einzelner Knochen, der Oberarm- oder Oberschenkelknochen. Gene müßten den Parameterraum erst lange und mühsam absuchen, bis sie eine Region finden würden, wo sich zuerst etwas anderes als ein Einzelelement in diesen Gliedmaßen bilden würde. Daher plagen sie sich nicht – vielmehr halten sie sich vernünftigerweise an die robusten, typischen Formen und wandeln diese sekundär für verschiedene Zwecke ab. Doch weshalb besteht der nächste Abschnitt der Extremität von Vierfüßern aus zwei Elementen? Zur Beantwortung dieser Frage benötigen wir ein ausführliches Modell.

Oster, Murray und Maini leiteten Gleichungen her, die den Prozeß des osmotischen Kollapses des Hyaluronatgels der extrazellulären Matrix, den Kontakt und die Kontraktion der Scheinfüßchen, die Zelladhäsion und die Einwanderung von Zellen entlang von Spannungslinien in die extrazelluläre Matrix zu den Verdichtungsstellen (so daß sich anfängliche Kondensationsregionen weiter vergrößern) beschreiben. Sie zeigten, daß es zwei Typen der Musteränderung in dem wachsenden Zellverband gibt: Aufspaltung in die zwei Äste, so daß ein Y-Muster entsteht; oder Trennung in zwei Teile entlang der Längsachse. Demnach können im Gewebe einer Extremitätenknospe drei Änderungs- oder Bifurkationstypen auftreten.

1. Fokale Verdichtung – Aggregation von Zellen zu einer gedrängten Zellmasse, die sich durch Zuwanderung weiterer Zellen vergrößern kann.
2. Gabelung des wachsenden Kondensats.
3. Segmentierung eines Zellbündels in zwei Teile entlang seiner Längsachse.

Diese Prozesse sind schematisch in Abbildung 5.15 dargestellt. Das anfängliche einfache Zellbündel durchläuft in der wachsenden Extremitätenknospe eine Gabelung. Experimentelle Untersuchungen haben gezeigt, daß diese Zweige zunächst mit dem ersten Element verbunden sind, wie in dem Y-Muster von Abbildung 5.15 (b) zu sehen, sich in der Folge aber trennen. Das Modell zeigt, daß es sehr schwierig ist, eine Verzweigung in drei Elemente zu erhalten, so daß die Trennung in zwei Elemente, wie sie bei sämtlichen Vierfüßer-Gliedmaßen auftritt, etwa die Spaltung in Speiche und Elle (Vordergliedmaße) oder in Schienbein und Fußwurzel (Hintergliedmaße), das robuste Verzweigungsmuster darstellt. Die Profile der Zustandsänderung im Querschnitt durch die Gliedmaßen (gestrichelte Linien) sind über den Verdichtungsmustern abgebildet. Nachdem die ersten drei Elemente festgelegt waren, kam es zu erheblichen Variationen des Musters zwischen verschiedenen Spezies. Ein Beispiel dafür, wie man mit Hilfe dieses Modells ein bestimmtes Baumuster, nämlich das einer Salamander-Gliedmaße, beschreiben kann, ist in Abbildung 5.15 (e) gezeigt. Die Abfolge von fokalen Verdichtungen, Gabelungen und Segmentierungen ist durch die entsprechenden Anfangsbuchstaben gekennzeichnet.

Shubin und Alberch haben mit Hilfe dieses Modells gezeigt, wie sich ein breites Spektrum von Vierfüßer-Extremitäten aus den generativen Regeln des Gliedmaßenfeldes ableiten läßt. Die Probleme, die mit einer historischen Me-

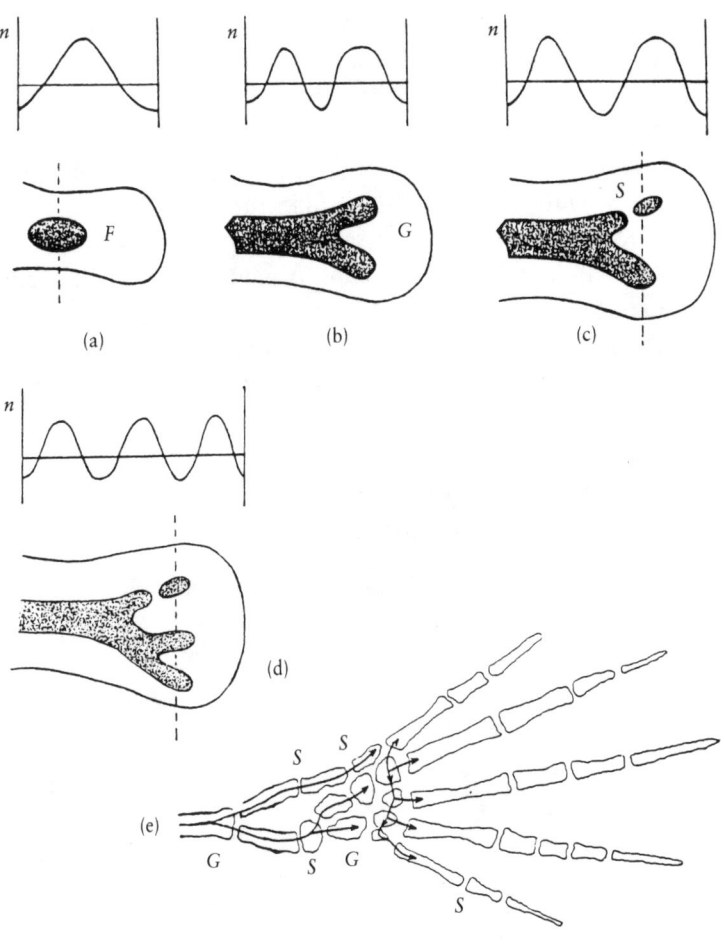

Abbildung 5.15
Die drei Typen der Musterbildung bei den Elementen einer Vierfüßer-Gliedmaße, nach dem Modell von Oster, Murray und Maini.

thode der Gliedmaßenklassifikation verbunden sind, können wir anhand eines Beispiels aus ihrer Arbeit verdeutlichen. Im Darwinismus geht man davon aus, daß eine historische Kontinuität der Gliedmaßenelemente von Art zu Art besteht, wobei es während ihrer Evolution zu geringfügigen Variationen kommt, so daß man die Elemente als Abkömmlinge einer gemeinsamen ursprünglichen Gliedmaßenform identifizieren kann. Angenommen, wir wenden dies auf die Extremitäten in Abbildung 5.16 an, die von Amphibien stammen und deren generative Sequenz wie gezeigt interpretiert wurde. Bei *Ambystoma* verzweigt

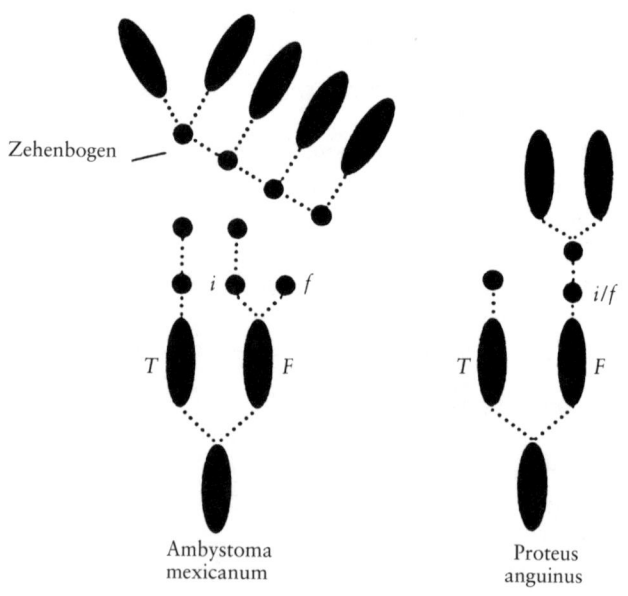

Zehenbogen

i   *f*

T   *F*

i/f

T   *F*

Ambystoma
mexicanum

Proteus
anguinus

Abbildung 5.16   *Generative Sequenzen der Elemente in den Gliedmaßen zweier Amphibienarten,* Ambystoma *und* Proteus.

sich das Wadenbein (W) in das Intermedium (i) (mittlerer Fußwurzelknochen) und das Fibulare (f), und die nächsten Elemente (Fußwurzelknochen) werden durch eine fokale Verdichtung der Elemente an der Basis des Zehenbogens erzeugt. Bei *Proteus*, der nur zwei Zehen besitzt, verzweigt sich das Wadenbein nicht, sondern teilt sich und bringt ein einzelnes Element hervor. Ist dieses nun als *i* oder als *f* zu bezeichnen? Keines von beiden; es ist einfach es selbst und kann *i/f* oder beliebig anders benannt werden. Die beiden Zehen von *Proteus* gehen aus einer Verzweigung des nächsten Elements hervor, das sich seinerseits durch Segmentierung aus *i/f* bildet, während bei *Ambystoma* das erste Element des Zehenbogens durch fokale Verdichtung entsteht. Man könnte versucht sein, die beiden Zehen von *Proteus* III und IV oder IV und V zu nennen, aber dies wäre recht willkürlich. Jeder Versuch, exakte historische Abstammungslinien für derartige Muster zu rekonstruieren, führt zwangsläufig zu Schwierigkeiten.

Interpretationen historischer Prozesse sind notgedrungen mit Problemen und Mehrdeutigkeiten konfrontiert, da wir nicht an Ort und Stelle mit eigenen Augen sahen, was tatsächlich geschah. Andererseits können wir die Entwicklungsvorgänge in den Embryonen rezenter Spezies erforschen. Meiner Ansicht nach liefert uns dies eine viel solidere Basis für eine Taxonomie der Formen als ein Klassifikationsschema, das auf stammesgeschichtlichen Verwandtschaftsverhältnissen beruht. Die Theorie, die ich dargelegt habe, wird sich, wie alle Theorien, in gewissen Aspekten als falsch erweisen, aber das ändert nichts an der Stichhaltigkeit des Arguments: Generative Prinzipien bilden eine bessere Grundlage für das Verständnis von Strukturen als historische Abstammungslinien. Nun brauchen wir ein Konzept, mit dessen Hilfe wir auf dieser Grundlage exakt definieren können, inwiefern diese Strukturen als einander ähnlich oder unähnlich zu betrachten sind. Wir finden dieses Konzept in dem Begriff der Äquivalenz.

Klassifikation durch Äquivalenz

Der Begriff der Äquivalenz wird in der Mathematik zur Definition der Formähnlichkeit verwendet. Stellen Sie sich vor, Sie nehmen einen Klumpen Ton und verformen ihn nach der folgenden Regel: Sie dürfen alles mit dem Klumpen anstellen, außer ihn zerreißen oder ein Loch hineinmachen. Die Menge möglicher Formen ist offenkundig unendlich, aber sie alle behalten ein Merkmal des Klumpens in seiner ursprünglichen Gestalt: Alle Teile sind weiterhin miteinander verbunden. Infolgedessen kann jede Gestalt durch einfache Verformungen (keine Löcher und keine Risse) in jede beliebige andere Gestalt umgewandelt werden. Das Schlüsselkonzept ist hier das der Transformation nach einer bestimmten Regel, was besagt, daß irgendein Faktor trotz des Gestaltwandels unverändert oder invariant bleibt. In unserem konkreten Fall bleibt die topologische Eigenschaft der einfachen Verbundenheit innerhalb des Tonklumpens erhalten, die nur durch ein Loch oder einen Riß verletzt würde. Die möglichen Gestalten sind alle äquivalent bezüglich der Transformationen, die diese topologische Eigenschaft der Verbundenheit bewahren.

Auf diese Weise läßt sich eine Hierarchie von Geometrien definieren, in der Formen hinsichtlich solcher Transformationen äquivalent sind, die bestimmte Eigenschaften der Formen unverändert oder invariant lassen. So bleiben beispielsweise bei Ähnlichkeitstransformationen die Beträge der Winkel zwischen den Seiten von Dreiecken, Vierecken und anderen Figuren gleich, während sich die Seitenlängen verändern dürfen. Dies ergibt eine Menge von Formen, die äquivalent bezüglich Ähnlichkeitstransformationen sind. Wenn die Abstände zwischen Punkten auf den Figuren erhalten bleiben, liegen metrische Transformationen vor, welche die Bewegungen starrer Körper – Verschiebungen, Umklappungen, Inversionen – beschreiben. Diese gehören zu den einfachsten Beispielen für transformationsäquivalente Formen. Dieses Konzept, das sich in vielfältiger Weise verallgemeinern läßt, ist für jedes logische Klassifikationsschema unentbehrlich. Wir wollen es nun auf die Gliedmaßen von Vierfüßern anwenden, wobei wir uns auf die weiter oben beschriebene morphogenetische Theorie stützen, da wir nach einem Klassifikationsschema suchen, das auf generativen Prinzipien beruht.

Vierfüßer-Extremitäten sind definiert als die Menge möglicher Formen, die gemäß den Regeln der fokalen Verdichtung, der Gabelung und der Segmentierung im morphogenetischen Feld der Extremitätenknospe erzeugt werden. Alle Formen sind äquivalent bezüglich Transformationen, die nur diese generativen Prozesse verwenden. Damit gelangen wir zu einer logischen Definition der Vierfüßer-Extremitäten, die unabhängig ist von der Stammesgeschichte. Die Vorstellung von einer gemeinsamen Ahnform als einer besonderen Struktur, die einen spezifischen Verzweigungspunkt am Stammbaum des Lebens besetzt, hat somit keine taxonomische Relevanz mehr. Nach dieser neuen Auffassung wäre es durchaus möglich, daß die Gliedmaßen der Vierfüßer viele Male unabhängig voneinander in verschiedenen Fischstämmen aufgetreten sind, und sie wären dennoch äquivalent, sofern sie den gleichen Bauplan aufwiesen, während in einer Darwinschen (historischen) Taxonomie unabhängige Ursprünge gleichbedeutend sind mit Grundunterschieden. Um eine Vorstellung davon zu bekommen, wie dies geschehen sein könnte, prüfen wir, inwiefern Fischflossen und Vierfüßer-Extremitäten einander ähnlich sind.

Flossen sind einfacher gebaut als Gliedmaßen. Ihre Knorpel- oder Knochenelemente sind in einfachen Mustern, ähnlich den in Abbildung 5.17 gezeigten, angeordnet, wobei sich dieselbe Struktur entlang der Längsachse der Flosse wiederholt. Diese Elemente sind das Produkt desselben Typs von Verdichtungsprozeß, den wir für die Vierfüßer-Extremitäten beschrieben haben, und offenkundig findet ein Segmentierungsprozeß statt, der die Anordnung dieser Elemente in der Flosse erzeugt. Es gibt jedoch keine Gabelungen und nur einen sehr geringfügigen Strukturunterschied zwischen dem Vorderende (Kopf) und dem Hinterende (Schwanz) der Flosse, im Unterschied zu der ausgeprägten Asymmetrie, welche die Elemente entlang der Längsachse der Vierfüßer-Extremität kennzeichnet und die besonders deutlich in der menschlichen Hand mit ihrem vorderen Daumen hervortritt. Die Gemeinsamkeit dieser Strukturen besteht also darin, daß beide das Ergebnis fokaler Verdichtungen und Segmentierungen sind. Die Vierfüßer-Extremitäten weisen jedoch darüber hinaus Gabelungsmuster und eine ausgeprägte Längsachsenasymmetrie auf. Vierfüßer-Gliedmaßen sind also deshalb komplexer als Fischflossen, weil ihre Bildung zwei zusätzliche symmetriebrechende Prozesse erfordert. Der erste dieser Prozesse, eine Gabelung, ist dem Modell nach zwar kennzeichnend für die Bildung diskreter Elemente im Mesenchym der Extremitätenknospe, findet jedoch nur statt, wenn sich die Geometrie und die Dynamik zusammen in angemessener Weise ändern. Die Extremitätenknospe muß zu Beginn einen annähernd zylindrischen Querschnitt aufweisen, damit ein einzelnes Element die Strukturbildung auslöst, woran sich bei Vierfüßern Gabelungen anschließen, die den Übergang zur Abflachung der Extremität be-

gleiten. Eine Flosse entwickelt sich aus einer flachen seitlichen Hautfalte, so daß die Verdichtungen in diese Geometrie passen. Wir sehen ein weiteres Mal das enge Zu-
sammenspiel zwischen Geometrie und Dynamik, dem wir
bereits bei *Acetabularia* begegnet sind und das einen so
wichtigen Beitrag zur Stabilisierung der Kaskaden symmetriebrechender Bifurkationen spielt, die robuste Formtypen hervorbringen.

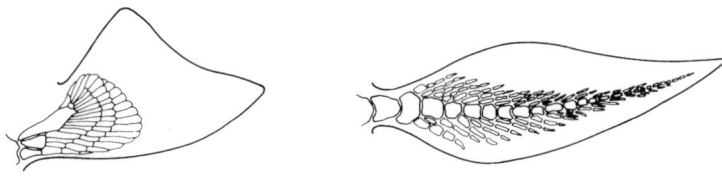

Abbildung 5.17   *Anordnungsmuster der Elemente in Fischflossen.*

Fischflossen liegen in der Äquivalenzklasse der Formen,
die durch fokale Verdichtungen und Segmentierungen erzeugt werden; diese umfaßt die große Mannigfaltigkeit
möglicher Strukturen, die bei verschiedenen Arten anzutreffen sind. Die Gliedmaßen der Vierfüßer gehören als
eine Teilmenge komplexerer Formen mit zusätzlichen ge-
brochenen Symmetrien ebenfalls in diese Klasse. Auf diese
Weise lassen sich die Beziehungen der Ähnlichkeit und Un-
ähnlichkeit zwischen verschiedenen Klassen definieren,
welche eine Grundlage für die Bestimmung taxonomischer
(systematischer) Verwandtschaftsverhältnisse im Hinblick
auf generative Prozesse liefern. Eine rationale Taxonomie
der Formen kann dann die Beziehungen zwischen den vielfältigen diskret im Gestaltraum verteilten Möglichkeiten
definieren und so evolutionäre Trends als veränderliche
Entwicklungsbahnen der Spezies aufdecken.

239

Wir können einen dieser Trends in der Evolution der Anhängsel von Wirbeltieren identifizieren. Offensichtlich entwickelten sich die Fischflossen aus seitlichen Hautfalten, die sich an beiden Körperseiten der frühen Wirbeltiere entlangzogen. Diese Falten bildeten sich dann zu zwei paarigen Anhängseln zurück, den Brust- und den Bauchflossen. Bei den Knochenfischen, zu denen auch die Quastenflosser gehören, schrumpften diese weiter zu gelappten Flossen, welche am Anfang der für die Vierfüßer, die sich aus den Quastenflossern entwickelten, kennzeichnenden Gabelungen stehen. *In diesem evolutionären Trend zeigen sich eine allmähliche Abnahme der Symmetrie und ein stetiges Anwachsen der Komplexität, das mit der Zunahme der Symmetriebrechungen in der morphogenetischen Kaskade einhergeht.* Dies ist die natürliche Fortentwicklung eines dynamischen Systems, dessen Parameter infolge der zufälligen Neukombination des Erbguts verändert werden. Jedes ursprünglich einfache System tendiert zu größerer Komplexität. Es hat keine andere Wahl. Die Selektion spielt hierbei keine große Rolle, abgesehen davon, daß sie als ein grober Filter fungiert, der die völlig Untauglichen aussiebt. So erhalten wir eine Beschreibung der Evolution, die auf Dynamik und Stabilität beruht, welche immer zusammengehören. Nun stellt sich die Frage: Welche robusten Formen gehen aus der evolutionären Erkundung des Raumes möglicher Organismen hervor? Und die Antwort lautet: Typische Formen, die das Produkt der robusten symmetriebrechenden Kaskaden der Morphogenese sind, welche Spezies erzeugen, die in einem Lebensraum stabil sind. Fischflossen eignen sich hervorragend zur Fortbewegung in Wasser. Auch die Extremitäten von Vierfüßern leisten im Wasser gute Dienste, aber sie ermöglichen darüber hinaus die Fortbewegung an Land. So eröffnet sich ein völlig neues Spektrum von Möglichkeiten, und die Zunahme der Symmetriebrechungen führt zu komplexeren Formen, insbesondere im Hinblick auf die Sinneswahrnehmung und die Fortbewegung auf vier Beinen in terrestrischen Lebensräumen. Der Pfad evolutionärer Erkundung tut sich auf, und infolge der unablässigen Absuchung des Parameterraumes durch die Gene werden weitere typische Formen entdeckt, bis schließlich der Mensch auftritt.

Aber wir eilen den Dingen voraus. Wir müssen uns zunächst klarmachen, wie die Gene die Gliedmaßenbildung beeinflussen und wie sie sich insbesondere auf eine der folgenreichsten Symmetriebrechungen, die zur Entstehung der Finger bzw. Zehen führte, auswirken. Wir werden dabei auf eine überraschende und hochinteressante Übereinstimmung mit der Rolle stoßen, welche die Gene bei der Bildung der Blütenorgane einer Pflanze spielen. Auf der Ebene der morphogenetischen Mechanismen weisen Pflanzen und Tiere bemerkenswerte Ähnlichkeiten auf.

Homöotische Mutanten

Zu der Menge möglicher Formen von Vierfüßer-Extremitäten gehören auch die Gestaltanomalien, die als »Mißgeburten« und Mutanten klassifiziert werden. Obwohl diese »Mißgeburten« mitunter erhebliche Fehlbildungen aufweisen, stellt man sie in dieselbe Formenmenge ein wie die als normal klassifizierten Formen. William Bateson hat aus der eingehenden Untersuchung solcher Mißbildungen wichtige Rückschlüsse auf die Prinzipien der Morphogenese gezogen, insbesondere was die Bedeutung von Symmetrien und Asymmetrien betrifft. Sein Werk *Materials for the Study of Variation*, das vor einhundert Jahren, 1894, veröffentlicht wurde, ist ein Klassiker und enthält wert-

volle Erkenntnisse über die tiefgreifenden Zusammenhänge zwischen der Morphogenese und dem Typ von Evolution, den ich in diesem Buch beschrieben habe. Sie können daraus ersehen, daß es eine feste Tradition in der
Biologie gibt, Organismen als Ganze und deren Umwandlungen in den Mittelpunkt des Blickfeldes zu rücken und
Gene als Modifikatoren und nicht als Generatoren des
Körperbaus zu betrachten; Bateson war einer der profili-
tiersten Verfechter dieser Tradition. Abbildung 5.18 ist seinem Buch entnommen. Trotz der ungewöhnlich großen
Fingerzahl und des fehlenden Daumens erkennen wir darauf mühelos eine menschliche Gliedmaße. Offenkundig ist
die normale Asymmetrie der Hand gestört, an deren Stelle
eine spiegelsymmetrische Struktur auftritt. Derartige Ver-
dopplungen erklären auch das Phänomen der Siamesi-
schen Zwillinge sowie Fälle, in denen sich statt einer
Gliedmaße zwei oder drei ausbilden. Zwischen diesen

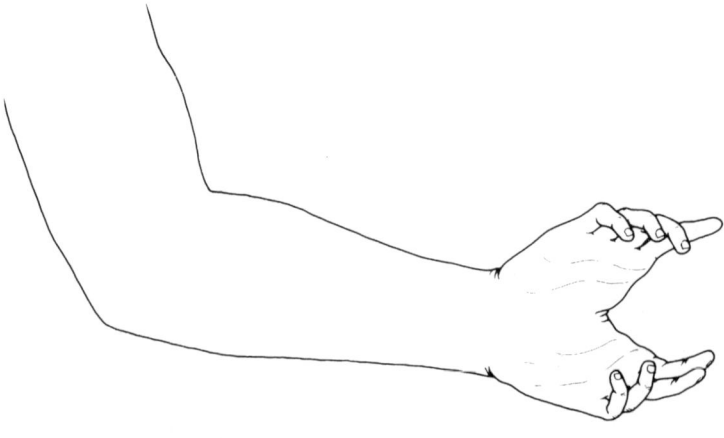

Abbildung 5.18 *Eine fehlgebildete menschliche Hand mit spiegelsymme-
trischer Verdopplung.*

Gliedmaßen verlaufen immer Spiegelungsebenen, ähnlich der, welche durch die Doppelhand in Abbildung 5.18 verläuft.

In den letzten Jahren hat man sich bemüht, durch Versuche an Amphibien und Hühnern die Moleküle zu identifizieren, die an diesen Transformationen während der Extremitätenentwicklung beteiligt sind. Man hat auf diese Weise Erkenntnisse darüber gewonnen, wie die Gene diese Vorgänge beeinflussen. So kennt man seit einiger Zeit die homöotischen Mutationen, welche die Umbildung von einem Finger in einen anderen verursachen.

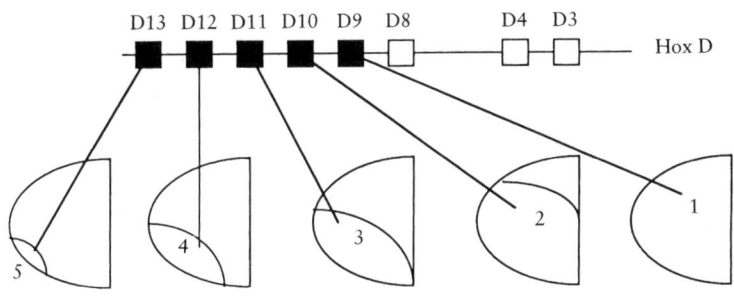

Abbildung 5.19 *Die räumlichen Expressionsmuster der Hox-D-Gene in der Hinterextremität eines Huhns und deren relative Positionen auf einem Chromosom.*

Die Gene, die an diesen Umbildungen mitwirken, sind in Clustern auf verschiedenen Chromosomen angeordnet, und sie alle besitzen eine Reihe gemeinsamer Merkmale, die durch identische Basensequenzen, sogenannte Boxen, determiniert werden. Man nennt diese *Homöobox-Gene* oder kurz *Hox-Gene*. Eine Gruppe dieser Gene, die als Hox-D-Cluster bezeichnet wird, wirkt auf die Gliedmaßenbildung ein. Diese Gene sind in einem räumlichen Muster sich überlappender Domänen angeordnet, die fünf spezifische Genkombinationen enthalten, welche mehr oder weniger den Positionen entsprechen, an denen sich die fünf Finger bzw. Zehen entwickeln, wie in Abbildung 5.19 dargestellt. Der vordere Teil der Extremitätenknospe ist in diesem Diagramm in der Draufsicht dargestellt, wobei die Knospenspitze nach links zeigt. Dies ist also die linke Extremitätenknospe, gesehen vom Scheitel eines Embryos, wobei die mit »5« markierte Region der Zehe V (»kleine Zehe«) entspricht. Die räumlichen Domänen der Hox-Gene tragen die Nummer eins bis fünf, was den Genen D9-D13 entspricht, die sequentiell auf einem Chromosom angeordnet sind, wie man an der Abfolge der Boxen sehen kann.

Am Beispiel der Hinterextremität des Huhnes wurde nachgewiesen, daß, wenn zum Beispiel das Hox-Gen D11 eine erweiterte Expressionsdomäne besitzt und die Region abdeckt, in der Zehe I entsteht, diese Zehe zu einer Struktur umgebildet wird, die Zehe II gleicht – eine typische homötische Transformation. Diese Gene funktionieren auf die gleiche Weise wie die homöotischen Gene im Blütenmeristem: In dem Maße, wie sich ihre räumlichen Muster ändern und Genkombinationen auftreten, die von der Norm abweichen, verändert sich die Struktur des erzeugten Bauelements. Es gibt jedoch noch eine weitere Übereinstimmung in Zusammenhang mit der *Anzahl* der produzierten Elemente. Wir sahen, daß es nicht die homöotischen Gene selbst sind, die festlegen, wie viele Kronblätter oder Staubblätter ausgebildet werden. Irgendein anderer Prozeß, an dem vermutlich andere Gene beteiligt sind, determiniert diese Anzahl. Die Hinterextremität des Huhns weist lediglich vier Zehen auf, obwohl fünf Kombinationen von Hox-D-Genen verfügbar sind. Die Hox-Gene erzeugen demnach *Unterschiede* zwischen den Zehen, deren Anzahl von anderen Prozessen festgelegt wird. Allerdings beträgt die Höchstzahl *verschiedener* Zehen, welche durch die fünf Hox-D-Genkombinationen spezifiziert werden, fünf. Man hat damit zu erklären versucht, weshalb Vierfüßer nicht mehr als fünf verschiedene Zehen besitzen. Aber wie lassen sich die fossilen Vierfüßer *Ichthyostega* und *Acanthostega*, die sieben bzw. acht Zehen besaßen, damit in Einklang bringen? Man behauptete, einige dieser Zehen seien Duplikate, so daß sie in nur fünf verschiedene Kategorien fielen. Dies wird allerdings von einigen Paläontologen bestritten, und da sich die fossilen Überreste nicht mit der Detailgenauigkeit analysieren lassen, die zur Lösung dieser Streitfrage erforderlich wäre, ist dies nicht mehr als eine interessante Hypothese.

Mitunter wird behauptet, die Hox-D-Gene würden die Identität der Zehen begründen. Aber sind dafür nur die Hox-D-Gene verantwortlich? Der 3. Zeh des Huhns und der 3. Zeh der Katze unterscheiden sich voneinander, und beide sind anders gestaltet als der 3. Zeh bei allen anderen Tierarten. Offenbar sind mehr Gene als nur der Hox-D-Komplex an der Spezifizierung der Zehengestalt beteiligt. Gene wirken auf alle Aspekte der Morphogenese ein; sie beeinflussen sämtliche Stadien des Prozesses, der mit der Initiierung eines Feldes beginnt und mit einer komplexen morphologischen Struktur endet. Die Unterschiede zwischen dem 3. Zeh des Huhns und dem 3. Zeh der Katze sind höchstwahrscheinlich auf die Wirkung verschiedener Gene zurückzuführen, die unterschiedliche Ebenen des Extremitätenfeldes beeinflussen, angefangen bei der Initiierung und Festlegung der Wachstumsachse über die Verdichtungs-, Gabelungs- und Segmentierungsereignisse bei der Bildung eines knorpeligen Aggregats bis hin zur Länge und konkreten Gestalt der verschiedenen Bauteile. Wir können demnach nicht sagen, daß die Identität der Elemente durch einen spezifischen, diskreten Prozeß in einer bestimmten Phase begründet wird.

Die Augen sagen die Wahrheit

Das letzte Beispiel, an dem ich meine Theorie der Evolution typischer Formen veranschaulichen möchte, ist gleichzeitig eines der klassischsten.

Beim Nachdenken über den Bau des Wirbeltierauges beschlichen Darwin sehr gemischte Gefühle. Einerseits nötigte ihm dieses bemerkenswerte Produkt des Evolutionsprozesses ehrfuchtsvolle Bewunderung ab; andererseits stellte es eine gewaltige Herausforderung für seine Theorie der Evolution durch natürliche Auslese dar – nach seinem Bekunden jagte es ihm einen kalten Schauer über den Rücken. Wie konnte jemals durch ziellose Anhäufung von Zufallsvariationen das erste funktionstüchtige Auge entstanden sein, jener erste Schritt, der erforderlich war, bevor die Selektion es »in die Mangel nehmen« und dann zu jenem hochkomplexen visuellen System weiterentwickeln konnte, das bei allen Wirbeltieren und Wirbellosen wie Schnecken, Kopffüßern, Krebstieren und Insekten anzutreffen ist?

Noch unglaublicher ist die Tatsache, daß sich dieses Organ in mindestens vierzig verschiedenen Linien selbständig entwickelte. Die Augen scheinen überall auf der Karte der Evolution aufzutauchen, und jedes Mal stellen sie die gleiche Herausforderung dar, lösen sie den gleichen kalten Schauer wie bei Darwin aus: Wie konnten unabhängige Zufallsereignisse jemals einen solchen extrem unwahrscheinlichen, kohärent geordneten Prozeß hervorbringen, wie er für die erstmalige Entstehung eines funktionstüchtigen Sehsystems erforderlich ist? Ich behaupte nun, daß die evolutive Entstehung der Augen keineswegs unwahrscheinlich war. Denn die grundlegenden Prozesse der tierischen Morphogenese führen von selbst zu der fundamentalen Struktur des Auges.

Die Form einer Pflanze ist immer das Ergebnis eines Wachstumsprozesses, und die volle Komplexität des Organismus ist für den äußeren Beobachter sichtbar (einschließlich der Wurzeln, sofern die Pflanze in einer Flüssigkeit oder einem anderen durchsichtigen Nährmedium aufgezogen wird). Tierische Embryonen dagegen können ihre Komplexität durch eine einwärts- oder auswärtsgerichtete Verformung von Zellschichten erhöhen, die infolge fehlender Zellwände flexibel sind und ihre Gestalt durch oder ohne Wachstum verändern können. Dies ermöglicht tierischen Zellen auch, aktiv über Oberflächen zu wandern, entweder in Form geordneter Zellschichten, als Einzelzellen oder mit Hilfe von Prozessen, wie sie bei den Axonen ablaufen, die in geordneter, direkter Weise auf Oberflächen wachsen. Infolgedessen können Tiere eine hohe innere Komplexität und differenzierte äußere Muster entwickeln. Wie wir noch sehen werden, wird dies jedoch im wesentlichen durch denselben Typ zellulärer Organisation wie bei den Pflanzen erreicht, wenn auch hier mit der Bewegungsfreiheit, die durch das Fehlen einer Zellwand ermöglicht wird.

Die erste bedeutende Gestaltungsbewegung der Wirbeltierembryonen ist die *Gastrulation*, die Verlagerung von Zellen nach innen, die in einer bestimmten Region der Blastula, der kugelförmigen Zellmasse, die durch vielfache Teilungen der befruchteten Eizelle entsteht, ihren Ausgang nimmt (Abbildung 5.20). Durch die Einstülpung (Einwärtsbewegung) der Zellen entsteht der sogenannte Urmund (Blastoporus), der sich in dem Maße vertieft, wie sich die wandernden Zellen über die innere Oberfläche der Blastula ausbreiten, wodurch sie ein mehrschichtiges Gebilde, die Gastrula, hervorbringen (Abbildung 5.21). Wird die schützende Dottermembran (Zona pellucida), die normalerweise den Embryo umhüllt, entfernt und die Salzkon-

Furchungshöhle

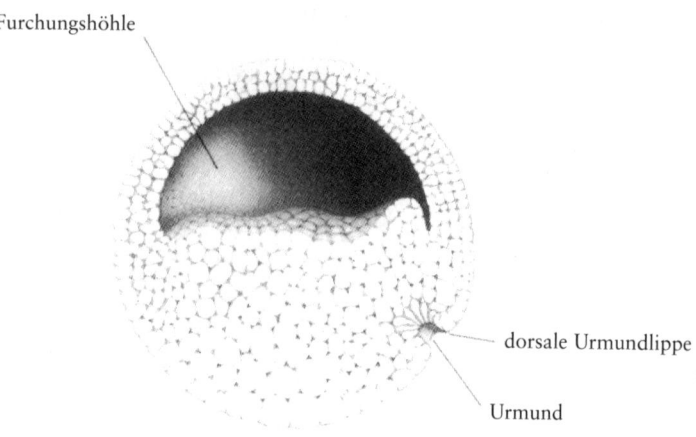

dorsale Urmundlippe

Urmund

Abbildung 5.20 *Gastrulation eines Amphibienembryos.*

präsumptive Neuralplatte

Die Zellen, die das Dach
des Urdarms bilden,
werden als
Mesoderm bezeichnet ...

während die Zellen,
welche die Seiten-
wände und den
Boden bilden,
Endoderm genannt werden.

Unterdessen dehnt sich
das dunkel pigmentierte
Ektoderm so lange aus,
bis es den gesamten
Embryo umschließt,
wobei es die Teile
ersetzt, die ins Innere
abgesunken sind.

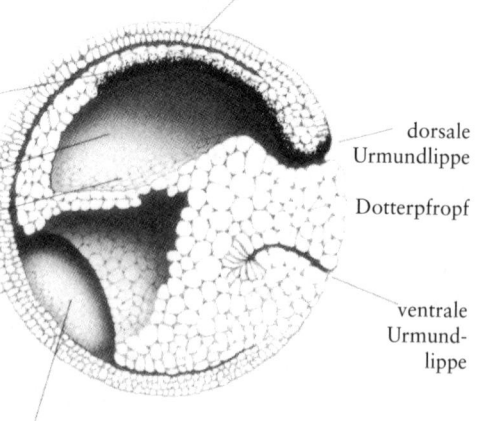

dorsale
Urmundlippe

Dotterpfropf

ventrale
Urmund-
lippe

Rest der Furchungshöhle

Abbildung 5.21 *Der Aufbau einer Amphibiengastrula.*

zentration in dem Nährmedium, in dem sich der Embryo entwickelt, erhöht, kommt es statt der Einstülpung, gefolgt von der Wanderung der Zellen über die innere Oberfläche der Blastula, zu einer Ausstülpung der Blastula, und die Zellen fließen übereinander und erzeugen so eine »umgewendete« Kugel. Diesen Vorgang nennt man *Exogastrulation*. Das Fehlen der Wechselwirkung zwischen äußeren und inneren Zellschichten, die normalerweise in der mehrschichtigen Gastrula stattfindet und weitere Muster der Zellbewegung und -differenzierung auslöst, führt bei der Exogastrula zu Entwicklungsstörungen, so daß ein funktionsuntüchtiges, wenngleich kohärent differenziertes Gebilde entsteht. Unter normalen Bedingungen begünstigen die Dottermembran und die osmotischen Verhältnisse nachhaltig die Einstülpung und Gastrulation. Dies zeigt, daß die mechanischen und chemischen Umgebungsbedingungen eine wichtige Rolle bei der Festlegung des Entwicklungsweges (es gibt in diesem Fall nur zwei) spielen, den der Embryo einschlägt. Aber auch die chemische Zusammensetzung des Nährmediums übt einen ausschlaggebenden Einfluß auf das Wachstumsmuster (örtliche oder ganzheitliche Deformationen) von *Acetabularia* aus. Organismus und Umgebung definieren gemeinsam die Entwicklungsdynamik und die morphogenetische Bahn.

Die nächste wichtige Gestaltungsbewegung des Wirbeltierembryos ist im Grunde eine Wiederholung der ersten, wobei sich jedoch die Zellschicht entlang einer Geraden einstülpt und die Neuralplatte infolge der Einwirkung der inneren Zellschicht auf die äußere und der aus der Gastrulation hervorgegangenen Längsachse eine röhrenförmige Struktur bildet. Diesen Vorgang nennt man *Neurulation* und die röhrenförmige Struktur Neuralrohr; daraus entwickelt sich das Nervensystem. Diese Verformungen von Zellschichten während der Prozesse der Gastrulation und

Neurulation lassen sich in Modellen simulieren, die Zellen als erregbare Medien des gleichen Typs behandeln, wie wir das für *Acetabularia* beschrieben haben: Der mechanische Zustand des Zytoskeletts ändert sich in Abhängigkeit von der Calciumkonzentration, und Zellen verändern ihre Gestalt, wobei sie fortlaufende Wellen der Zellverformung erzeugen, die Einstülpungsbewegungen auslösen. Abbildung 5.22 zeigt eine solche Simulation, die von Gary Odell und Mitarbeitern durchgeführt wurde. Andere Aspekte der Morphogenese von Tierembryonen, die auf dem Zellskelett basieren – die Dynamik der Calciumkonzentration und ihre Auswirkungen auf die Änderung der Zellgestalt, die Zellverdichtung und -wanderung –, wurden von George Oster, Gary Odell und Jim Murray beschrieben. Nahe dem Vorderende des Neuralrohrs beginnt sich Gewebe beidflankig lateral auszubauchen und knollenartige Wülste zu bilden, die optischen Nerven (Lobi optici) (siehe Abbildung 5.23). Diese wachsen weiter in seitlicher Richtung, bis sie die äußerste Hautschicht des Embryos, die Epidermis, erreichen. Sobald der Lobus opticus die Epidermis berührt, flacht er sich ab und bildet die Augenblase, die sich dann zum Augenbecher einstülpt, wobei sich die Bewegung wiederholt, die zur Bildung des Neuralrohrs führte. Als Reaktion auf den Kontakt mit der Augenblase nehmen die zunächst schuppenartigen (flachen) Epidermiszellen eine säulige Form an. Dies führt zu einer Verdickung und einwärtsgerichteten Wölbung dieser Zellschicht (wie bei der Gastrulation und Neurulation) und schließlich zur Ablösung der verdickten Zellen, welche die Linse bilden (genauso wie die Neuralplatte das Neuralrohr bildete, aber jetzt ist die geometrische Grundform kreisförmig statt zylindrisch). Die Linse wird transparent, ebenso die darüberliegende Hornhaut, und die Zellen des Augenbechers differenzieren sich. Die innere Zellschicht der Netzhaut

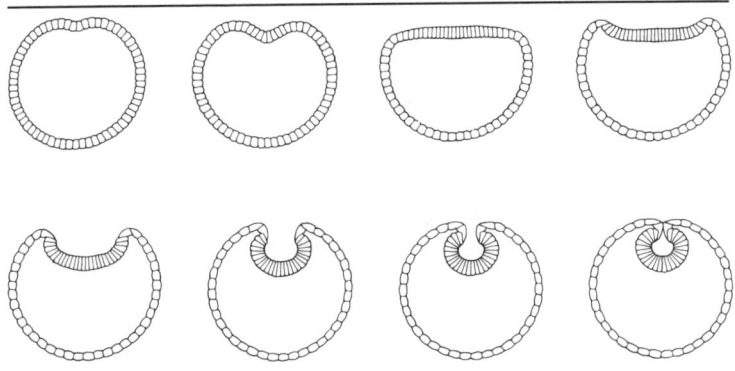

Abbildung 5.22 *Ein Modell, das die Neurulation bei einem Amphibium simuliert.*

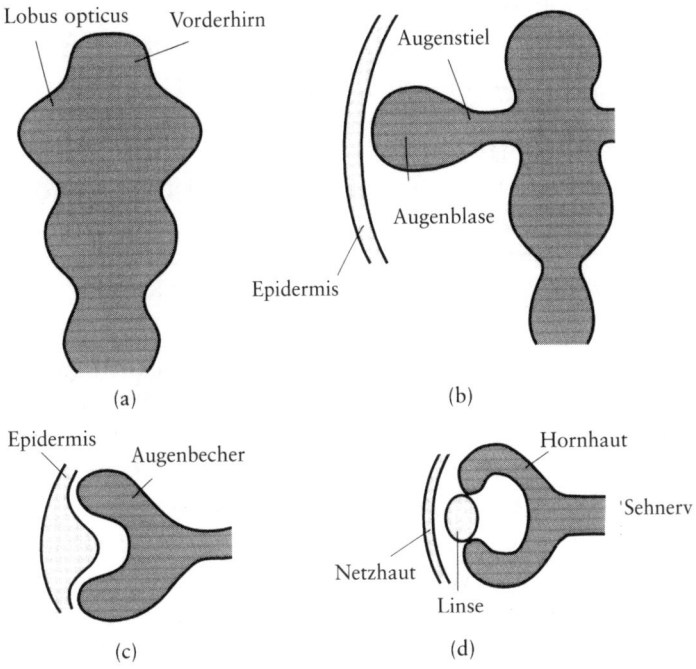

Abbildung 5.23 *Die Abfolge der Gestaltänderungen des embryonalen Gehirns, die zur Entwicklung eines Auges führen: (a) erstes Auftreten des Lobus opticus, (b) Vorwölbung zur Epidermis, (c) Bildung des Augenbechers, (d) Bildung der Linsen.*

251

wandelt sich in Neuronen um, deren Axone über die innere Oberfläche der Netzhaut und dann in den Augenstiel hinein wachsen; auf diese Weise entsteht der Sehnerv. Sobald die Axone das Mittelhirn erreichen, breiten sie sich in einer organisierten zweidimensionalen Projektion, die eine getreue Abbildung der Retina liefert, in dem Nervengewebe aus, welches die visuelle Information verarbeitet (das Mittelhirndach).

Die äußere Zellschicht der Netzhaut bildet sich in Pigmentepithel um, das auf Photonen reagiert, welche durch die lichtdurchlässigen Kristalllinsen (die, wir erinnern uns, Proteinkristalle sind) einfallen. Diese Epithelzellen speichern Vitamin A, ein Geschenk der Pflanzenwelt, und wandeln es in den Farbstoff um, der in den Stäbchen und Zapfen die Photonen einfängt. Dieselbe Substanz, die in Pflanzen Photonen zum Zweck der photosynthetischen Energiegewinnung absorbiert, fängt bei Tieren Photonen zum Zweck des Sehens ein. Dies ist ein Beispiel für die Abhängigkeitsbande, die in der belebten Natur bestehen. Und natürlich ist der Kohlenstoff, der den Grundbestandteil von Vitamin A und von allen anderen Biomolekülen bildet, ein Geschenk der Sterne, wo Kohlenstoff und die meisten anderen Elemente hergestellt werden. Solche Beziehungsmuster sind tief in der Natur verwurzelt.

Vielleicht werden Sie sich fragen, weshalb sich ausgerechnet die der Linse am nächsten liegende Zellschicht der Netzhaut in Nervenzellen umwandelt, die elektrische Impulse zum Gehirn leiten. Schließlich entstehen diese Impulse doch in der linsenfernsten Zellschicht, die das Pigment enthält, welches die Photonen einfängt. Eine umgekehrte Anordnung erschiene zweckmäßiger, so daß die Photonen nicht erst einen Neuronenschirm passieren müßten, bevor sie die Pigmentzellen erreichen. Wirbellose wie Kalmare und Kraken besitzen hochentwickelte Augen, in denen die Netzhaut mit den Pigmentzellen innen und die Neuronen außen angeordnet sind. Aber die Augen entwickeln sich bei den Wirbellosen auch auf eine andere Weise; der Augenbecher entsteht direkt durch Einstülpung – also über die mittlerweile bekannte Einsenkung einer Zellgruppe, durch die alle Tierembryonen ihre innere Komplexität erhöhen – aus der äußeren Zellschicht (dem Ektoderm). Anders als bei den Wirbeltieren entsteht bei ihnen der Augenbecher nicht aus einer Ausstülpung des Gehirns. Bei Kalmaren und Kraken entwickelt sich das Pigmentepithel demnach aus den Zellen, die ursprünglich in der äußersten, oftmals pigmenthaltigen Zellschicht des Embryos lagen. Die Wirbeltiere können offenbar wählen, ob sie den Farbstoff in der inneren oder äußeren Zellschicht der Netzhaut unterbringen wollen, da beide aus Zellen hervorgehen, die ursprünglich in der äußersten Zellschicht lagen. Allerdings scheinen mehrere Faktoren daran mitzuwirken, daß die äußere Zellschicht pigmentiert wird und sich zu Zapfen und Stäbchen entwickelt, wie etwa mechanische Beanspruchungen, welche die säulenförmige Streckung der Zellen bewirken, und die Blutversorung dieser Schicht. Und dieser Typ von Sehsystem funktioniert recht gut – außerordentlich gut, um die Wahrheit zu sagen.

Wir verstehen jetzt, daß zahlreiche Ereignisse, die an der Bildung des Wirbeltierauges beteiligt sind, Wiederholungen der Grundbewegungen sind, denen wir immer wieder als selbsttätige Änderungen morphogenetischer Felder begegnet sind: die Calcium-Zytoskelett-Dynamik, lokalisiertes Zellwachstum und lokalisierte Zellverformung, Einstülpungen von Zellschichten und gerichtete Zellbewegungen über Oberflächen. Diese erklären keinesfalls die genauen Einzelheiten der Ereignisse, die das hochdifferenzierte Sehsystem der Wirbeltiere hervorbringen. Das war aber auch gar nicht unsere Absicht; wir wollten lediglich eine mögliche Erklärung dafür finden, wie sich ein primitives, aber funktionstüchtiges System zur Verarbeitung visueller Reize unabhängig in vielen verschiedenen Taxa entwickeln konnte. Wir verstehen jetzt auch, weshalb sich bei einem Embryo so leicht von selbst eine Struktur des in Abbildung 5.23 (c) gezeigten Typs ausbildet. Mit einer teilweise lichtdurchlässigen Epidermis und erregbaren Zellen (Neuronen) im Augenbecher funktioniert dieses Gebilde bereits als ein primitives Abbildungssystem, ein nützliches visuelles Organ. Dies ist der erste notwendige Schritt in der Evolution komplexerer Sehsysteme, die durch Erweiterungen und Ausgestaltungen der morphogenetischen Grundbewegungen entstehen. Die daran beteiligten Prozesse sind robuste, hochwahrscheinliche räumliche Umwandlungen sich noch in Entwicklung befindlicher Gewebe und nicht extrem unwahrscheinliche Zustände, die von einer genauen Spezifizierung der Parameterwerte (einem bestimmten genetischen Programm) abhängig sind. Ein solches genetisches Programm wird durch eine Fitneßlandschaft mit einem schmalen Gipfel beschrieben, der einem funktionstüchtigen Auge entspricht, das sich in einem großen Raum möglicher funktionsuntauglicher Formen (niedriger Fitneß) befindet. Ein solches System ist nicht robust: Der Fitneßgipfel wird sich unter dem Einfluß genetischer Zufallsmutationen auflösen, da die natürliche Selektion zu schwach ist, um ein genetisches Programm zu stabilisieren, das die Gestaltbildung zu einem unwahrscheinlichen funktionellen Ziel hinführt. Die Alternative hierzu liegt in der Hypothese, daß es im Gestaltraum einen großen Bereich von Parameterwerten gibt, die ein funktionstüchtiges Sehsystem hervorbringen; das bedeutet, Augen sind im Verlauf der Evolution viele Male unabhängig voneinander entstanden, weil sie natürliche, robuste Produkte morphogenetischer Vorgänge sind.

Ich habe Ihnen nun die Gründe dargelegt, die mich dazu
veranlassen, die grundlegenden morphologischen Merkmale von Pflanzen und Tieren mit der Evolution typischer
Formen zu erklären. Ich habe anhand einiger Beispiele die
Grundsätze verdeutlichen wollen. Es gibt eine Fülle weiterer Belege aus den verschiedensten biologischen Gebieten,
und es bedarf noch intensiver weiterer Forschungsbe-
mühungen, bevor dieses Modell verallgemeinert werden
kann. Meine Kernthese lautet, daß alle morphologischen
Grundelemente der Lebewesen – Herzen, Gehirne, Ein-
geweide, Gliedmaßen, Augen, Blätter, Blüten, Wurzeln,
Stämme, Äste, um nur die auffälligsten zu nennen – emergente Produkte morphogenetischer Prinzipien sind. Die
Gestalt dieser Bauteile variiert zwischen den Spezies, und
bei der Ausformung dieser geringfügigen Unterschiede
spielen die Adaptation und die natürliche Selektion eine
Rolle. Doch selbst hier liefern typische Merkmale der
Morphogenese und Entwicklungsbahnen der Zelldifferenzierung möglicherweise einen bedeutenden Beitrag. Das
Gleichgewicht zwischen der Eigendynamik der Organismen und der Stabilisierung durch funktionale Erforder-
nisse muß erst noch bestimmt werden. Die natürliche Selektion selbst wird vielleicht schon bald in unsere Theorie
der Eigendynamik integriert werden, wie wir im nächsten
Kapitel sehen werden.

Neue Richtungen, neue Metaphern

Biologie und Physik verwenden unterschiedliche Metaphern zur Beschreibung der Dynamik des Wandels. In der Biologie wird der Vorgang, durch den sich eine neue, überlegene Variante in einer Population durchsetzt – zum Beispiel ein Bakterium, das gegen ein neues Medikament resistent ist, oder eine Finkenunterart mit vergrößertem Schnabel, mit dem sie härtere Samen knacken kann –, als eine Zunahme ihrer Fitneß im Vergleich zu ihren Konkurrenten beschrieben. Unter der Fitneß versteht man die Fähigkeit eines Organismus, in einem Habitat zu überleben und sich fortzupflanzen, wobei die Organismen, die eine höhere Fitneß erreichen, die Gewinner im »Kampf ums Dasein« sind. Dann folgt eine eindringliche Metapher für den Evolutionsprozeß: Organismen streben unablässig danach, in der Fitneßlandschaft die höheren Gipfel zu erklimmen, welche die verschiedenen Überlebensmöglichkeiten darstellen. In dem Maße aber, wie sich die Organismen wandeln und in verschiedene Unterarten und Arten auffächern, die jeweils an bestimmte Lebensräume angepaßt sind, verändert sich das evolutionäre Szenario: Die Fitneßlandschaft selbst wird in dem Maße umgestaltet, wie die evolvierenden Arten neue Überlebensmöglichkeiten schaffen. Bäume verändern sich und reichern den Boden an, indem sie ihre Blätter abwerfen und organischen Kompost erzeugen, der Wasser zurückhält. Auf diese Weise schaffen Waldsysteme wie der Amazonas-Urwald, die ursprünglich auf extrem mageren Böden entstanden, die Voraussetzungen für die erstaunliche Vielfalt von Arten, die sich in diesem riesigen Ökosystem entwickelten. Das Bild von Organismen, die lokale Fitneßgipfel in dieser evolutionären Landschaft zu erklimmen suchen, die sich fortlaufend infolge der Anstrengungen der Lebewesen umwandelt, so daß diese unablässig weiterwandern müssen, nur um (in bezug auf ihre Fitneß) am selben Platz zu bleiben, ist eine drastische Metapher für das Leben als ein ständiges Streben nach Verbesserungen zum Zweck des bloßen Überlebens. Dies wird mitunter als Fortschritt betrachtet.

Vergleichen wir dies mit den Metaphern, die in der Physik und Mathematik zur Beschreibung dynamischer Prozesse verwendet werden. Ein einfaches Beispiel für einen solchen dynamischen Prozeß ist eine Murmel, die sich in einer Schüssel bewegt. Nehmen wir an, die Murmel wird nahe dem oberen Rand der Schüssel mit einem Schwung freigegeben, so daß sie eine horizontale Geschwindigkeit erhält. Unter Einwirkung der Schwerkraft rollt sie, zunehmend kleinere Bahnen beschreibend, um das Zentrum herum und kommt schließlich im stabilen Punkt auf dem Schüsselboden zum Stillstand. Diesen Stabilitätspunkt nennt man einen *Attraktor*, und die Schüssel definiert den

Attraktionsbereich für sämtliche Trajektorien, die gegen den stabilen Punkt konvergieren. Für bestimmte Klassen dynamischer Systeme läßt sich eine Energiefunktion definieren, die im stabilen Zustand ihr Minimum erreicht. Dies legt den Schluß nahe, daß natürliche Prozesse Bahnen folgen, welche die Energie oder eine ähnliche Funktion vermindern; daraus wiederum folgt, daß sie von selbst die Bahn einschlagen, die den geringsten Leistungs- oder Kraftaufwand verursacht. Demnach haben wir zwei gegensätzliche Metaphern zur Beschreibung des biologischen und physikalischen Wandels: Während ersterer mit Arbeit und Mühe verbunden ist, vollzieht sich letzterer unter geringstmöglichem Leistungs- oder Kraftaufwand.

Mathematisch wirft dies keine schwerwiegenden Probleme auf, weil Beschreibungen biologischer Vorgänge, bei denen es um die Optimierung der Fitneß geht, formal weitgehend physikalischen Prozessen entsprechen, bei denen die Energie minimiert wird: Um sie einander äquivalent zu machen, braucht man die Fitneßlandschaft nur auf den Kopf zu stellen, so daß die Gipfel zu Tälern werden und die Fitneßfunktionen in Energiefunktionen umgewandelt werden. Nun sind jedoch weder Fitneß- noch Energiefunktionen universelle Merkmale dynamischer Systeme; das bedeutet, sie lassen sich nicht zur Beschreibung der Trajektorien aller dynamischen Systeme verwenden, sondern ihre Anwendbarkeit ist auf Sonderklassen beschränkt. In dem Maße, wie biologische Prozesse sich mit Hilfe der Dynamik komplexer Systeme immer differenzierter beschreiben lassen, wird man zwangsläufig die nichtuniversellen Fitneßfunktionen aufgeben und statt dessen mit den Begriffen Attraktionsbereich, Attraktoren, Repellatoren (instabile Zustände) und Trajektorien operieren. Im Verlauf der letzten Jahrzehnte wurden eine Menge neuer Konzepte und analytischer Instrumente entwickelt, um die Merkmale nichtlinearer Systeme zu charakterisieren, insbesondere die sogenannten seltsamen Attraktoren, die mit chaotischem Verhalten verbunden sind. Mit ihrer Hilfe lassen sich biologische Prozesse auf neue Weise modellieren. So kann man heute beispielsweise im Rahmen der Erforschung der Evolutionsdynamik die Änderung des Artenspektrums von Ökosystemen statt wie bisher mit Fitneßfunktionen mit dynamisch exakten, allgemeinen Merkmalen von Attraktoren und Trajektorien beschreiben, die durch sogenannte *Ljapunow-Exponenten* definiert werden. Diese geben beispielsweise an, ob ein Modell eines komplexen Ökosystems stabil ist oder eine neue Art in das System »eindringen« und es auf einen anderen Attraktor versetzen kann, und ob der neue Attraktor einfach oder seltsam ist.

Dies führt zu einer Vereinheitlichung von Biologie, Physik und Mathematik, die durch komplexitätswissenschaftliche Studien und durch die Erkenntnis beschleunigt wird, daß in allen komplexen Systemen, unabhängig von ihrer materiellen Zusammensetzung und abhängig in erster Linie von ihrer relationalen Ordnung – also dem Wechselwirkungsgefüge bzw. der Organisation der Elemente –, ähnliche Typen dynamischen Verhaltens auftreten. Die Biologie nähert sich so der Physik und Mathematik an, indem sie die Erkenntnisse der Genetik, der Entwicklungs- und der Evolutionsbiologie in die exakteren Begriffe der Dynamik überführt; gleichzeitig nimmt die Physik mit Beschreibungen der Emergenz der vier fundamentalen Naturkräfte in den ersten Momenten nach dem kosmischen Urknall, den Wachstumsprozessen von Sternen und der Bildung der Elemente während der Sternentwicklung einen biologischeren, evolutionäreren Charakter an. Statt daß Physik und Biologie weiterhin Gegensätze bleiben, wobei erstere als die Wissenschaft der rationalen Ordnung, die aus unveränderlichen Naturgesetzen abgeleitet wird, betrachtet wird, und letztere (seit Darwin) als eine historische Wissenschaft gilt, wird die Physik evolutionärer und dynamischer, während die Biologie exakter und rationaler wird.

Innere Wirkkräfte und äußere Ursachen

Die evolutionäre Metapher von Organismen, die unablässig die Hänge von Fitneßlandschaften emporklimmen und dabei andere auszustechen versuchen, nur um selbst zu überleben, erfaßt trotz der darin mitschwingenden Untertöne eines kalvinistischen Arbeitsethos ein bestimmtes Merkmal des Lebensprozesses. Denn sie stellt Organismen als Urheber dar, die aktiv am Prozeß der Evolution mitwirken. Die physikalische Vorstellung hingegen, daß ein System tut, was sich von selbst ergibt, indem es den Weg des geringsten Aufwandes einschlägt, wie etwa eine Murmel, die zum Mittelpunkt einer Schüssel rollt, deutet auf eine andere Art von Kausalität hin, die ihre Wirkungen mit der Umgebung in Einklang zu bringen und sich anzupassen bemüht.

Trotz dieser Unterschiede wurden sowohl die biologischen als auch die physikalischen Metaphern zur Beschreibung von Vorgängen in dieselbe Zwangsjacke mechanischer Kausalität gesteckt. Nach der Anschauung des Neodarwinismus besitzen Organismen im Grunde keine eigene Wirkkraft, weil sie, auf Gene und Genprodukte reduziert, die über lokale Wechselwirkungen die Struktur des Organismus hervorbringen, nicht als selbständige Gebilde existieren. Die Gene werden so lange von der natürlichen Selektion, die eine von außen auf den Organismus einwirkende Ursache darstellt, erhalten, wie sie eine für das Überleben ausreichende Fitneß vermitteln. Organismen habe keine eigene Wirkkraft, so lange sie, ungeachtet der Metaphern von Kampf und harter Arbeit, als rein mechanische Wirkungen innerer und äußerer Kräfte betrachtet werden. In der Physik hat eine ähnliche kausale Beschreibung von Prozessen jede Vorstellung von kausaler Eigenkraft verdrängt. Die rollende Murmel in der Schüssel ist ein paradigmatisches Beispiel für ein Objekt, das selbst keinerlei Kausalkraft besitzt und auf das eine äußere Kraft (Schwerkraft) einwirkt, die es dazu veranlaßt, sich gemäß den von seiner Umgebung (der Schüssel) auferlegten Randbedingungen zu bewegen. Diese Auffassung gilt für alle Teilchen und Felder, so daß ein sich bewegendes Objekt als ein Stück träge Materie ohne eigene Wirkkraft betrachtet wird, die nur durch äußere Kräfte in Bewegung gehalten wird.

Die Schwierigkeiten und Inkonsistenzen, die mit dieser Auffassung verbunden sind, hat der in Oxford lehrende Wissenschaftstheoretiker Rom Harré beschrieben, der gemeinsam mit seinem Kollegen E. H. Madden für eine Rückkehr zu einer befriedigenderen Theorie der Kausalität plädierte (vgl. ihr Buch *Causal Powers*). Nach ihrer Konzeption ist eine Murmel nicht länger ein Objekt ohne eigene Kausalität, sondern eine Entität, die mit »spezifischen Wirkkräften« ausgestattet ist, welche es ihr erlauben, sich unter bestimmten Umständen auf bestimmte Weise zu verhalten. Die Welt besteht nicht länger aus trägen Gegenständen, die durch äußere Kräfte herumgeschubst und -gezerrt werden, sondern aus Objekten mit eigenen kausalen Kräften, die sich unter verschiedenen Umständen auf je unterschiedliche Weise entfalten. »Zu tun, was sich von selbst ergibt« bedeutet dann, im Einklang mit den spezifischen Wirkkräften zu handeln, die sich in jeder beliebigen Konstellation von Bedingungen manifestieren, und die dynamische Beschreibung physikalischer Prozesse umfaßt dann auch einen bestimmten Typ von innerer Wirkkraft. Die Murmel wird nicht einfach durch eine Anfangskraft angestoßen und von der Schwerkraft gezogen. Sie besitzt vielmehr ihre eigene Kraft, die zusammen mit den Kräften, die in jeder gegebenen Lage auf sie einwirken, eine bestimmte Bewegung erzeugt.

Die Auffassung, daß physikalische Prozesse eine Kombination von dynamischer Eigenkausalität und Manifestation kausaler Naturkräfte sind, stimmt weitgehend mit der Position überein, die Paul Davies und John Gribbon in ihrem Buch *The Matter Myth* einnehmen. Sie behaupten, die Materie sei nicht der träge Stoff, als der sie häufig ausgegeben werde. Die Quantenmechanik enthüllt uns eine Welt der Wirkungen, die alles andere als mechanisch ist. Dies ist den Physikern seit Jahrzehnten bekannt, vor allem seit Einstein, Podolsky und Rosen in den dreißiger Jahren des 20. Jahrhunderts bewiesen haben, daß die Prinzipien der Quantenmechanik einen grundlegenden nichtlokalen Zusammenhang zwischen den Teilchen voraussetzen. Aber die Vorstellung, Teilchen seien winzig kleine billardkugelähnliche Materiebrocken, die durch von außen auf sie einwirkende Felder herumgeschubst und -gezerrt würden, ist nur schwer aus den Köpfen zu bekommen. Die noch nicht lange zurückliegenden experimentellen Bestätigungen der Vorhersagen Einsteins und seiner Kollegen durch den französischen Physiker Alain Aspect haben schließlich der Erkenntnis zum Durchbruch verholfen, daß man mechanische Interpretationen elementarer physikalischer Prozesse durch eine viel ganzheitlichere Sicht der Dynamik des Wandels auf der fundamentalen Ebene der physikalischen Realität ersetzen muß. Zwischen Teilchen, die aus bestimmten Vereinigungszuständen hervorgehen, besteht weiterhin eine Art von Wechselwirkung, wodurch sie eng miteinander verbunden bleiben, so daß gewisse Merkmale wie der Eigendrehimpuls (Spin) oder die Polarisation weiterhin korreliert sind, ganz gleich, wie weit die Teilchen räumlich voneinander entfernt sind. Die hier wirkende Kausalität ist eine Manifestation der spezifischen Kräfte in den Teilchenfeldern, so daß das ganze System eine Einheit bildet. Teilchen werden nicht von Kräften beeinflußt, die ihnen äußerlich sind; sie selbst sind Aspekte eines einheitlichen Vorgangs, der im Raum verteilt ist und sich im Zeitablauf nach definierten Regeln – denen der Quantenmechanik – verändert.

Über die genaue Bedeutung dieser quantenmechanischen Beschreibung wird in der Physik heftig diskutiert. Die Kopenhagener Interpretation, die auf Niels Bohr zurückgeht, behauptet, die mathematische Formulierung quantenmechanischer Gesetze lasse sich nicht weiter im Sinne kausaler Prinzipien analysieren, während theoretische Physiker wie der verstorbene David Bohm und sein Kollege Basil Hiley vom Birkbeck College in London für eine kausale Interpretation eintraten, die auf einer expliziten Darstellung nichtlokaler Kausalität in Form eines Feldes, des sogenannten *Quantenpotentials*, beruht. Dieses beschreibt ein einheitliches Prinzip der Quantenwirkung in mathematischen Begriffen. Unabhängig davon, welchen von diesen beiden – oder von den vielen anderen miteinander konkurrierenden – Auslegungen man sich anschließt, die alte, mechanische Auffassung von Kausalität, nach der äußere Kräfte auf träge Teilchen einwirken, ist jedenfalls passé. Die Physik hat erkannt, daß sich Naturvorgänge nicht in diesen Kategorien beschreiben lassen und daß sich in den Phänomenen, die wir in der Natur beobachten, eine tiefere Wirklichkeit manifestiert, in der scheinbar geson-

derte Objekte auf subtile, aber wohldefinierte Weise miteinander verbunden sind.

Diese Anschauung, nach der die natürlichen Phänomene
in unserer Umwelt – Meereswellen, Wolken oder ein Re-
genbogen – unter Rückgriff auf eine besondere, normalerweise unsichtbare Ebene physikalischer Prozesse, auf der
die wahren Ursachen dieser Phänomene anzutreffen seien,
erklärt werden müssen, nennt man in der Erkenntnistheo-
rie Realismus. Die meisten Naturwissenschaftler sind in
diesem Sinne Realisten, obgleich sie sehr unterschiedliche
Meinungen darüber hegen, was diese »reale« Ebene der
Ursachen natürlicher Phänomene eigentlich ist. Einig sind
sich die Physiker jedoch darin, daß Felder real sind, auch
wenn wir sie weder sehen noch in Flaschen abfüllen, noch
sie vermarkten können. Wir können lediglich ihre Wirkungen beobachten, wie beispielsweise die Ausrichtung einer
Kompaßnadel im Magnetfeld der Erde, den Fall eines Apfels im Schwerefeld der Erde oder den Fließwirbel in der
Badewanne, der ein Ausdruck des hydrodynamischen Feldes ist. Die Vorschläge, die Harré und Madden in ihrer
kausalen Interpretation von Naturvorgängen machen, stehen in dieser Tradition des Realismus, aber für sie sind
Prozesse mit kausalen Kräften in diesen Feldern bzw. Feld-
Teilchen-Systemen verknüpft, die von sich aus unter bestimmten Umständen zu bestimmten Formen der Bewegung fähig sind. Dies steht völlig in Einklang mit den
quantenmechanischen Befunden zur nichtlokalen Kausalität, ist aber unvereinbar mit allen Beschreibungen, in
denen die Materie als träge und ohne eigene kausale Wirkkraft dargestellt wird.

Was bedeutet das nun für die Biologie? Zeigt sich in
Organismen der gleiche Typ kausaler Wirkkraft wie in unbelebten Prozessen, oder gibt es einen Unterschied? Ich
glaube, daß es einen Unterschied gibt, und zwar einen

grundlegenden. Aufgrund welcher Eigenschaft unterscheiden sich Lebewesen von einer rollenden Murmel oder von einer Petrischale mit Belousov-Zhabotinsky-Reagenzien, deren Muster so große Ähnlichkeit mit den von Organismen erzeugten Mustern aufweisen? Die Antwort liegt in zwei miteinander verbundenen Aspekten organismischen Verhaltens, die sich am Beispiel von *Acetabularia*, die wir in Kapitel 4 beschrieben haben, verdeutlichen lassen. Wenn der Hut einer ausgewachsenen *Acetabularia* abgeschnitten wird, wächst ein zweiter nach, und der Organismus regeneriert sich vollständig: Ein Teil des ursprünglichen Organismus – derjenige, der nach Entfernung des Hutes übrigbleibt – besitzt die Fähigkeit, den Gesamtorganismus wiederherzustellen. Diese Eigenschaft zeigt sich auch im Lebenszyklus: Gameten, die Teile des ursprünglichen Organismus sind, können sich zu einem neuen Individuum entwickeln. Organismen können sich regenerieren und vermehren. Dies sind Manifestationen der Fähigkeit zur Selbsterneuerung bzw. Individuation, die für den lebenden Zustand kennzeichnend ist. Humberto Maturana und Francisco Varela definieren dies in ihrem Buch *Der Baum der Erkenntnis* als *Autopoiesis*, als die Fähigkeit zu aktiver Selbsterhaltung und Selbsterzeugung, die der Regeneration, der Fortpflanzung und der Heilung zugrunde liege, durch die Organismen zu kohärenten ganzheitlichen Gebilden würden. Die Organismen unterscheiden sich in ihren Regenerations- und Fortpflanzungsfähigkeiten. Unsere Gliedmaßen erneuern sich nicht in der gleichen Weise wie die Gliedmaßen von Wassermolchen und Salamandern, aber unsere Haut erneuert sich nach Wunden, und andere Gewebe wie Leber und Niere regenerieren sich ebenfalls nach Schädigungen. Doch wenn Spezies überleben und evolvieren wollen, müssen die Mitglieder dieser Spezies die Fähigkeit besitzen, sich entweder ungeschlechtlich oder geschlechtlich zu vermehren. In diesen Eigenschaften aktiver Selbsterhaltung, Reproduktion und Regeneration spiegelt sich eine gewisse Selbständigkeit der Organismen wider, denn diese Eigenschaften sind auf Vorgänge zurückzuführen, die in den Organismen ablaufen, so daß der Organismus als Ganzer Merkmale besitzt, die kennzeichnend sind für die Spezies, der er angehört.

Diese Selbständigkeit ist nicht als Unabhängigkeit von der Umwelt zu verstehen. Wenn man *Acetabularia* in Meerwasser legt, das 1 Millimol Calcium enthält, oder einen Wassermolch in einer kalten Umgebung (<5°C) hält, wird sich keiner der beiden Organismen regenerieren oder vermehren. Allerdings sind die Fähigkeit zu diesen Selbsterneuerungsprozessen und ihre Spezifität in den Organismen selbst angelegt. Die in einem Organismus wirkenden Kausalkräfte zeichnen sich durch eine Abgeschlossenheit aus, die ein spezifisches Gebilde, eine dynamische Form mit eigener Identität und Wirkkraft definieren, welche sich in einem Spektrum von Lebensräumen manifestieren können. Nichtlebende Systeme besitzen diese Fähigkeiten im allgemeinen nicht. Organismen bergen spezifische Wirkkräfte in sich, die es ihnen ermöglichen, sich unter bestimmten Bedingungen selbst zu regenerieren und zu vermehren, was unbelebte Systeme nicht können.

Dies ist eine emergente Eigenschaft des Lebens, die sich nicht mit den Eigenschaften der Moleküle, aus denen Organismen bestehen, erklären läßt, denn Moleküle sind nicht in der Lage, aus einem Teil ein ganzheitliches Gebilde zu schaffen. DNS und RNS können zwar unter bestimmten Bedingungen Kopien von sich anfertigen, aber in diesem Prozeß des Selbstkopierens wird nicht aus einem Teil ein komplexeres Ganzes erzeugt. Dies ist einer der Hauptgründe dafür, daß man Organismen nicht auf ihre Gene oder Moleküle reduzieren kann. Der spezifische Typ von Organisation, der in der dynamischen Wechselwirkung zwischen den molekularen Bestandteilen eines Organismus besteht, die ich morphogenetisches bzw. Entwicklungsfeld genannt habe, produziert und reproduziert sich unentwegt in Lebenszyklen und erkundet ständig seine Fähigkeit, neue Ganzheiten zu erzeugen. Die Evolution zeigt uns, daß diese ganzheitlichen Gebilde viele verschiedene Formen annehmen können: Einzelzellen mit komplexen Formen bei Arten wie *Paramecium* und *Acetabularia* oder komplexe Organisationen aus zahlreichen differenzierten Zellen bei Vielzellern wie einem Löwenmaul, einem Wassermolch, einer Schuppentanne oder einem Menschen. Und es gibt viele weitere Beispiele für diese grundlegende Eigenschaft des Lebens, aus Teilen Ganzheiten zu bilden, wie wir später noch sehen werden. Wir haben die Organismen als die irreduziblen Einheiten rehabilitiert, die an der Erzeugung von Formen mitwirken und kraft ihrer besonderen kausalen Wirkkräfte auch an deren Umbildung. Dazu gehören die morphogenetischen Determinanten, die Organismen eine Art Gedächtnis verleihen, und die engen Abhängigkeits- und Wechselwirkungsbeziehungen zwischen den Organismen und ihren Lebensräumen, wie in Abbildung 2.4 beschrieben. Der Lebenszyklus verknüpft Gene, Umwelteinflüsse und generatives Feld zu einem einheitlichen Prozeß, der in sich selbst geschlossen ist und sich in der Generationenabfolge endlos fortsetzt. Deshalb sind die Spezies natürliche Arten und nicht die historischen Individuen, als die sie der Darwinismus hinstellt. Die Mitglieder einer Spezies verwirklichen ihre besondere Natur.

Organismen treten auf alle erdenklichen Weisen miteinander in Verbindung, etwa durch Genübertragung von einem Organismus zum anderen im Wege sexueller Interaktion, durch direkten Gentransfer wie bei Mikroorganismen oder durch Übertragung mit Hilfe von Vektoren wie etwa Viren oder Plasmiden, die von Wirt zu Wirt wandern und unterwegs aufs Geratewohl Gene aufnehmen und überbringen. Diese Vermischung des Genpools führt zu einem effizienten Absuchen des Raums potentieller morphogenetischer Trajektorien, zu einem Erkunden der möglichen Formen, darunter solchen, in denen sich der lebende Zustand in geeigneten Habitaten als robuste und vermehrungsfähige Spezies entfalten kann. Im vorangehenden Kapitel legte ich dar, daß die morphologischen Grundmerkmale dieser Spezies, ihre Baupläne, anhand deren wir sie erkennen und nach Ähnlich- bzw. Unähnlichkeiten in Kategorien einordnen können, die typischen Formen der Gestaltungsprozesse darstellen. Diese sind das Produkt robuster symmetriebrechender Kaskaden, die bestimmte Merkmale erzeugen, wie etwa die Wirtel bei Algen, die Muster von Blättern und Blütenorganen bei Pflanzen und Strukturen wie Fischflossen, Vierfüßer-Extremitäten und Wirbeltieraugen – all die robusten, natürlichen Produkte der Morphogenese. Ein Organismus einer bestimmten Spezies bildet eine integrierte Ganzheit mit einer bestimmten Menge von Merkmalen, die ihm erlauben, in seiner Umwelt zu funktionieren und seinen Lebenszyklus fortzusetzen. Der biologische Begriff der natürlichen Selektion beschreibt die Dynamik der Wechselwirkung zwischen diesen Lebenszyklen und ihren Umgebungen, die durch Ljapunow-Exponenten exakt beschrieben werden. Diese Exponenten geben an, ob der Lebenszyklus stabil oder instabil ist – ob die Spezies unverändert fortbesteht und ihr Areal ausweitet oder ausstirbt und ob eine andere Spezies in ein Ökosystem eindringen kann. Daraus ergibt sich das dynamische Bild von Populationen, die sich auf Attraktoren zu bzw. von Repellatoren weg bewegen und nicht mehr wie bisher in einer Fitneßlandschaft umherwandern.

Wir wollen nun der Bedeutung des Adaptationsbegriffs in dieser evolutionären Dynamik nachgehen.

Adaptation der Teile oder Dynamik des Ganzen?

Eine Adaptation ist eine Modifikation, welche die Überlebenswahrscheinlichkeit einer Spezies in einem bestimmten Habitat erhöht. Nach herrschender Meinung ist die Evolution im wesentlichen ein Prozeß, in dem Organismen sich entweder an die wechselnden Verhältnisse anpassen oder sterben. Auf diese Weise wird der Evolution eine Fortschrittsidee unterlegt, dergemäß Spezies sich durch komplexere Anpassungen unablässig vervollkommnen. Es ist aufschlußreich, daß dieser Adaptationsbegriff nicht zur Beschreibung physikalischer Prozesse verwendet wird. Weshalb sagen wir nicht, die elliptische Umlaufbahn der Erde um die Sonne sei eine Anpassung, die ihr erlaube, ihren dynamischen Zustand zu bewahren und in ihrer zyklischen Bewegung fortzufahren? Obgleich dies logisch einwandfrei wäre, hört es sich sonderbar an, weil es der Planetenbewegung den falschen Typus kausaler Wirkkraft zuschreibt. Aber ist die »fortlaufende Anpassung an veränderliche Lebensräume« denn die beste Beschreibung für die Wirkkraft, die sich in evolvierenden Organismen entfaltet? Daß viele Spezies bemerkenswert gut an ihre Habitate angepaßt sind, ist nicht zu leugnen: der Schnabel des Kolibris an die Gestalt der Blüten, von deren Nektar er sich ernährt; die Extremitäten des Pferdes, die ihm in seinem natürlichen Lebensraum, Grasland-Habitaten, eine so große Schnelligkeit verleihen; die Flossen des Seehundes; die Färbung und die Form von Insekten, die auf eine nachgerade unheimliche Weise den Blättern gleichen, auf denen sie sich ausruhen; die leuchtenden Farben der Blüten, die Bienen anlocken, und so weiter. Aber es gibt ebenso viele nichtadaptive Merkmale, wie S. J. Gould und R. C. Lewontin in ihrem Aufsatz »The Spandrels of San Marco and the Panglossian Paradigm: A Critique of the Adaptionist Paradigm« (Die Spandrillen von San Marco und das Paradigma des naiven Optimismus: Eine Kritik am adaptionistischen Programm), in dem sie die Ähnlichkeiten zwischen nichtfunktionalen Aspekten eines architektonischen Entwurfs und nichtadaptiven Aspekten der Baupläne von Spezies erörtern. Es gibt eine Fülle von Beispielen für nichtadaptive Merkmale: die Wirtel von *Acetabularia* gehören ebenso dazu wie der Wurmfortsatz Ihres Blinddarms. Die Tatsache, daß das Licht die Nervenzellen Ihres Auges passieren muß, bevor es auf das lichtempfindliche Pigment in der Netzhaut auftrifft, ist ebenfalls ein nichtadaptives Merkmal. Der Verdauungsapparat des Riesenpandas, dessen pflanzliche Nahrung vor allem aus großen Mengen von Bambussprossen besteht, deren Zellulose er nicht verdauen kann, ist ein weiteres nichtadaptives Merkmal. Die Liste ließe sich, wie die der Adaptationen, seitenlang fortsetzen. Was bedeutet dies nun für die Erklärung der Evolutionsdynamik?

Der entscheidende Begriff für die Analyse evolvierender Systeme ist der der dynamischen Stabilität: Eine notwendige (wenn auch keineswegs hinreichende) Bedingung für das Überleben einer Spezies besteht darin, daß ihr Lebenszyklus in einer bestimmten Umgebung dynamisch stabil ist. Diese Stabilität bezieht sich auf die Dynamik des gesamten Zyklus, der den Gesamtorganismus als ein integriertes System umfaßt, das selbst wiederum in ein größeres System, sein Habitat, integriert ist. Die Konzentration auf die Änderungen, die in den Teilen eines Organismus auftreten können, vermag uns wertvolle Aufschlüsse über die mikroskopischen oder lokalen Aspekte organismischer Plastizität zu geben – das Ausmaß, in dem der Schnabel eines Vogels länger oder höher werden kann oder in dem ein Schmetterling sein Pigmentmuster verändern kann oder in dem sich die Wirtel bei einzelligen Grünalgen modifizieren können. Natürlich glaubte Darwin, man könne die makroskopischen Merkmale der Evolution als Summe dieser mikroskopischen Änderungen erklären. Der bedeutende Evolutionsbiologe Ernst Mayr hat jedoch mit aller Deutlichkeit erklärt, es gebe keinerlei Beweise dafür, daß irgendeine evolutionäre Innovation schrittweise durch Anhäufung kleiner adaptiver Modifikationen entstanden sei. Neue Spezies scheinen die Bühne plötzlich zu betreten und sich während ihrer Lebensdauer, die sehr lang oder auch verblüffend kurz sein kann und so einem Glücksspiel gleicht, das Stephen Jay Gould in *Wonderful Life* mit gewohnter Virtuosität beschreibt, kaum zu verändern. Noch immer ist der Ursprung der Spezies eine ungelöste Frage, denn die Adaptation erklärt nicht die übergeordneten, makroskopischen Merkmale des Evolutionsdramas.

Konkurrenz und Kooperation

Ein weiterer Begriff, der tief in der Biologie verwurzelt ist, ist der der Konkurrenz. Die Konkurrenz wird vielfach als die Triebkraft der Evolution beschrieben, welche die Organismen, nolens volens, im Kampf mit ihren Nachbarn um knappe Ressourcen zu höheren Stellen auf ihren Fitneßlandschaften drängt. Nun gibt es aber unter den Lebewesen ebensoviel Kooperation wie Konkurrenz. Mutualismus und Symbiose, also Formen des Zusammenlebens von Organismen in einem Zustand wechselseitiger Abhängigkeit – wie etwa Flechten, die aus einer harmonischen

Genossenschaft zwischen einem Pilz und einer Alge hervorgehen, oder die Bakterien in unserem Darm, aus denen wir genausoviel Nutzen ziehen wie sie aus uns –, sind ein ebenso universelles Merkmal der belebten Natur. Weshalb wird nicht die Kooperation als die große Quelle von Neuerungen in der Evolution beschrieben, wie sie sich beispielsweise in dem riesigen Entwicklungsschritt der Bildung einer eukaryotischen Zelle, die einen echten Zellkern enthält, durch kooperative Vereinigung von zwei oder drei Prokaryoten, kernlosen Zellen, manifestiert? Eine dieser Prokaryoten wandelte sich in den Zellkern um, aus einer anderen gingen die Energiegeneratoren (die Mitochondrien) hervor, und die dritte Prokaryote entwickelte sich, bei den Pflanzenzellen, zu den Chloroplasten. Diese Geschichte einer symbiotischen Vereinigung, die sehr viel komplexer und verzwickter ist, als ich sie dargestellt habe, ist eine der spannendsten und weitreichendsten Hypothesen über die Emergenz von Neuerungen in der Evolution insgesamt, die ausführlich und mit überzeugenden Belegen von ihrem Urheber, Lynn Margulis, und Dorion Sagan in dem Buch *Microcosmos* geschildert wird. Dieses Buch enthält auch eine Erklärung von Phänomenen des Mutualismus und der Symbiose in der Welt der Mikroben. Diese Erklärung verweist auf eine neue Sicht der interaktiven Dynamik in mikrobiellen Ökosystemen als der Grundlage aller lebenden Systeme auf diesem Planeten. Mikroben sind die chemischen Fabriken der Erde, und sie reichern den Boden und die Meere mit einer großen Vielfalt von Produkten wie Sulphate, Phospate und Nitrate an. Sie erhalten die Atmosphäre durch die fortwährende Bildung und Verwertung von Methan, Kohlendioxid, Sauerstoff und anderen Gasen in einem reaktiven Nichtgleichgewichtszustand; und sie sind die Recyclinganlagen der Erde, indem sie Zerfallsprodukte anderer Organismen in wiederverwertbare Gase, Mineralien und Chemikalien umwandeln. Dieser Mikrokosmos ist das robusteste und beständigste aller Ökosysteme und wird wohl die meisten Katastrophen, von denen unser Planet heimgesucht werden mag, überstehen, gleich ob diese von der Natur selbst oder vom Menschen verursacht werden. Die Einsicht, daß mikrobielle Ökosysteme für das Wohlergehen unseres Planeten eminent wichtig sind, hat wesentlich zur Formulierung der Gäa-Hypothese durch James Lovelock und Lynn Margulis beigetragen. Sie analysieren die dynamische Stabilität des Lebens auf der Erde als ein eng verwobenes Gefüge von Wechselwirkungen zwischen Organismen und ihrer physikalischen Umwelt, und sie liefern damit das passende begriffliche Instrumentarium, mit dem sich die Evolution unseres Planeten in Kategorien komplexer nichtlinearer dynamischer Prozesse, deren Stabilitätszuständen und Umschlagpunkten behandeln läßt.

Dieses ungemein komplexe Beziehungsgefüge zwischen den Organismen umfaßt alle erdenklichen Muster der Wechselwirkung, und es gibt absolut keinen Grund, sich auf die Konkurrenzbeziehungen zu kaprizieren und sie als *die* Triebkraft der Evolution herauszustellen. Um Modelle der Dynamik von Ökosystemen entwerfen zu können, muß man natürlich wissen, ob sich ein Element positiv, negativ oder gar nicht auf die Änderungsgeschwindigkeit irgendeines Systemglieds auswirkt. Ein solches Wissen ist für die Entwicklung eines wirklichkeitsnahen Modells in der Physik, der Chemie oder auf einem anderen Gebiet unverzichtbar. Auf dieser Ebene der Analyse gibt es keinerlei Unterschied zwischen der Biologie und anderen Naturwissenschaften – nach der Gäa-Hypothese verschmilzt sie mit diesen sogar zu einer Einheit. Dies ermöglicht es uns, die emergente Ordnung in der Biosphäre zu verstehen – ihre Stabilität, ihre Instabilität, ihre Fähigkeit zur Regulation und Homöostase sowie die Auswirkungen von Nichtlinearitäten auf die Zustandsübergänge. Wir werden auf diese Weise vielleicht neue Erkenntnisse gewinnen über die möglichen klimatischen und ökologischen Folgen der globalen Erwärmung, der Zerstörung der Regenwälder, der Vernichtung der Artenmannigfaltigkeit und so fort. Die Konkurrenz nimmt in der biologischen Dynamik keinen herausragenden Rang ein; entscheidend ist vielmehr das Muster der bestehenden Beziehungen und Wechselwirkungen und deren Einfluß auf das Verhalten des Systems als integriertes Ganzes. Um das Problem des Ursprungs zu lösen, müssen wir verstehen, wie neue Ebenen der Ordnung aus komplexen Wechselwirkungsmustern hervorgehen und welche Eigenschaften diese emergenten Strukturen im Hinblick auf ihre Störungsunempfindlichkeit und ihre Selbsterhaltungsfähigkeit aufweisen. Wir werden dann erkennen, daß alle Ebenen der Ordnung und Organisation für das Verständnis des Verhaltens lebender Systeme gleich wichtig sind und daß das reduktionistische Beharren auf einer fundamentalen materiellen Kausalitäts- und Erklärungsebene, wie sie etwa Moleküle und Gene darstellen, einer bedauerlichen Mode oder einem verhängnisvollen Vorurteil entsprang, aus denen niemals wahre wissenschaftliche Erkenntnisse hervorgehen können.

Die Evolution emergenter Ordnung: Leben am Rande des Chaos

Metaphern wie Konkurrenz, egoistische Gene, Kampf, Adaptation, Erklimmen von Gipfeln in Fitneßlandschaften und Fortschritt spielen im Neodarwinismus deshalb eine so bedeutende Rolle, weil sie die Evolution in Kategorien erklären, die uns aufgrund unserer sozialen Erfahrung in

275

unserer Gesellschaft vertraut sind. Wir geben unseren naturwissenschaftlichen Theorien einen tieferen Sinn, indem wir solche Metaphern verwenden, die sich letztlich von kulturellen Mythen herleiten. Wie in Kapitel 2 beschrieben, wurzeln die Metaphern des Darwinismus im Mythos von Sündenfall und Erlösung der Menschheit, so daß Formulierungen wie egoistische Gene, Kampf, Fortschritt und die Fähigkeit des Menschen zum Altruismus genau die richtigen Metaphern sind, um den Sinn der Evolution aus dieser Sicht zu vermitteln. Dies funktioniert bis zu einem gewissen Grad, um ausgewählte Aspekte der geringfügigen Änderungen zu beschreiben, die in Organismen und Populationen eintreten. Aber die Akkumulation dieser geringfügigen Änderungen erklärt nicht die Emergenz neuer Spezies, neuer Typen von Organismen, oder den Unterschied zwischen *Acetabularia* und *Arabidopsis* bzw. zwischen einem Hai und einem Salamander. Hierzu benötigen wir eine Theorie der emergenten Ordnung, die erklärt, auf welche Weise sich in der komplexen, chaotischen Dynamik des lebenden Zustands spontan Muster bilden. Die Organismen selbst sind Entfaltungen dieser emergenten Ordnung und Schöpfer höherer Ebenen der Emergenz. Das gesamte Schauspiel der Evolution ist ein »schöpferischer Vorstoß ins Neue«, um mit Alfred North Whitehead, dem wir eine Philosophie des Fortschritts verdanken, zu sprechen. Diese Auffassung nimmt jetzt in neuen Theorien über die dynamischen Merkmale des Evolutionsprozesses konkrete Gestalt an: Das Leben existiert am Rande des Chaos, indem es, beständig auf der Suche nach emergenter Ordnung, zwischen Chaos und Ordnung pendelt. Diese kraftvolle, anschauliche Metaphorik hat Eingang gefunden in populärwissenschaftliche Bücher wie *Complexity: Life at the Edge of Chaos* von Roger Lewin und *Complexity: The Emerging Science at the Edge of*

276

Order and Chaos von M. Mitchell Waldrop. Diese schildern die spannenden Ideen und Theorien, die in Einrichtungen, die sich mit der Erforschung komplexer dynamischer Systeme befassen, wie etwa das Santa-Fé-Institut in New Mexico, entwickelt werden.

Doch was genau bedeutet dies? Folgende Vermutung wird durch eine Fülle von Indizien gestützt, ist aber bislang noch nicht bewiesen: Für komplexe nichtlineare dynamische Systeme aus großen Netzwerken wechselwirkender Elemente gibt es einen Attraktor, der zwischen einer Region chaotischen Verhaltens und einer im geordneten Regime »eingefrorenen« Region liegt, in der kaum Spontanaktivität auftritt. Jedes derartige System, sei es ein noch nicht ausgereifter Organismus, ein Gehirn, eine Insektenkolonie oder ein Ökosystem, konvergiert gegen den Chaosrand. Wenn es ins chaotische Regime abdriftet, kommt es von selbst wieder heraus; wenn es sich allzuweit ins geordnete Regime vorwagt und darin erstarrt, »taut« es von selbst wieder »auf«, um die dynamische Agilität zurückzugewinnen, die sich durch hohe, aber labile Ordnung auszeichnet.

Zahlreiche Wissenschaftler, von denen viele mit dem Santa-Fé-Institut verbunden sind, haben einen Beitrag zur Formulierung dieser außerordentlich interessanten Hypothese geleistet. Der erste, der die obengenannte Vermutung aufstellte, war Chris Langton. Er erforschte das Verhalten jener zellulären Automaten, die Stephen Wolfram in *Theory and Applications of Cellular Automata* beschrieben hatte. Diese Automaten gehorchen einfachen Interaktionsregeln, ähnlich denen, die wir in Kapitel 3 beschrieben haben und zur Modellierung des Verhaltens von Ameisen verwendeten. Sie können allerdings komplexe Aktivitätsmuster entfalten. Langton fiel auf, daß bestimmte Sätze von Interaktionsregeln geordnete Muster er-

zeugen, in denen das System in einen stationären Zustand
eintritt, während andere Sätze extrem komplexe Aktivitäten herbeiführen; zwischen diesen beiden liegen die Regeln, welche eine teilweise Ordnung bewirken. In diesem
teilweise geordneten Regime ist das System dynamisch
und veränderlich, weder chaotisch noch »eingefroren«,
sondern weist ein reichhaltiges Muster an Aktivitäten auf,
die sich über den gesamten Raum erstrecken, in dem der
Automat operiert. Langton arbeitete bei diesen Studien
mit Norman Packard zusammen, und sie prägten gemeinsam den Ausdruck »Leben am Rande des Chaos«, um das
lebensähnliche Verhalten ihrer zellulären Automaten und
die Existenz einer Übergangsregion zwischen Chaos und
Ordnung zu beschreiben. Sie stellten fest, daß in dieser Region sämtliche Teile des Systems in dynamischer Verbindung mit allen anderen Teilen stehen, so daß die Informa-
tionsverarbeitungskapazität des Systems maximal ist.
Dieser Zustand hoher Verbindungsdichte und »emergenter« Berechnung bedeutet nach Einschätzung von Langton
und Packard, daß sich dem System ein Maximum an Gele-
genheiten eröffnet, dynamische Überlebensstrategien zu
evolvieren. Das Evolutionsszenario besteht hier darin, daß
die Automaten durch Zufallspermutation ihre Regeln
ändern, so wie sich Gene durch Mutation und Rekombi-
nation ändern, und daß sie sich am Rand des Chaos nie-
derlassen als dem »besten« Ort, der eine maximale An-
passungsfähigkeit gewährleistet. Langton und Packard
behaupteten außerdem, daß dieser Zustand für ein evolvierendes System ein Attraktor sei, aber sie wiesen nicht
nach, daß sich ihre Automaten tatsächlich von sich aus in
diese Region bewegten. Sie mußten eine künstliche Selek-
tions- bzw. Fitneßfunktion konstruieren, welche die Automaten gegen diesen Zustand konvergieren ließ. Dennoch
ist dies möglicherweise eine sehr weitreichende neue These

über die inneren dynamischen Eigenschaften, die den Zustand kennzeichnen, in dessen Richtung ein komplexes System mit erblicher Variation von sich aus evolviert. Man vermutet, daß dieser Zustand durch einen Attraktor definiert wird, der sich durch ein Maximum dynamischer Wechselwirkung zwischen allen Systemelementen auszeichnet, wodurch das System eine hohe Rechenkapazität erhält, und daß das System von den Erkundungen seiner veränderlichen Welt beständig in diesen Zustand zurückkehrt.

Die ersten von Langton und Packard erforschten Automaten waren zu einfach, um ein evolvierendes System in einer veränderlichen Umwelt zu simulieren, aber in den wenigen Jahren seit der Publizierung ihrer Vermutung wurde ihre Hypothese in einer Vielzahl von Forschungsarbeiten aufgegriffen, die nunmehr eine immer genauere Definition des Attraktors komplexerer Systeme erlauben. Diese Forschungsvorhaben befassen sich mittlerweile vor allem mit der Problematik des »Künstlichen Lebens« und gehen auf die Initiative von Langton zurück, der die erste Konferenz zu diesem Thema im Los Alamos National Laboratory, etwa 30 Kilometer nördlich von Santa Fé, organisierte. In dieser Forschungseinrichtung war die erste Atombombe entwickelt worden. Die Ironie der Geschichte, die darin liegt, daß das gewaltigste Instrument der Vernichtung, das die Menschheit je hervorbrachte, und die Wissenschaft vom künstlichen Leben in derselben wunderschönen Gegend der Erde, einem Landstrich, der den ortsansässigen Ureinwohnern als heilig gilt, entstanden sind, läßt die Anhänger dieser neuen Wissenschaft keineswegs gleichgültig.

Stuart Kauffman vom Santa-Fé-Institut ist einer der Wissenschaftler, die maßgeblich an der Entwicklung dieses neuen Forschungsfeldes beteiligt sind. Eines seiner letzten

Bücher, *The Origins of Order: Self-Organization and Selection in Evolution*, dokumentiert seine Untersuchungen auf dem Gebiet der theoretischen Biologie, beginnend mit seinen ersten Computersimulationen komplexer biologischer Systeme in den späten sechziger Jahren. Er gehörte zu den ersten, welche die dynamischen Auswirkungen einfacher Steuerungsregeln für die Aktivität und Interaktion von Einheiten, die er als Genmodelle verwendete, untersuchten. Kauffmans Forschungen zeichnen sich dadurch aus, daß er immer nach den robusten, typischen Eigenschaften komplexer Systeme sucht, die sich zeigen, ohne zu Anfang in das System eingebracht worden zu sein. Was konnte schon bei einem Experiment herauskommen, in dem Hunderte von Genen ohne bestimmte Ordnung miteinander wechselwirkten, wobei jedem Gen nach dem Zufallsprinzip eine begrenzte Menge logischer Funktionen zugeordnet wurde, die seine Antwort auf die Inputs von je zwei, ebenfalls zufällig ausgewählten Genen spezifizierten? Nichts von Belang, mögen Sie denken. Und doch brachte das Experiment ein sehr bemerkenswertes Ergebnis, das Kauffman auf eine äußerst ergiebige Fährte setzte.

Die Netzwerke konnten in eine riesige Anzahl von Zuständen eintreten, da jedes Gen ein- oder ausgeschaltet sein konnte, so daß ein Netzwerk aus 100 Genen 2^{100} Zustände hatte. Wenn wir nun annehmen, daß dieses Netzwerk all seine Zustände in beliebiger Reihenfolge durchläuft und jeder Zustand nicht länger als eine Mikrosekunde dauert, würde das Netzwerk eine Zeitspanne benötigen, die über eine Milliarde mal dem Alter des Universums entspricht. Dies gibt Ihnen eine Vorstellung davon, was ein dynamisch komplexes System ist! Da Zellen Tausende von Genen in sich tragen, beläuft sich die Anzahl der verfügbaren genetischen Zustände auf $2^{10.000}$ oder mehr, eine unvorstellbare Größenordnung. Wie kom-

men die Netzwerke mit einer derart überwältigenden
Komplexität zurecht? Kauffmans Antwort lautet: Sie erhalten »Ordnung zum Nulltarif«. Dies geschieht folgendermaßen:

Die Netzwerke aus 100 Genen traten normalerweise in
einen Zyklus ein, der im Mittel 10 Zustände dauerte, was
auf eine Quadratwurzelbeziehung zwischen der Genzahl
und der mittleren Zykluslänge hindeutet. Dies entspricht
einer hochgradigen Eingrenzung der Aktivität. Diese Systeme zeigen ein unerwartet hohes Maß dynamischer Ordnung. Kauffman zeigte dann, daß die mittlere Zykluszeit
für Netzwerke aus bis zu 1.000 Genen – und für sehr viel
größere, wie er extrapolierte – dieselbe Quadratwurzelbeziehung zu der Anzahl der »Gene« in einem Netzwerk
aufweist, die zwischen den Zellteilungszeiten von Zellen
verschiedener Spezies und deren geschätzter Genomgröße
besteht. Er wies weiterhin nach, daß zwischen der typischen
Anzahl unterschiedlicher Zustandszyklen eines Netzwerks
und der Anzahl der »Gene« die gleiche Quadratwurzelbeziehung besteht wie zwischen der Anzahl verschiedener
Zelltypen eines Organismus und dessen Genomgröße.
Diese biologischen Übereinstimmungen waren sehr ermu-
tigend, zumal das Modell genetischer Netzwerke allge-
meingültig ist. Auf diese frühen Untersuchungen folgten
dann Studien über Netzwerke, in denen jedes Gen zunächst mit drei statt zwei anderen Genen wechselwirkte,
dann mit vieren und so weiter. Es zeigte sich nun, daß die
Dynamik mit zunehmender Anzahl der genetischen Wechselwirkungen von einem hohen Grad lokalisierter Ordnung in eine viel länger andauernde und ungeordnetere
Aktivität übergeht: Tatsächlich gibt es einen Phasenübergang von Ordnung zu Chaos, ganz ähnlich dem Übergang,
den Packard und Langton bei ihren zellulären Automaten
beobachteten, als sie die Steuerungsregeln in bestimmter

Weise veränderten. Vieles spricht dafür, daß dies eine allgemeine Eigenschaft komplexer Systeme ist. Zudem gibt es Anhaltspunkte dafür, daß echte Gene nur mit wenigen anderen Genen wechselwirken, so daß es triftige Gründe für die Annahme gibt, daß sich echte genetische Netzwerke in der Nähe der Übergangsregion aufhalten.

Kauffman hat diese Überlegungen nun in verschiedene Richtungen weiterverfolgt und eine Vielzahl biologischer Prozesse simuliert, einschließlich solcher, die den evolutionären Wandel beschreiben. Bei diesen Untersuchungen geht es ihm vornehmlich darum, Eigenschaften aufzuspüren, die kennzeichnend sind für eine ganze Menge oder Klasse von nach einfachen Regeln aufgebauten Systemen, wie etwa seine genetischen Netzwerke, und zu prüfen, ob es sich um generische bzw. typische Eigenschaften evolvierender Organismen handelt. Kauffman konzentriert sich hierbei auf die Typen von Ordnung, die spontan in komplexen Systemen auftreten können, und auf die Rolle der natürlichen Selektion als einer äußeren Kraft, welche die Systeme in bestimmte Anpassungszustände drängt. Für den Neodarwinismus ist, wie wir gesehen haben, die Selektion die wichtigste Quelle biologischer Ordnung, wobei Organismen im wesentlichen als reine Überlebensmaschinen betrachtet werden. Kauffman zieht dies in Zweifel und wirft die Frage auf, ob nicht eine starke Quelle emergenter Ordnung existiert, die dem in der Biologie anzutreffenden Typus komplexer Systeme, in denen zahlreiche Elemente auf einfache Weise miteinander wechselwirken, »zum Nulltarif« zugänglich ist. Die von ihm vorgelegten Befunde lassen seiner Meinung nach sogar noch viel weitreichendere Schlüsse zu. Denn solche Systeme weisen nicht nur ein hohes Maß an Ordnung auf, vielmehr bildet sich diese Ordnung auch noch zwangsläufig aus und ist ein allgemeines Merkmal lebender Systeme. Dies bedeutet, daß ein Großteil (und vielleicht sogar der größte Teil) der Ordnung, die in der lebenden Natur zum Vorschein kommt, eine Manifestation von Eigenschaften ist, die komplexen dynamischen Systemen innewohnen, welche durch einfache Regeln der Wechselwirkung zwischen vielen Elementen gesteuert werden. Diese Ordnung ist typisch, und was wir in der Evolution sehen, ist vielleicht in erster Linie die Emergenz von Zuständen, die charakteristisch sind für die Dynamik lebender Systeme.

So gelangen wir, wenn auch auf einem ganz anderen Weg, zur selben Schlußfolgerung wie in Kapitel 5. Dort fragten wir, ob es typische Formen gibt, die den Körperbau der Organismen kennzeichnen. Wir kamen dort zu dem Schluß, daß die strukturelle Ordnung, die aus dem komplexen Muster der Wechselwirkungen zwischen den Bestandteilen der sich entwickelnden Organismen hervorgeht, die wir als Entwicklungsfelder beschrieben haben, zur Emergenz typischer Formen führt, die charakteristisch sind für Organismen. Kauffman, der die Wechselwirkungen zwischen Genen untersucht, kommt zu einem ähnlichen Schluß im Hinblick auf die dynamische Ordnung, die durch diese Interaktionen erzeugt wird, auch wenn er sich stärker auf die Zeit als auf den Raum konzentriert. Zusammengenommen deuten diese Befunde darauf hin, daß die belebte Natur ein Bereich emergenter Ordnung in Raum und Zeit ist, der im wesentlichen aus einfachen Organisationsprinzipien hervorgeht, wobei diese in Systemen wirken, die sich durch kausale Abgeschlossenheit zwischen zahlreichen wechselwirkenden Elementen auszeichnen. Dies verleiht ihnen die unverwechselbaren Eigenschaften der Selbsterhaltung, Regeneration und Fortpflanzung, die wir weiter oben in diesem Kapitel dargestellt haben. Doch wie sind derartige Systeme ursprünglich entstanden? Ist das Leben ein unwahrscheinlicher Zufall?

Oder ist es ein weiterer Ausdruck dafür, daß die Natur das tut, was sich von selbst einstellt, und daß sie in Richtung eines großen Attraktors strebt, der zwangsläufig auftritt, wenn die richtigen Bedingungen herrschen?

Alchemie und der Ursprung des Lebens

Selbstverständlich ist Kauffman auch dieser Frage nachgegangen. Der Ursprung des Lebens wird oftmals als Folge der zufälligen Bildung extrem unwahrscheinlicher Polymere wie langer DNS- oder RNS-Moleküle beschrieben, die sich mit Hilfe von Proteinen replizieren können. Kauffman nähert sich diesem Problem auf eine andere Weise. Er betrachtet Netzwerke aus einfachen Polymeren, wie etwa kurzen Proteinen oder RNS-Molekülen, die sich seiner Auffassung nach durch eine allgemeine, unspezifische katalytische Aktivität auszeichnen; dies bedeutet, daß sie die Geschwindigkeiten chemischer Reaktionen einschließlich der Polymer-Bildungsreaktionen selbst beschleunigen können. Er zeigt, daß mit zunehmender Diversität dieser Moleküle zwangsläufig ein Punkt kommt, wo sämtliche Reaktionen, die für die Produktion aller Komponenten des Netzwerks erforderlich sind, von einem Element der Menge selbst katalysiert werden. Dies ist darauf zurückzuführen, daß mit steigender Polymergröße die Anzahl der katalysierten Reaktionen schneller wächst als die Anzahl der Reaktionen, die für die Bildung der Polymere notwendig sind. So kommt es zur spontanen Emergenz autokatalytischer Verbände; das sind Verbände aus Polymeren, die wechselseitig ihre Bildung katalysieren können, so daß das Gesamtsystem als ein geschlossener Verband funktioniert. Solche katalytisch abgeschlossenen Netzwerke könnten die ersten Systeme mit den Eigenschaften der Selbsterhaltung und Selbstreplikation gewesen sein, die wir als wesentliche Merkmale des lebenden Zustandes bezeichneten, und der Begriff der kausalen Abgeschlossenheit nimmt in der Struktur eines autokatalytischen Verbandes konkrete Gestalt an. Diese Netzwerke zeichnen sich zudem durch einen reichhaltigen, aus mannigfachen Reaktionen bestehenden Stoffwechsel aus, der ein weiteres Grundmerkmal lebender Systeme bildet.

Diese Vorstellungen über den Ursprung des Lebens wurden von anderen am Santa-Fé-Institut tätigen Wissenschaftlern, insbesondere von Walter Fontana, aufgegriffen und erheblich erweitert. Fontana hat einen logischen Kalkül entwickelt, um die Ausbildung katalytischer Abgeschlossenheit in Polymer-Netzwerken systematisch zu erforschen. Diese Netzwerke modellierte er als Zeichenketten, welche auf andere Zeichenketten einwirken, wobei sie Reaktionen fördern, die wieder andere Zeichenketten erzeugen. Er nennt seine Theorie »AlChemie«, die Abkürzung für »Algorithmische Chemie«. Seine Befunde sind von weitreichender Bedeutung: Selbstreproduzierende *Netzwerke* entstehen von selbst und breiten sich aufgrund ihrer Fähigkeit, sich als zusammenhängende, kausal abgeschlossene Verbände zu replizieren, rasch in der AlChemie-Welt aus. Demnach bilden die einfachen Polymere, die sich spontan in lebensähnliche Systeme verwandeln, die Gegenstücke zu den unedlen Metallen, die der Alchemist in Gold umzuwandeln versuchte. Das Leben kann ohne DNS entstehen; es bedarf lediglich eines umfangreichen Netzwerks sich wechselseitig fördernder Elemente. Dies ist Kooperation, gegenseitige Unterstützung und Bereicherung. Kein schlechtes Modell für Existenzgründer.

Die Bedeutung des Konzepts vom »Leben am Rande des Chaos« mag weit über den Bereich der Biologie hinausge-hen, wo es bereits auf sehr fruchtbaren Boden gefallen ist. Der Physiker Per Bak hat ein eng damit verwandtes Konzept entwickelt, um eine Klasse physikalischer Systeme zu beschreiben, die, wie das Leben, komplex und nichtlinear sind sowie Materie und Energie mit ihrer Umgebung austauschen. Die typischen Zustände solcher Systeme, die weit vom thermodynamischen Gleichgewicht entfernt sind, wurden bislang im Unterschied zu gleichgewichtsnahen Zuständen noch nicht im Rahmen einer allgemeinen Theorie beschrieben, obgleich Prigogine, der seit vielen Jahren mit Kollegen in Brüssel an diesem Problem arbeitet, wichtige Erkenntnisse über die Emergenz von Ordnung aus Chaos in solchen Systemen gewonnen hat. Bak hat einen recht allgemeinen Typ von Attraktor für solche Systeme beschrieben, den er »selbstorganisierte Kritizität« nennt. Dieser besitzt wohldefinierte Merkmale, die in vielen offenen Systemen anzutreffen sind, vor allem sogenannte Potenzverteilungen von Fluktuationen und spontanen Störungen. Dies bedeutet, daß es ein charakteristisches Rauschbild bzw. Schwankungsmuster in offenen Systemen gibt, was auf einen bestimmten Typ von Ordnung hindeutet. Es gibt weitgehende Übereinstimmungen zwischen diesen Eigenschaften und den Schwankungen, die Packard und Langton bei ihren zellulären Automaten beobachteten, wenn sich diese am Chaosrand befanden, etwa dynamische Muster, die ebenfalls eine Potenzverteilung und fraktalähnliche Eigenschaften der Selbstähnlichkeit aufweisen.

Leben Ameisen am Chaosrand?

Wir wollen nun von diesen Abstraktionen zu konkreteren Sachverhalten zurückkehren, um unsere Aufmerksamkeit

auf die Bedeutung von Organismen als Triebkräften der
Emergenz in der Evolution zu konzentrieren und den Zusammenhang zwischen Chaos und Ordnung in den Ameisenkolonien, die wir bereits in Kapitel 3 beschrieben haben, genauer zu untersuchen. Erinnern wir uns daran, daß
Nigel Franks von der University of Bath und Blaine Cole
in Houston, Texas, die bei hinreichend hoher Populationsdichte auftretenden rhythmischen Aktivitätsmuster in La-
borkolonien beobachteten und Cole zeigte, daß sich die
Ameisen bei geringen Populationsdichten chaotisch verhalten. In dem von Octavio Miramontes, Ricard Solé und
mir entworfenen Computermodell wird die Aktivität der
einzelnen Ameisen von einem einfachen neuronalen Netz
gesteuert, das in einem chaotischen Modus operiert, so
daß sich unsere Ameisen bei geringen Populationsdichten
ebenfalls chaotisch verhalten. Sobald die Populationsdichte einer Kolonie im Modell einen kritischen Wert erreicht, geht Chaos allmählich in Ordnung über, und in der
Kolonie als Ganzer beginnen rhythmische Aktivitätsmuster aufzutreten. Mit anwachsender Populationsdichte
nimmt die Regelmäßigkeit des Rhythmus weiter zu, während sich die Frequenz kaum verändert. Sogar bei vollständiger Sättigung, wenn jedes Gitterfeld von einer »Ameise«
besetzt ist, so daß sich keine zu einer anderen Position bewegen kann, bleibt das rhythmische Aktivitätsmuster erhalten.

Wir können jetzt fragen: Wo auf diesem Dichtespek-
trum ist eine echte Ameisenkolonie verortet? Nigel Franks
machte einige sehr interessante Beobachtungen, die diese
Frage betreffen. Er errechnete, daß jede Ameise in einem
Nest nahezu konstant eine Fläche von etwa 5 Quadrat-
millimetern zugeteilt erhält, so daß die Nestgröße pro-
portional zur Anzahl der Ameisen in der Kolonie ist. Offensichtlich haben die Ameisen ein Gespür für die

Populationsdichte in der Kolonie, da sie sie bei einem Wert von etwa 0,18 konstant halten, mit einer Schwankungs-breite zwischen 0,11 und 0,27. Da im Nest ein ständiges Kommen und Gehen herrscht, so daß sich die Populations-dichte unablässig ändert, kommt es zu einem steten Wech-sel von rhythmischen und unregelmäßigen Aktivitäts-mustern. Dies deutet darauf hin, daß Kolonien ihre Populationsdichten so regulieren, daß sie am Rande des Chaos leben.

Mit Hilfe dieses Modells einer Ameisenkolonie, in dem die Ameisen als mobile zelluläre Automaten simuliert wer-den, läßt sich die Eigenart des Wechsels von einer chaoti-schen Dynamik zu rhythmischer Aktivität exakter be-schreiben, indem man ein Maß verwendet, das uns etwas über die Übergänge von Ordnung in Unordnung sagt. Die-ses Maß wird Shannon-Entropie oder Informationskapazi-tät genannt und ist wie folgt definiert:

$$H = - \sum_{i=1}^{N} p_i \log p_i$$

N ist die Summe der Ameisen in der Kolonie und p_i ist die Wahrscheinlichkeit, mit der man i von den N Ameisen in einem aktiven Zustand herausfindet. Die Entropie des Systems erhält man, indem man all diese Wahrscheinlich-keiten gemäß der gezeigten Funktion aufsummiert (Σ). Be-rechnet man diese Größe für Kolonien mit unterschied-lichen Populationsdichten, erhält man das in Abbildung 6.1 gezeigte Ergebnis. Die Entropie erreicht ihr Maximum bei einer Dichte von 0,24, was in der Mitte des Übergangs zwischen Chaos und Ordnung liegt. Bei sehr geringen Populationsdichten ist die Entropie klein, weil die dynami-sche Diversität niedrig ist und sich die Aktivität zu jedem beliebigen Zeitpunkt auf einzelne Ameisen beschränkt, selbst wenn sich mehrere Ameisen in der Kolonie befin-

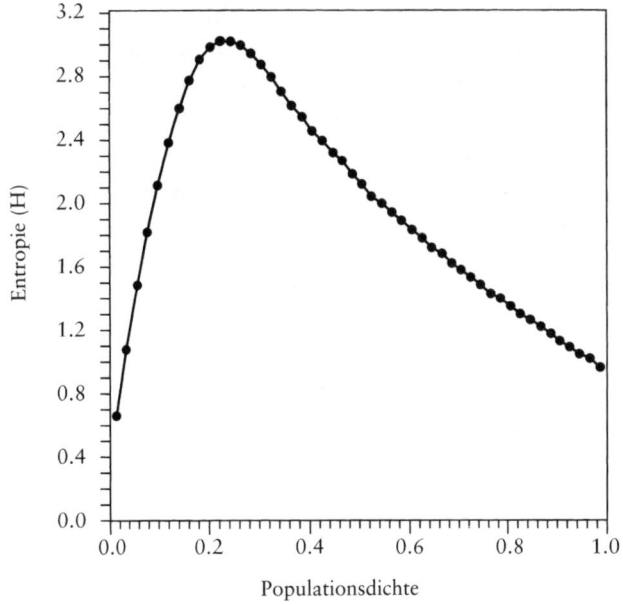

Abbildung 6.1 *Änderung der Shannon-Entropie im Computermodell einer Ameisenkolonie. Die Entropie erreicht ihr Maximum in der Region des Phasenübergangs von Chaos zu Ordnung.*

den. Mit wachsender Individuendichte und steigender Interaktionshäufigkeit beginnen sich die Aktivitätsmuster gleichmäßiger zwischen den möglichen Zahlen von 1 bis N zu verteilen, und bei einer Dichte von 0,24 wird die gleichmäßigste Verteilung erreicht, bei der die Entropie ihr Maximum erreicht. Dies ist der Punkt, an dem die größte Vielfalt dynamischer Zustände existiert und alle Mitglieder der Kolonie miteinander in Verbindung stehen. An diesem Punkt tritt ein Aktivitätsrhythmus auf, der sich über die gesamte Kolonie erstreckt. Je weiter die Individuendichte über diesen Wert ansteigt, um so mehr Ameisen sind aufgrund von Erregungen durch Artgenossen aktiv, so daß die dynamische Diversität wieder abnimmt und ebenso die Entropie. Die Kolonie wird zunehmend in einen regelmäßigen Rhythmus eingeschlossen.

Was bedeuten nun diese Befunde unter dem Gesichtswinkel der Evolution und der Emergenz von Ordnung aus Chaos? Reagieren die Ameisen auf die Anforderungen der natürlichen Selektion? Ist der Aktivitätsrhythmus mit einer Periode von 25 Minuten, den Cole bei echten Kolonien beobachtet hat, ein optimaler Wert, eine Anpassung, die deren Überlebensfähigkeit maximiert? Oder haben wir es mit einer robusten, emergenten Eigenschaft eines Ameisenverbandes zu tun, mit einem typischen Resultat ihrer Wechselwirkungen, die sie als aktiv Handelnde nutzen? Es besteht kaum ein Zweifel darüber, daß Kolonierhythmen Vorteile mit sich bringen, wie etwa die zeitliche Koordinierung der Nahrungssuche und der Brutpflege, optimale Kommunikation und eine von den sozialen Insekten mit so bemerkenswertem Talent hergestellte räumliche Organisation, wobei sie Organisationshöhen erreichen, die den Betrachter in bewunderndes Staunen versetzen. Es gibt jedoch auch solitäre Ameisenarten, was zeigt, daß kollektives Verhalten für das Überleben in der Ameisenwelt keineswegs unabdingbar ist. Es ist lediglich eine der Möglichkeiten. Die rhythmische Aktivität ist eine emergente Eigenschaft, die in Ameisenkolonien spontan auftritt, und die Ameisen nutzen dann diesen dynamischen Modus, der ihnen Gelegenheit zu gemeinsamem Handeln gibt. Die Rhythmen haben wahrscheinlich bei verschiedenen Spezies sehr unterschiedliche Perioden, da diese von den Aktivitätsmerkmalen der Individuen abhängig sind, welche artspezifisch sind. Ein gewisses Maß an Feinabstimmung ist dann möglich. Wenn es jedoch einen Attraktor am Rande des Chaos gibt, der den stabilsten und robustesten Zustand dieser dynamischen Systeme darstellt, wäre zu erwarten, daß sämtliche Ameisenkolonien mit rhythmischen Aktivitätsmustern Populationsdichten aufweisen, die genau im Übergangsbereich zwischen Ordnung und Unordnung liegen. Dann existiert kein von außen wirkender Selektionsdruck, der das System auf einen lokalen Gipfel in einer Fitneßlandschaft hinauftreibt, wobei dieser Gipfel nur einen von vielen möglichen Zuständen, die der Kolonie offenstehen, verkörpert. Vielmehr erzeugen die Ameisen dann durch ihre Wechselwirkungen eine emergente Ordnung, indem sie ein Verhaltensfeld mit typischen Attraktoren hervorbringen, die Zustände emergenter Ordnung repräsentieren, welche die Ameisen als dynamische Akteure nutzen. Weitere Studien müssen erweisen, welche dieser alternativen Erklärungen richtig ist.

Spiele und spielähnliches Verhalten

Unter dem Gesichtspunkt der natürlichen Selektion betrachtet, gibt uns das Spielverhalten von Tieren ein Rätsel auf. Stellen wir uns zwei junge Geparden vor, die im Gras der afrikanischen Savanne, unweit einer Herde von Thomsongazellen, herumtollen. Sie spurten, überschlagen sich, führen Scheinkämpfe aus und fauchen einander an – wobei sie eine Freude an der Bewegung bekunden, die sich auf den Betrachter überträgt. Aber die beiden Tiere setzen sich hierbei enormen Gefahren aus. Löwen halten unentwegt Ausschau nach jungen Geparden, die sie erbarmungslos töten. Und außerdem haben die Jungen die Gazellen verscheucht, an die sich ihre Mutter vorsichtig heranpirschte, in der Hoffnung auf ein Mahl, das sie dringend braucht, um den Nahrungsbedarf ihrer rasch wachsenden Jungen zu stillen. Worin liegt der Sinn dieses Spiels, das scheinbar die Überlebenswahrscheinlichkeit der Geparden mindert? Es wäre viel sinnvoller, wenn sie das Pirsch-, Hetz- und Fangverhalten ihrer Mutter sorgsam nachahmten und ihre Energien und Aktivitäten auf etwas Nützliches richteten, das ihre Überlebenschancen erhöhen würde, die zu Beginn nicht allzugut sind. Doch wir begegnen dieser Art von Verhalten bei vielen höheren Tieren. Eine Horde von Affen ist ein bekanntes Beispiel. Die Ausgelassenheit der Jungtiere bei ihren Verfolgungsjagden, beim Klettern, Springen und Herumtoben wirkt so ansteckend, daß man sich ihnen anschließen möchte. Spiele ermuntern zum Mitmachen. Delphine, die in der Bugwelle eines Schiffes herumhüpfen oder auf spielerische Weise mit Schwimmern interagieren, sind ein weiteres bekanntes Beispiel für Lebewesen, die offenkundig nur ihre natürlichen Instinkte zum Ausdruck bringen und sich vergnügen.

Im Spiel sehen wir das umfangreichste, vielfältigste und unvorhersehbarste Repertoire an Bewegungen, zu denen ein Tier fähig ist. Im Vergleich zu den meisten zielgerichteten Verhaltensweisen, die oftmals stark repetitive Elemente enthalten, welche ihnen einen etwas stereotypen, ja sogar mechanischen Charakter verleihen, ist das Spielverhalten überaus flexibel. Laufen, Graben, Jagen, Fressen, Balz und Paarung enthalten wohldefinierte Sequenzen sich wiederholender Bewegungen, während beim Spielen alle möglichen Bewegungsabläufe auftreten, die auf eine nicht vorhersagbare Weise ineinander übergehen. Selbst Fische scheinen zu spielen bzw. sogenanntes *spielähnliches Verhalten* zu zeigen, wie sich die Biologen vorsichtig ausdrükken, da sie bezweifeln, daß Fische wirklich spielen können. Das komplexe und faszinierende Verhalten von Fischen läßt sich im Aquarium am Beispiel zweier Männchen einer asiatischen Barbenart beobachten. Es handelt sich um ziemlich kleine, drei bis vier Zentimeter lange Fische (so daß sie sich hervorragend für Laborversuche eignen), die

jedoch hoch entwickelt sind und deren Verhalten für viele
Fischarten typisch ist. In einem Aquarium mit einem dichten und artenreichen Pflanzenbestand erkunden sie zunächst völlig unabhängig voneinander das gesamte Behält-
nis. Wenn sie einander begegnen, nimmt die Intensität
ihrer Aktivität zu und sie spulen das gesamte Repertoire
an Bewegungsabläufen ab, das ihnen zu Gebote steht –
Wendungen, blitzschnelle Vorstöße, Drehungen, Über-
schläge und Pirouetten, mit gelegentlichem Beißen in die
Flossen und Beinahezusammenstößen, aber ohne zielge-
richtete Aggression. Sobald sie sich trennen, »beruhigen«
sie sich wieder. Allmählich einigen sie sich über die Abgrenzung ihrer Aktionsräume im Aquarium und definieren
die »Operationsbasis« ihres Territoriums. Das Aquarium
wird zwischen ihnen aufgeteilt, so daß jeder Fisch mehr
Zeit in der Nähe seiner Operationsbasis verbringt, wobei
eine recht klar definierte Grenze die beiden Territorien
voneinander trennt. Die ursprüngliche Bewegungssymme-
trie – jeder Fisch sucht sämtliche Regionen des Aquariums
mit annähernd gleicher Häufigkeit auf – wird gebrochen,
sobald der Raum zwischen ihnen aufgeteilt wird und sie
bestimmte Regionen häufiger durchstreifen als andere.

Eine andere Symmetrie wird ebenfalls gebrochen. Die
anfängliche Gleichrangigkeit der beiden Fische im Hinblick auf Bewegung und Interaktion kann sich in ein Verhältnis von Dominanz und Unterordnung verwandeln, so
daß ein Männchen mehr Bewegungsfreiheit erlangt als das
andere und in der Regel die Interaktionssequenzen einlei-
tet. Doch selbst nachdem die beiden ihre Territorien gegeneinander abgegrenzt haben oder nachdem eines die
dominante Position eingenommen hat, treten sie wieder in
die Phase spielähnlichen Verhaltens ein, in der die Symmetriebrechungen wieder rückgängig gemacht werden und
der sehr viel offenere Zustand der Gleichrangigkeit wie-

derhergestellt wird. Anders als die weitgehend unumkehrbaren symmetriebrechenden Kaskaden der Morphogenese, welche die Gestalt des geschlechtsreifen Individuums hervorbringen, können die Symmetriebrechungen, die das geordnete, vorhersagbare Verhalten der Fische bewirken, wieder rückgängig gemacht werden, so daß sich erneut ein symmetrischeres Aktivitätsmuster einstellt. Das Verhalten ist in dieser Hinsicht weniger festgelegt als die Gestaltbildung, auch wenn die Formbildung in beiden Fällen mit Hilfe spezifischer symmetriebrechender Prozesse beschrieben werden kann.

Diese äquivalente Beschreibung und ihr Einsatz zur Analyse tierischer Verhaltensweisen geht auf die überaus originellen Arbeiten von Koenraad Kortmulder von der Universität Leiden in den Niederlanden zurück, der das Verhalten von Fischen erstmals anhand dieser Kategorien eingehend untersucht hat. Seinen Studien verdanken wir die Erkenntnisse über das spielähnliche Verhalten von Fischen und dessen Ähnlichkeiten mit und Unterschieden zur Dynamik der Individualentwicklung. Kortmulder dehnt diese Ähnlichkeiten noch weiter aus: Er spricht von einem Verhaltensfeld, mit dessen Hilfe man die Dynamik der räumlich-zeitlichen Muster der Fischbewegungen beschreiben kann, und von Änderungen der Eigenschaften dieses Feldes, sobald die Fische aus dem interaktionslosen in den interagierenden Verhaltensmodus übergehen. Wenn zwei Individuen derselben Art zu interagieren beginnen, versetzen sie sich wechselseitig in Zustände wachsender Aktivität und Bewegungsvielfalt, wobei sie sich gleichsam »erhitzen« und frühere Restriktionen wie etwa Territorialgrenzen und Dominanz-Unterordnungsverhältnisse aufheben. Dies gleicht dem Phasenübergang, der sich bei steigender Temperatur in einem physikalischen System ereignet, wie etwa das Schmelzen eines Festkörpers, wobei der resultierende Flüssigkeitszustand mehr Bewegungsfreiheit und mehr dynamische Symmetrien aufweist als der Festkörperzustand. Spiel oder spielähnliches Verhalten gleichen einem Hochtemperatur- bzw. Erregungszustand, in dem die Teilnehmer sich außerordentlich frei bewegen, kurz: einem chaosähnlichen Zustand. In dem Maße, wie sie sich wieder »abkühlen«, geht aus diesem chaotischen Zustand erneut Ordnung hervor, meist dieselbe Ordnung wie zuvor hinsichtlich Territorium und Dominanz. Weshalb machen die Fische das geordnete Beziehungsmuster, das sie im Aquarium unter sich aufgebaut haben, wieder rückgängig und durchlaufen den ganzen Prozeß ein weiteres Mal? Am Ende einer neuen Spielphase werden in der Regel dieselben Territorien und Dominanzmuster wiederhergestellt, so daß der Status quo ante erneuert wird. Dieser Zyklus wiederholt sich ständig von selbst. Anscheinend ist die Dynamik der Interaktion zwischen Individuen, das Beziehungsmuster, das ein Verhaltensfeld zwischen dem Paar erzeugt, ein Attraktor von größerer Anziehungskraft als die Attraktoren der getrennten Individuen, so daß die strukturelle Ordnung des Spiels immer wieder zum Vorschein kommt. Diese Wiederholung führt unter anderem dazu, daß aus der hohen Symmetrie des Spiels neue Ordnungsmuster entstehen *können*, wenn die Symmetrien erneut gebrochen werden, sofern diese Muster zweckmäßig sind. So kann sich etwa der Pflanzenbestand in der Umwelt ändern und damit die Aufteilung der Territorien; mit dem Alter der Individuen kann sich die Dominanzbeziehung wandeln; auch die Anwesenheit anderer Fische wirkt sich auf die Verhaltensmuster aus. Ein weiteres Mal deutet vieles auf die Existenz eines – recht chaotischen – Attraktors hin, auf den sich interagierende Tiere einer Spezies immer wieder einschwingen und aus dem eine angemessene Ordnung hervorgeht.

Die neue Biologie, die sich auf der Grundlage der Komplexitätswissenschaften entwickelt, konzentriert sich auf die Frage nach dem Ursprung emergenter Ordnung in komplexen dynamischen Systemen. Dieser Schwerpunkt steht in Einklang mit einem Mythos, der tiefer wurzelt als die Erzählung von Sündenfall und Erlösung des Menschen und den unsere Kultur mit allen anderen Kulturen gemeinsam hat: dem Mythos von der Entstehung von Ordnung aus Chaos. Die einschneidende Verschiebung des Schwerpunktes, die mit dieser Neuausrichtung der Biologie einhergeht, verdient einen neuen Namen; ich schlage dafür den Ausdruck »Wissenschaft der Qualitäten« vor. Im nächsten Kapitel werde ich verschiedene Aspekte dieser neu ausgerichteten Wissenschaft untersuchen, die viele der Werte wiederaufgreift, die im 17. Jahrhundert, dem Beginn der Neuzeit, zurückgelassen wurden.

Kapitel 7

Eine Wissenschaft der Qualitäten

Ist ein Organismus ein mechanischer Apparat? Wenn Organismen bloße Gefüge aus den Molekülprodukten ihrer Gene sind, gibt es triftige Gründe für die Annahme, daß sie trotz ihrer außerordentlichen Komplexität im Grunde molekulare Maschinen sind. Dies ist die molekularbiologische Sichtweise, nach der Organismen Produkte eines genetischen Programms darstellen, das festlegt, wo wann welche Gene in einem unausgereiften Organismus aktiv sind, und auf diese Weise all seine Merkmale bestimmt. Wir haben jedoch gesehen, daß die molekulare Zusammensetzung nicht ausreicht, um Merkmale wie etwa die dynamischen Muster erregbarer Medien oder die organismischen Formen, die aus diesen Mustern hervorgehen, zu erklären. Wir müssen darüber hinaus die relationale Ordnung zwischen den molekularen Bausteinen verstehen, also ihre räumliche Organisationsweise und den zeitlichen Ablauf ihrer Wechselwirkung, was eine Beschreibung in Form von Feldern und deren Eigenschaften erfordert. Felder sind in der Physik von grundlegender Bedeutung, und nun zeigt sich, daß sie in der Biologie eine ebenso fundamentale Rolle spielen. Auf den Eigenschaften der Felder beruht die Fähigkeit der Lebewesen, Teile zu Ganzheiten zusammenzufügen.

Eine der klarsten Unterscheidungen zwischen Maschinen und Organismen traf vor etwa 200 Jahren der deutsche Philosoph Immanuel Kant. Er beschrieb eine Maschine als eine funktionale Einheit, in der die Teile bei der Ausführung einer bestimmten Operation ineinandergreifen. Die Uhr war zu jener Zeit das Musterbeispiel einer Maschine. Vorgefertigte Teile, die für spezifische Aufgaben in der Uhr konstruiert sind, werden zu einer funktionalen Einheit zusammengebaut, deren dynamische Wirkung dazu dient, den Ablauf der Zeit festzuhalten. Ein Organismus hingegen ist eine funktionale *und* eine strukturelle Einheit, die ihre besondere Natur entfaltet, wobei die Teile für und *durch* einander existieren. Dies bedeutet, daß die Teile eines Organismus – Blätter, Wurzeln, Blüten, Gliedmaßen, Augen, Herz, Gehirn – nicht unabhängig voneinander gebildet und dann, wie bei einer Maschine, zusammengefügt werden, sondern als Ergebnis von Wechselwirkungen im sich entwickelnden Organismus entstehen. In Kapitel 4 sahen wir, wie dies bei *Acetabularia* geschieht: In einem ursprünglich gleichförmigen Feld treten spontan Verzweigungen auf, und eine Kaskade symmetriebrechender Prozesse erzeugt eine Form wachsender Komplexität. Bei Tieren finden ähnliche Prozesse statt, doch sie werden von Wechselwirkungen zwischen Zellschichten begleitet, die durch die systematischen Faltungen und Beulungen entstehen, die innere Strukturen und die sichtbare Form des Organismus erzeugen. Obwohl Kant nichts von diesen dynamischen Prozessen wußte, beschrieb er die Emergenz der Teile in einem Organismus völlig zutreffend als Ergebnis innerer Wechselwirkungen und nicht als einen Zusammenbau vorgefertigter Komponenten wie bei einem Mechanismus oder einer Maschine. Demnach sind Organismen keine molekularen Maschinen, sondern vielmehr funktionale und strukturelle Einheiten, die einer Dynamik der Selbstorganisation und Selbsterzeugung entspringen.

Im vorangehenden Kapitel beschrieb ich fortpflanzungsfähige Organismen als Systeme, die sich dadurch auszeichnen, daß ein Teil das Ganze hervorbringen kann, so daß sie sich selbst zu erneuern vermögen. Die Natur eines Organismus wird in der Regel durch die Eigenschaften der Spezies, der er angehört, definiert, und eines seiner kennzeichnendsten Merkmale ist seine spezifische Form. Die Form umfaßt zwei Aspekte: Sie ist räumlich, also eine bestimmte Anordnung der Bauteile, die den Körperbau des Lebewesens definieren, wie etwa die Gestalt einer Ulme oder eines Salamanders; und sie ist zeitlich, das heißt, sie beinhaltet bestimmte Aktivitätsmuster, die Verhaltensweisen definieren, etwa das Balzen von Fruchtfliegen oder den charakteristischen Flug eines Spechts. Ein Individuum einer Art wird über diese beiden Komponenten seiner Form identifiziert. Dies sind Qualitäten, Manifestationen einer integrierten Ganzheit, und keine Quantitäten, eine Summe isoliert voneinander existierender Teile. Wir können demnach sagen, daß Organismen ihre Natur durch die besonderen Qualitäten ihrer Form in Raum und Zeit zum Ausdruck bringen.

Die Erforschung der organismischen Form weist uns den Weg zu einer Wissenschaft der Qualitäten, die keine Alternative zur Wissenschaft der Quantitäten darstellt, sondern diese ergänzt und erweitert. Diese ging aus den

Galileischen Versuchen an bewegten Körpern hervor, bei denen er sich auf die von ihm so genannten *primären Qualitäten* von Objekten wie Masse, Lage und Geschwindigkeit konzentrierte, die meßbar sind und im Gegensatz stehen zu den *sekundären Qualitäten* wie Gestalt, Farbe und Struktur, die nicht meßbar sind. Die gesamte Naturwissenschaft wurde so auf dem Fundament der Gesetze der Dynamik (Thermodynamik, Hydrodynamik, Quantenelektrodynamik) errichtet, welche die Beziehungen zwischen meßbaren Größen wie Masse, Lage, Geschwindigkeit, elektrische Ladung und magnetische Kraft und abgeleiteten Größen wie Energie, Entropie, Arbeit und Wirkung beschreiben. Auch die Biologie hat diesen Weg eingeschlagen, indem sie die Größen der molekularen Bausteine beschreibt, aus denen sich Organismen zusammensetzen, und deren Änderungen sowohl während der Embryonalentwicklung, in der verschiedene Gene ein- und ausgeschaltet werden, als auch im Erwachsenenstadium, wenn sich die Physiologie des Organismus beim Übergang von Ruhe- in Aktivitätszustände, von Krankheit zu Gesundheit oder bei der Anpassung an neue Lebensräume bzw. bei Lernprozessen verändert. Diese quantitativen Untersuchungen verschaffen uns sehr wichtige Aufschlüsse über die dynamische Eigenart des Organismus auf molekularer Ebene, aber sie reichen nicht aus, um die Rhythmen und räumlichen Muster zu beschreiben, die während der Entwicklung eines Lebewesens auftreten und die Gestalt und das Verhalten hervorbringen, die es als Mitglied einer bestimmten Spezies ausweisen.

Auch wenn Gene einen maßgeblichen Einfluß darauf ausüben, welches der möglichen Muster ausgeprägt wird, müssen wir doch die relationale Ordnung des lebenden Zustands, wie sie von Entwicklungsfeldern beschrieben wird, verstehen, um die Entstehungsweise bestimmter Gestalttypen und Verhaltensweisen erklären zu können. Die emergenten Qualitäten, die sich in der biologischen Form manifestieren, sind unmittelbar mit der Natur der Organismen als integrierte Ganzheiten verknüpft. Diese können experimentell untersucht und mit Hilfe komplexer nichtlinearer Modelle simuliert werden. Ein verblüffendes Merkmal von Fraktalen und chaotischen Attraktoren, das in den letzten Jahren die Phantasie weiter Kreise der Bevölkerung nachhaltig angeregt hat, ist das subtile Wechselspiel zwischen Chaos und Ordnung, das wir als ästhetisch wohlgefällig empfinden und uns gleichzeitig an Formen in der belebten Natur erinnert. Dies ist darauf zurückzuführen, daß sich in Organismen selbst eine ähnlich komplexe Dynamik entfaltet, aus der Muster und Ordnung in einem kohärenten Ganzen hervorgehen.

Diese komplexe und subtile Kohärenz der Organismen erstaunte Kant so sehr, daß er den Entwicklungsprozeß, die Umwandlung einer einfachen Ausgangsform wie etwa einer befruchteten Eizelle in die ausgewachsene Form, mit der Erschaffung eines Kunstwerks verglich, das ebenfalls eine innere Kohärenz aufweist, die in der dynamischen Einheit seiner emergenten Teile zum Ausdruck kommt. Er verglich die Schönheit von Organismen mit dem ästhetischen Wohlgefallen, das ein Gedicht, ein Gemälde oder ein Musikstück in uns auslöst. Kant betrachtete dies als die Welt der Formen, deren Genuß auf einem freien Spiel der Verstandeskräfte beruhe, was bedeutet, daß man die Form nicht in eine Kategorie zwängen, sondern das in sich stimmige Ganze als einen Wert an sich erleben sollte. »In der reinen ästhetischen Betrachtung hingegen fällt jede derartige Zerfällung des Inhalts in korrelative Teile und Gegensätze fort. Er erscheint hier in jener qualitativen Vollendung, die keiner äußeren Ergänzung, keines Grundes oder Zieles, die außerhalb seiner selbst liegen, bedarf und die keine solche Ergänzung duldet. Das ästhetische Bewußtsein besitzt in sich jene Form der konkreten Erfüllung, durch die es, rein seiner jeweiligen Zuständlichkeit hingegeben, in dieser augenblicklichen Zuständlichkeit selbst ein Moment von schlechthin zeitloser Bedeutung erfaßt.«(Cassirer, *Kants Leben und Lehre*, S. 331) Ein Organismus oder ein Kunstwerk offenbart ein Wesen und eine Qualität, die einen Eigenwert und einen inneren Sinngehalt besitzen, und beider einzige Zweckbestimmung besteht darin, ihr Wesen im Stoff zu verwirklichen. Kant beschrieb dies als »Zweckmäßigkeit ohne Zweck«, wobei er sich auf den im 18. Jahrhundert gebräuchlichen Begriff der Zweckmäßigkeit als »die individuelle Formung [stützte], die eine Gesamtgestalt in sich selbst und in ihrem Aufbau aufweist... Ein zweckmäßiges Gebilde hat seinen Schwerpunkt in sich, ein zweckhaftes hat ihn außer sich; der Wert des einen ruht in seinem Bestand, der des anderen in seinen Folgen.« (Cassirer, a. a. O., S. 334)

Die Qualität des hervorgerufenen Gefühlserlebnisses wird in Kategorien des Spiels beschrieben: »...aber wie sich ihm der Mittelpunkt des ästhetischen Interesses von der Wirklichkeit der Sache in die Wirklichkeit des Bildes verschoben hat, so verschiebt sich ihm die Bewegtheit der Affekte in die des reinen Spiels der Affekte. In der Freiheit des Spiels bleibt die gesamte innere leidenschaftliche Bewegtheit des Affekts erhalten...« (Cassirer, a.a.O, S. 334–35) Die Form als eine Qualität kann nicht ohne die Quantitäten bestehen, die das Substrat der Verwirklichung der Form sind – die Moleküle des Organismus, der Stein der Skulptur, das Instrument, auf dem Musik gespielt wird. Aber Quantitäten ohne Qualitäten versetzen uns in eine Welt ohne Schönheit und, wie wir noch sehen werden, ohne Gesundheit.

Spiel, Kreativität und zwischenmenschliche Beziehungen

Die Entwicklung des Menschen endet nicht damit, daß die befruchtete Eizelle die Form des neugeborenen Säuglings annimmt; auch der Säugling macht eine lange Entwicklung durch, an deren Ende die charakteristischen Verhaltensweisen und Fähigkeiten des Erwachsenen stehen. Dieser Entwicklungsprozeß, der die Phasen der Kindheit und Adoleszenz einschließt, ist ungemein komplex, und ich beabsichtige hier nicht, diesen Prozeß in kurzen Worten nachzuzeichnen. Ich möchte lediglich zwei Aspekte dieses Prozesses, die für das Thema dieses Buches von besonderem Belang sind, näher beleuchten. Erstens die Bedeutung von Spielen für die Entwicklung der Kreativität des Kindes; und zweitens die Bedeutung des zwischenmenschlichen Beziehungsgefüges, in dem das Kind aufwächst, die Bedeutung der Feldstruktur des Entwicklungskontextes also, und dessen Auswirkungen auf einen guten oder schlechten Gesundheitszustand.

Die Beziehung zwischen Phantasie und Wirklichkeit hat so manchen Psychoanalytiker beschäftigt, denn an dieser Nahtstelle kann es bei Kindern zu schwerwiegenden psychischen Fehlentwicklungen kommen. Donald Winnicott gelangte durch seine Arbeit mit verhaltensgestörten Kindern zu einigen bemerkenswerten Erkenntnissen über die besondere Art und Weise, wie sich beim Kind der Übergang vom Freudschen Lustprinzip zum Realitätsprinzip vollzieht. Nach Ansicht Winnicotts hatten sowohl Freud als auch Melanie Klein versucht, diesen Übergang von der eigenen Entwicklung des Kindes und deren Zusammenhang mit äußeren Objekten her zu beschreiben, wobei sie die Bedeutung der Mutter bzw. der primären Bezugsperson in diesem Prozeß, auf die sich Winnicott bei seinen eigenen Studien konzentrierte, verkannten. Ich werde nachfolgend eine kurze Zusammenfassung von Winnicotts Konzeption geben.

Das Kleinkind unterscheidet zunächst nicht zwischen inneren Wünschen und Außenwelt, so daß es die Brust der Mutter (oder die Flasche) als einen Teil seiner Innenwelt erlebt, der auf magische Weise immer dann erscheint, wenn sich ein entsprechender Wunsch regt. Der Säugling schafft unter dem Drang des Wunsches mit Hilfe seiner Phantasie die mütterliche Brust immer wieder aufs neue und empfindet ihr gegenüber ein Gefühl der Liebe. In dem Maße, wie die Mutter die Bedürfnisse des Säuglings nicht mehr unverzüglich erfüllt, beginnt er die Frustration des Mangels in diesem magischen Reich zu erleben und zu erkennen, daß die äußeren Objekte von ihm unabhängig sind. Dabei hilft ein sogenanntes Übergangsobjekt, etwa ein Zipfel einer Decke, ein Spielzeug oder ein Handtuch, das der Säugling unter seiner Kontrolle hat und ihm im Bedarfsfall verläßlich zur Verfügung steht. Der Bereich zwischen Mutter und Kind wird zu einem Erfahrungsbereich, der nicht durch die Frage: »Hast du dieses (Übergangsobjekt) ersonnen, oder wurde es dir von außen gereicht?« (Winnicott, 1971, S. 12) angezweifelt wird. Aus dem Übergangsobjekt entwickelt sich der Bereich des Spielens, wo Objekte in die Welt des So-Tun-als-ob aufgenommen werden, über die das Kind eine gewisse Kontrolle hat. Die Mutter ist zunächst Teil dieser Welt, in der die Allmacht des Säuglings mit der Kontrolle über äußere Objekte verbunden ist, auf deren Konstanz er sich verlassen kann, nachdem sie Zerstörungstests unterschiedlichster Form (auf den Boden werfen, beißen, wiederholt verloren und wiedergefunden) überstanden haben. Winnicott beschreibt das Spielen als eine aufgrund ihres prekären Zustandes überaus aufregende Aktivität, als ein Wechselspiel

zwischen der subjektiven psychischen Wirklichkeit und
dem Erlebnis der Beherrschung äußerer Objekte.«Dies ist
die Unsicherheit der Magie selbst, einer Magie, die in der
Vertraulichkeit, in einer Beziehung, die als verläßlich erlebt wird, entsteht.« Daraus entwickelt sich die Fähigkeit
des Kindes, zunächst gemeinsam mit der Mutter und dann
später, wenn es von dem sicheren Gefühl, daß die Mutter
im Bedarfsfall zur Verfügung steht, getragen wird, allein
zu spielen.»Im Spiel und nur im Spiel vermag das einzelne
Kind bzw. der einzelne Erwachsene schöpferisch zu sein
und seine ganze Persönlichkeit zu entfalten, und nur im
schöpferischen Tun entdeckt das Individuum sein Selbst.«
Winnicott behauptet weiterhin, daß die kulturelle Erfahrung selbst in dem potentiellen Raum zwischen Individuum und Umwelt (einschließlich der anderen Menschen)
angesiedelt ist, in dem ein schöpferischer Prozeß stattfindet, der sich erstmals im Spiel kundtat. Die Kultur ist dann
im wesentlichen nichts anderes als ein kreatives Spiel. Und
die Gesundheit eines Individuums hängt dann davon ab,
ob es sich auf diesen Prozeß, in dem die tiefsten schöpferischen Potenzen des Menschen freigesetzt werden, einlassen kann. Der *homo sapiens* ist tatsächlich der *homo ludens*, wie er von dem niederländischen Historiker Johan
Huizinga in seinem Buch mit dem Titel *Homo ludens:
Vom Ursprung der Kultur im Spiel* beschrieben wird, in
dem er behauptet, daß das »reine Spiel eine der wichtigsten Grundlagen der Zivilisation« ist.

Aber das Spielen ist nicht dem Menschen vorbehalten;
auch andere Säugetiere spielen, und Fische zeigen spielähnliches Verhalten.»Spiel ist älter als Kultur, denn so un-
genügend der Begriff Kultur begrenzt sein mag, setzt er
doch auf jeden Fall eine menschliche Gesellschaft voraus,
und die Tiere haben nicht auf die Menschen gewartet, daß
diese sie erst das Spielen lehrten«, schreibt Huizinga.

(J. Huizinga, *Homo ludens*, Hamburg 1987, S. 9) Obgleich Spiele chaotisch und nichtvorhersagbar sind, geht doch unentwegt Ordnung aus ihnen hervor. Das Spielverhalten scheint überdies gewisse Ähnlichkeiten mit dem Typ von Chaos-Ordnung-Übergängen aufzuweisen, die man bei sozialen Insekten wie etwa Ameisen antrifft. Vielleicht bringt der Mensch in schöpferischen Betätigungen eine bestimmte Form von Verhalten zum Ausdruck, die sich durch grundlegende dynamische Eigenschaften des Lebens im allgemeinen auszeichnet, so daß unsere Kreativität weitgehend mit der Kreativität übereinstimmt, die in der Evolution am Werke ist. Die Formel vom »Leben am Rande des Chaos« bringt mit bemerkenswerter Treffsicherheit unsere gegenwärtige Erfahrung der sozialen und wirtschaftlichen Desintegration auf dem Weg zu einer neuen, globalen Kultur auf den Punkt. Eine Biologie, in deren Mittelpunkt die Dynamik emergenter Kreativität steht, wird uns wahrscheinlich mehr Aufschlüsse über die Krümmungen dieses Weges liefern als eine Biologie, die auf egoistischen Genen und Konkurrenz beruht. Sie ist zudem weitaus optimistischer, erkennt sie doch, daß kulturelle Unordnung, im Zusammenwirken mit erweiterten Feldern der Interaktion und Kommunikation neue Ebenen kohärenter, integrativer Ordnung hervorzubringen vermag.

Kultur als Inbegriff von Beziehungsfeldern

Die Beziehung zur Mutter bzw. zu einer anderen Bezugsperson stellt für das Kind die erste Etappe eines Entwicklungsprozesses dar, in dessen Verlauf es in ein immer breiter gefächertes Muster von Beziehungen mit anderen

Menschen, die bestimmte Wertvorstellungen teilen und so einen kulturellen Kontext definieren, hineinwächst. In den letzten Jahren beschrieb man die kulturelle Entwicklung eines Individuums vor allem unter Rückgriff auf zwei Primärfaktoren: die genetische Ausstattung des Individuums und den Einfluß der – physischen und menschlichen – Umwelt. Die Erforschung dieses Wechselspiels wurde unter der Bezeichnung *Soziobiologie* allgemein bekannt. Ihre analytische Vorgehensweise ist uns bereits vertraut, denn sie stimmt weitgehend mit dem Ansatz überein, der darin besteht, Organismen als Produkte ihrer Gene und ihrer Umwelt zu beschreiben. Dieser Ansatz konnte jedoch nicht erklären, wie die charakteristischen Formen der Organismen erzeugt werden, und zudem hat er kurzerhand die Organismen als Grundeinheiten der Biologie abgeschafft. Daher ist anzunehmen, daß eine Gesellschaftsanalyse, die rein auf die Gene, als deren Träger die Individuen fungieren, und die Umwelteinflüsse (die in diesem Zusammenhang als »Kultur« bezeichnet werden) abstellt, die gleichen Unzulänglichkeiten aufweisen wird: Sie kann die spezifischen Formen der Gesellschaftsstruktur als eines Bereichs emergenter Ordnung nicht erklären, und sie schafft die Gesellschaft als eine fundamentale Einheit mit eigenen kohärenten Eigenschaften kurzerhand ab. Diese Eigenschaften werden auf die Gene, auf Egoismus und auf Konkurrenz zurückgeführt, wie dies in der Selektion von Sippen mit gemeinsamem Erbgut, sozialen Regeln, die mit der genetischen Fitneß erklärt werden, der Zerlegung der Gemeinschaft und der Sozialstruktur in gesonderte Ebenen der Ordnung und der Ersetzung von Kriterien durch Individualinteressen und so weiter zum Ausdruck kommt. Zweifellos liefern die Gene einen bedeutenden Beitrag zur Bildung der sozialen Muster, wie sie auch bei der Erzeugung organismischer Formen eine wichtige Rolle spielen.

Probleme treten nur dann auf, wenn die gleichwertige Bedeutung der relationalen Ordnung, die das soziale Feld definiert, nicht erkannt wird, so daß die maßgebliche Ebene der Organisation, welche die Quelle emergenter sozialer Ordnung bildet, außer acht gelassen wird.

Der Sozialanthropologe Tim Ingold von der Universität Manchester in England gehört zu denjenigen, die diesen Mangel erkannt haben. In seinem jüngsten Werk erkundet er Möglichkeiten, wie man die soziale Ordnung, die er als ein Geflecht von Beziehungen zwischen Individuen beschreibt, wieder als die fundamentale generative Ebene einsetzen kann, auf der das Kind die Ausbildung von Fertigkeiten und die Übernahme von Wertvorstellungen erlebt, die es zu einem aktiven und schöpferischen Glied der Gesellschaft machen.

»Um den Unzulänglichkeiten des neodarwinistischen Paradigmas abzuhelfen, sollten wir das soziale Leben nicht länger in statistischen Kategorien beschreiben, als Produkt einer Vielzahl von Interaktionen zwischen unabhängigen Individuen, sondern in topologischen Kategorien, als die Entfaltung eines einheitlichen generativen Feldes. Ich bezeichne die dynamischen Eigenschaften dieses Feldes mit dem Begriff der ›Sozialität‹. Unter Rückgriff auf eine frühere Analogie kann man sagen, daß sich diese Eigenschaften zu genetisch und kulturell übermittelten Informationen verhalten wie eine Gleichung zu ihren Parameterwerten. Auch wenn genetische oder kulturelle Variationen wahrscheinlich evolutionäre Anpassungen des sozialen Feldes herbeiführen, bedeutet dies doch nicht, daß Sozialsysteme in irgendeiner Hinsicht genetisch oder kulturell determiniert sind. Die Kultur erklärt die meisten Unterschiede zwischen Sozialsystemen, die jedoch in ihrer Tiefenstruktur durch die Eigenschaften der Sozialität miteinander verbunden sind. Die überkommene Sozialanthropologie beging allerdings genau denselben Fehler wie die moderne Genetik, indem sie annahm, daß sich Systeme in ihren Unterschieden erschöpften. Wie der Begriff des ›Gens‹ beruht auch der des ›Merkmals‹ auf einem Kunstgriff, durch den Aspekte bzw. Qualitäten des menschlichen Verhaltens in wesentliche Teile bzw. Komponenten umgewandelt werden. So geht man davon aus, daß die einzelnen Menschen, die jeweils über ein Repertoire kultureller Merkmale verfügen, alles Erforderliche besitzen, um ein geordnetes Sozialleben aufzubauen. Nichts ist weiter von der Wahrheit entfernt. Die soziale Ordnung entsteht in den Bereichen von Bewußtsein und Intersubjektivität, die durch die Zerlegung des Menschen in Gene, Kultur und Verhalten schlichtweg ausgeklammert werden.« (1990)

Demnach besitzt das generative Feld eine Ganzheitlichkeit und Kohärenz, aus denen die charakteristischen Eigenschaften des menschlichen Verhaltens, welche die soziale Ordnung ausmachen, hervorgehen. Ingold beschreibt dieses generative Feld menschlichen Verhaltens, wie es sich in den Personen manifestiert, mit dem Begriff der relationalen Sozialordnung.

»Ich habe gezeigt, wie eine Theorie der Personen in eine allgemeinere Theorie der Organismen integriert werden kann, ohne daß die Bedeutung menschlicher Gestaltungskraft verkürzt oder die grundlegende Kreativität des gesellschaftlichen Lebens geleugnet wird. Diese Kreativität, die durch die Tätigkeit des Bewußtseins tausendfach verstärkt wird, ist lediglich ein Aspekt der universellen Fähigkeit der Organismen, in gewissem

Sinne als Urheber ihrer eigenen Entwicklung aufzutreten. Man hat behauptet, daß sich der Mensch, in der Geschichte, ›selbst erschaffe‹, wobei er von innen heraus die Welt hervorbringe, deren Teil er sei. Aber der Mann (bzw. die Frau) ist ein Organismus, und alle Organismen erschaffen sich selbst, wobei sie eine individuelle Lebensgeschichte hervorbringen. Um zu diesem neuen Verständnis des Organismus zu gelangen, bedarf es jedoch einer neuen Biologie, oder sollten wir besser sagen: einer alten? – denn ihre holistischen Bestrebungen erinnern sehr an die prädarwinistische Weltsicht. Diese neue Biologie muß den Vorrang von Prozessen gegenüber Ereignissen, von Beziehungen gegenüber Elementen und von Entwicklung gegenüber Struktur dartun. Organismus und Person stehen sich dann nicht als spezifische Ausgestaltungen von Stoff und Geist gegenüber, als ›zwei unabhängige Substanzen‹, wie Whitehead sagte, ›die sich jeweils durch ihnen eigentümliche Leidenschaften auszeichnen‹. Vielmehr sind beides Verkörperungen der Gesamtbewegung des Werdens, die Whitehead so einprägsam als ›schöpferischen Vorstoß ins Neue‹ beschrieben hat.« (1990)

Das Kind wird dann zu einem Glied der Gesellschaft und trägt als schöpferisches Subjekt zur Lebensqualität in seiner Gesellschaft bei. Was aber versteht man eigentlich unter dieser Qualität, die in unserer Kultur einen so hohen Stellenwert hat, obgleich sie so schwer zu fassen ist, und die uns in unserer unersättlichen Gier nach immer mehr Konsumgütern und technologischen Lösungen für Problemfelder – Medikamente für eine bessere Gesundheit; Kunstdünger, Pestizide und Herbizide für wachsende landwirtschaftliche Erträge; mehr Kraftwagen für steigende Mobilität – zu entgleiten scheint? Wir stecken gegenwärtig in zwei Krisen, die unsere Lebensqualität bedrohen: Wir treiben immer unverblümter Raubbau an unserer Gesundheit, und wir zerstören unsere Umwelt. Diese Krisen sind aufs engste miteinander verknüpft, und in beiden spiegelt sich unsere Einstellung zu den Lebewesen und ihren Interaktionen wider. Wenn der Mensch weitgehend als ein Gefüge aus Genen und Genprodukten betrachtet wird, kann man Krankheiten nur dadurch beheben, daß man diese manipuliert. Dies führt zwangsläufig zu einer medikamentös ausgerichteten Medizin und zu genetischer Beratung sowie Gentechnik. Diese können unter bestimmten Umständen hervorragende Erfolge erzielen, aber eine medizinische Versorgung, die auf diesem Ansatz fußt, konzentriert sich auf Krankheit statt auf Gesundheit. Wenn die Interaktionen zwischen Organismen hauptsächlich in den Kategorien von Konflikt und Konkurrenz – Ausdrucksformen der egoistischen Gene – beschrieben werden, sind unsere Beziehungen zu den übrigen Spezies natürlich von unserem Dominanzstreben geprägt, und wir werden instinktiv andere Spezies zu unterwerfen und zu beherrschen trachten, sei es auch um den Preis ihrer Vernichtung. In dieser Auffassung vom Leben spiegelt sich jedoch eine Sichtweise der Evolution wider, die zutiefst von unserem kulturellen Mythos von Sündenfall und Erlösung geprägt ist. Obgleich wir auf diese Weise im Schauspiel der Evolution vertraute soziale Werte – Konkurrenz, gute Werke, Belohnungen und Fortschritt – wiederfinden, handelt es sich um eine engstirnige und willkürliche biologische Sichtweise, die fehlerhaft und unvollständig ist. In einer neuen Biologie, wie sie von Ingold beschrieben wurde, bilden die Beziehungen zwischen den Systemelementen die Basis für das Verständnis des Typs von Ordnung, der entstehen kann – ob durch fortlaufende Wellen in erregbaren Medien; ob durch Kaskaden symmetriebrechender Prozesse, welche die Gestalt sich entwickelnder Organismen hervorbringen; ob durch rhythmische Aktivitäten in Kolonien sozialer Insekten oder in menschlichen Gesellschaften, welche die schöpferischen Betätigungen von Personen fördern und andererseits davon abhängig sind. Das Ziel ist eine exaktere und vollständigere Biologie, die stärker qualitative Problemstellungen einbezieht, die für unsere Existenz von grundlegender Bedeutung sind, aber in der zeitgenössischen Wissenschaft keinen Platz haben. Eine qualitative Naturwissenschaft ist eine Wissenschaft der ganzheitlichen emergenten Ordnung, die Quantitäten keineswegs ignoriert, aber als bedingende statt als determinierende Aspekte emergenter Prozesse betrachtet. Sie gründet auf einem anderem Mythos – dem Mythos von der Schöpfung aus dem Chaos –, der praktisch universell ist und daher viel unmittelbarer an die Wertvorstellungen anderer Kulturen anknüpft, insbesondere indianischer Kulturen, von denen wir so viel über die Qualitäten, die wir zu verlieren drohen, lernen können – Gesundheit und eine harmonische Beziehung zur Umwelt.

Gesundheit bei den Hunza

Die Bewohner des Hunza-Tals im äußersten Norden Pakistans, das 2500 Meter über dem Meeresspiegel liegt und von den über 6500 Metern hohen Gipfeln des Himalaya umsäumt wird, gelten allgemein als herausragende Beispiele für menschliche Gesundheit in all ihren Dimensionen: biologisch, sozial, kulturell und ökologisch. Das unzugängliche Tal war bis vor relativ kurzer Zeit weitgehend von der Außenwelt abgeschnitten, und die Hunza entwickelten einen Lebensstil und ein Verhältnis zu ihrer Umwelt, die auf besonders eindringliche Weise jenes har-

monische Gleichgewicht zwischen Natur und Kultur veranschaulichen, das die volle Entfaltung der menschlichen
Entwicklungsmöglichkeiten erlaubt. Robert McCarrison,
ein Arzt der britischen Armee, wurde 1903 in den Norden
der damaligen Kronkolonie Indien versetzt. Das Gebiet,
das er zu betreuen hatte, umfaßte auch das Hunza-Reich,
über das er schrieb:

>>Aus eigener Anschauung kenne ich einen Stamm,
dessen körperliche Konstitution und allgemeine gesundheitliche Robustheit unübertroffen sind... Diese
Menschen haben eine außerordentlich hohe Lebenserwartung; und die Hilfe, die ich ihnen in den sieben Jahren, die ich dort tätig war (1903–1910), erweisen
konnte, beschränkte sich im wesentlichen auf die Behandlung unfallbedinger Verletzungen, die Beseitigung
von Altersstar, plastische Operationen an granulierten
Lidern und die Behandlung von Krankheiten, die in
keinerlei Zusammenhang mit der Ernährung standen.<<

Die Säuglingssterblichkeit ist sehr niedrig, und die Mütter bekommen in großen zeitlichen Abständen zwei bis
drei Kinder, so daß die Stillzeit, die bis zu drei Jahren dauert, nicht durch die nächste Schwangerschaft unterbrochen
wird. Die Eingeborenen glauben, das ungeborene Kind
werde an Unterernährung leiden, wenn die Mutter gleichzeitig ein anderes Kind säuge. Der Mediziner Paul Dudley
White berichtete 1964, daß kein einziger der von ihm untersuchten Männer im Alter zwischen 90 und 110 Jahren
das geringste Anzeichen für eine koronare Herzerkrankung, hohen Blutdruck oder einen zu hohen Blutchole-
sterinspiegel gezeigt habe. Ihre Sehleistung sei hervorragend und ihre Zähne seien absolut kariesfrei gewesen. In
einem Gebiet mit 30.000 Einwohnern keine Gefäß-, Mus-

kel-, Organ-, Atemweg- und Knochenerkrankung! Es gibt keine nachweisbar organbedingte Todesursache. Wie schaffen es die Hunza, bis ins hohe Alter bei so guter Gesundheit zu bleiben?

Die Hunza ernähren sich weitgehend vegetarisch; nur an Festtagen verzehren sie ein wenig Fleisch, hauptsächlich Ziege. Zu ihren Feldbaumethoden gehört die extensive Terrassenkultur mit ausgeklügelten Bewässerungssystemen, wobei in periodischen Abständen Wasser aus den Gebirgsbächen und -flüssen auf die Terrassen umgeleitet wird, und der Anbau einer breiten Palette von Getreide- und Körnerarten, Gemüsen und Früchten, wobei die Aprikose das Hauptprodukt ist, für das sie in der ganzen Welt berühmt sind. Die Früchte werden im Sommer getrocknet und zusammen mit den abgeernteten Getreiden, Körnern und Wurzelgemüsen eingelagert, als Vorrat für den langen und rauhen Winter. Sämtliche organischen Abfälle werden sorgfältig gesammelt und wieder in den Boden rückgeführt, der auch mit Ziegen-, Esels-, Kuh- und Ponydung sowie mit menschlichen Fäkalien gedüngt wird. Die Hunza halten nur wenige Ziegen und Kühe, denn diese stellen aufgrund ihres eigenen hohen Nahrungsbedarfs keine wirtschaftliche Nahrungsquelle dar.

Es geht das Gerücht, die pakistanische Regierung habe die Hunza einmal vor einer gewaltigen Insekteninvasion gewarnt, die ihre Ernte bedrohe. Man bot den Eingeborenen Pestizide an, aber der Mir (der Herrscher) der Hunza und die Stammesältesten lehnten das Angebot ab. Statt dessen bespritzten sie die Pflanzen mit einem Gemisch aus Asche und Wasser, das sich als erfolgreiches Abwehrmittel erwies und weder den Pflanzen noch dem Boden schadete. Allerdings brachte ein Handelsvertreter die Hunza einmal dazu, Kunstdünger auszuprobieren, nachdem er ihnen eingeredet hatte, sie würden dadurch ihre Ernteerträge steigern. Nach zwei Jahren stellten sie fest, daß gedüngte Nutzpflanzen mehr Wasser brauchten als ungedüngte und daß ihre Getreide und Körner im Verlauf des Winters zu schnell austrockneten und so an Nährwert verloren. Daher kehrten sie zu der althergebrachten organischen Düngung zurück, und mittlerweile ist der Einsatz von Kunstdüngern verboten.

Die Hunza sind traditionell Muslime, aber auch auf diesem Feld haben sie ihre eigenen unverwechselbaren Sitten und Bräuche. Gemessen am herkömmlichen islamischen Moralverständnis sind die Frauen völlig »emanzipiert«: Bei der Arbeit auf den Feldern tragen sie Hosen, und sie können durch Erbschaft eigenes Vermögen erwerben. Obgleich der Alkoholkonsum normalerweise in den islamischen Ländern verboten ist, stellen die Hunza aus Reben, die sie in Weingärten an den Berghängen anbauen, einen starken Wein her, den sie an Festtagen in reichlichen Mengen zu sich nehmen. Die Männer sind nicht nur geschickte Handwerker, sondern spielen auch hervorragend Polo, ihren »Nationalsport«. Bei den Hunza ist dies ein Spiel ohne Regeln, bei dem sie auf ihren Polo-Ponys ihre vorzüglichen Reitfertigkeiten demonstrieren. Und jeder verlorene Zahn bei den Hunza geht auf das Konto dieses chaotischen und gefährlichen Spiels, bei dem es auch zu Rippenbrüchen kommt, die jedoch binnen drei Wochen vollständig verheilen. Auch ist ihre körperliche Ausdauer schier unglaublich, wie das nachfolgende Zitat aus dem Buch *The Wheel of Health* von G.T. Wrench verdeutlicht:

»Der berühmte Reisende und Gelehrte Sir Aurol Stein (1903) staunte nicht schlecht, als er am Morgen des 25. Juni einen Boten, den der Mir zum politischen Munshi von Tashkurghan geschickt hatte, um diesen über Steins bevorstehende Ankunft zu unterrichten, zurückkehren sah. Der Bote war am 18. Juni aufgebrochen. Zwischen seinem Weggang und seiner Rückkehr lagen genau sieben ganze Tage, in denen er auf einem Pfad, der größtenteils zwischen zwei und vier Fuß breit war und streckenweise nur von in die Felswand eingelassenen Pfählen abgestützt wurde, zu Fuß 450 Kilometer zurückgelegt hatte, wobei er zweimal den Mintaka-Paß überquerte, der so hoch ist wie der Mont Blanc. Der Bote wirkte recht frisch und hielt seine Leistung für nichts Ungewöhnliches.« (1972, S. 13)

Ein entlegenes Himalaya-Tal allein genügt zweifellos nicht als Erklärung für die außergewöhnliche Gesundheit und Vitalität sowie das Wohlbefinden der Menschen, die diesen Lebensraum zu ihrer Heimat gemacht haben. Wrench berichtet, daß benachbarte Volksgemeinschaften ein gänzlich anderes Bild böten.

»Punyal ist die Region, die sich unmittelbar im Westen anschließt, wenn man von Gilgit aus das Tal des Gilgit-Flusses hinaufzieht, mit den Hunza-Bergen zur Rechten. Etwa 100 Kilometer weiter westlich liegt Ghizr, das an Chitral angrenzt. Die Bewohner von Chitral sind Müßiggänger. Sie legen keine Vorräte für den Winter an, und am Ende des Winters leiden sie regelmäßig Hunger. Die beiden Hunza-Diener von Schomberg spotteten über die Gelasse, in denen die Menschen von Ghizr hausten. Deren Eigentümer erwiderten kleinlaut, sie wüßten, daß ihre Behausungen verkommen und jämmerlich seien, aber es sei ihnen zu mühsam, neue Hütten zu bauen. Die allgemeine Zustimmung, mit der die Umstehenden diese Auskunft aufnahmen, zeigte, wie tief die Faulheit in den Ghizr verwurzelt ist. Die Siedlungsgebiete der Hunza und der Ghizr liegen nicht weit auseinander, und beide Völker bewohnen ähnliche Lebensräume.« (1972, S. 12−13)

Über einen anderen benachbarten Volksstamm berichtet Wrench Ähnliches.

»Obgleich die Ishkamanis, deren Tal zwischen dem der Yusinis und dem der Hunza liegt, scheinbar unter ähnlichen Bedingungen wie ihre Nachbarn lebten, waren sie arme, kleinwüchsige und unterernährte Geschöpfe. Es gab Land und Wasser in Hülle und Fülle, aber die Ishkamanis waren zu träge, um es gewissenhaft zu bestellen, und die Aussicht auf magere Ernteerträge reichte nicht aus, um sie aus ihrer Indolenz zu reißen. Sie hielten mehrere Yaks, aber sie waren zu faul, die Tiere zu beladen, auf ihnen zu reiten, ihr nützliches Haar zu sammeln oder sie auch nur zu melken. Sie kannten weder Steinmetze noch Tischler, noch Handwerker. Viele von ihnen wiesen Krankheitssymptome auf.« (1972, S. 14−15).

Die von Wrench geschilderte Trägheit und Faulheit dieser anderen Volksgruppen ist wahrscheinlich eine unmittelbare Folge ihrer Mangelernährung und des Fehlens eines sozialen Zusammenhalts, wie er sich in den Gemeinschaftsaktivitäten der Hunza widerspiegelt, etwa im Mahlen von Getreide und im Gewinnen von Öl aus Aprikosenkernen, was in Form eines kollektiven Rituals stattfindet. In einer kargen Gebirgsregion wie dem Hoch-Himalaya bedarf es einer straffen Gemeinschaftsordnung, um die Gesundheit der Bevölkerung und den inneren Zusammenhalt zu wahren. Sind diese gegeben, agiert die Gemeinschaft als eine in sich geschlossene Einheit, in der Gesundheit und Kreativität gedeihen. In Anbetracht dessen,

daß die Hunza, Ghizr und Ishkamani ähnliche Lebensräume besiedeln, ist es äußerst unwahrscheinlich, daß die
tiefgreifenden Gegensätze in der Sozialstruktur und im allgemeinen Gesundheitszustand auf genetische Unterschiede
zurückgeführt werden können. Es ist sehr viel wahrscheinlicher, daß die Ursachen hierfür auf der Ebene der Vergesellschaftung angesiedelt sind und aus den Beziehungen erklärt werden müssen, welche die Hunza untereinander
und zu ihrer Umwelt entwickelt und aufrechterhalten haben und aus denen die Bräuche hervorgegangen sind, die
ihre spezifischen Muster emergenter sozialer und kultureller Ordnung stabilisieren. Es ist die Dynamik des Feldes
der Vergesellschaftung selbst, die wir verstehen müssen,
wenn wir die besonderen Typen sozialer und kultureller
Ordnung wie etwa bei den Hunza erklären wollen, und
die wir beachten müssen, wenn wir selbst einen solchen
Zustand des Wohlbefindens und eine ähnliche Lebensqualität erreichen möchten. Hierzu bedarf es einer Wissenschaft der Qualitäten, die auf der Logik von Beziehungen
und emergenter Ordnung beruht. In den Worten Ingolds:
»Organismen und Personen sind nicht die Wirkungen von
molekularen und neuronalen Ursachen, von Genen und
Merkmalen, sondern Beispiele für die Entfaltung des umfassenden Beziehungsfeldes. Sie entstehen aus Beziehungen, die sie durch ihre Aktivitäten aufs neue schaffen.«

Das Peckham-Experiment

In scharfem Gegensatz zu der Lebensqualität und Gesundheit der Hunza förderte eine in der ersten Hälfte des
20. Jahrhunderts durchgeführte Studie über die gesundheitliche Verfassung britischer Jugendlicher erschreckende
Ergebnisse zutage. In dem 1931 erschienenen Buch *The*

Case for Action zogen zwei junge Ärzte, G. Scott Williamson und Innes H. Pearse, folgende Bilanz:

> »Während der Krieges (1914–1918) wurde die Nation durch die Tatsache aufgeschreckt, daß viele Rekruten der Armee in die Kategorie C körperlicher und psychischer Tauglichkeit eingestuft werden mußten. Sie waren weder krank noch gesund... Hat sich die Lage seit dem Kriegsende nicht verbessert? Nein. Aus den jüngsten statistischen Berichten von Marine, Heer und Polizei geht hervor, daß 90 Prozent der freiwilligen Rekruten schon bei der ersten ärztlichen Untersuchung für untauglich befunden wurden. Die gesundheitliche Verfassung der Jugendlichen dieses Landes hat sich offenbar seit Kriegsende nicht verbessert. Betrachten wir das Bildungs- und Schulwesen. Dort stoßen wir auf einen ganz ähnlichen Befund. Amtliche Berichte geben an, daß über eine Million Kinder in diesem Land nicht geeignet sind, die vom Steuerzahler finanzierten, staatlichen Bildungsangebote zu nutzen.«

Williamson und Pearse konzentrierten sich auf gewisse soziale und gemeinschaftsbezogene Einflußfaktoren, die ihrer Meinung nach – neben den offenkundigeren Ernährungsproblemen – die Hauptschuld an diesem erschreckenden Gesundheitszustand der britischen Jugendlichen hatten.

> »Der nächste bedeutsame Faktor... sind die Veränderungen, die dem ›Heim‹ von außen durch Entwicklungen aufgenötigt werden, die während der letzten fünfzig Jahre in den Gesellschaften des Westens entstanden sind und weitgehend mit der Mechanisierung zusammenhängen... wir müssen nun die Sphäre definieren, die

das in einem biologischen Sinne verstandene Wort
›Heim‹ impliziert. ›Heim‹ bezeichnet nicht nur eine
bauliche Einheit, das kleine Grundstück, das mit einer
Ziegelstein- oder Betonmauer eingefriedet ist und auf
dem in den heutigen Städten normalerweise das Wohn-
haus des Handwerkers steht. ›Heim‹ steht für das funktionale Feld, dessen Grenzen durch den Bereich der un-
gehinderten elterlichen Aktivitäten abgesteckt werden.
Dazu gehört der Kreis der Familie, dem die Eltern ange-
hören, ihre Freunde und Bekannte, der Bezirk, in dem
sie wohnen, die Arbeit, der sie nachgehen; kurz alles,
was man unter dem Begriff des ›elterlichen Lebens-
kreises‹ zusammenfassen könnte.«

Die Autoren versuchten das Gefüge der Beziehungen in
der Familie und in der Gemeinschaft zu definieren, das der
einzelne braucht, um sich normal zu entwickeln – wozu
auch eine stabile Gesundheit gehört. Denn Gesundheit
und körperliche Integrität sind ein angeborenes biologisches Recht, kein Geschenk, das nur Glückspilzen zuteil
wird. Kenneth Barlow behandelt diese Fragen in seinem
Buch *Recognising Health*, in dem er verschiedene Sichtweisen der biologischen Grundlagen der Gesundheit kritisch prüft.

»Zwei Betrachtungsweisen sind möglich – die eine, die
sich von Darwin herleitet und zu solchen Schlagworten
wie ›Kampf ums Dasein‹, ›Überleben der Tauglichsten‹
und ›die Natur aus Zähnen und Klauen‹ führte. All
diese Schlagworte leiten sich von der Tatsache her, daß
Systeme, aus denen sich jedes lebende Gebilde zusammensetzt, organische Moleküle aufnehmen müssen, die
ihnen nur andere lebende Systeme (einschließlich des
Menschen) verschaffen können.

320

Die zweite Betrachtungsweise konzentriert sich, anders als die erste, nicht auf räuberische Verhaltensweisen und Konkurrenz, sondern untersucht, auf welche Weise alle Lebewesen auf die Nutzung ihrer Umwelt durch andere Lebensformen, die ihre eigenen Systeme aufbauen, angewiesen sind. Zusammen mit der Atmosphäre und der Sonne bildet der Boden das Fundament, von dem die Pflanzenformen abhängig sind. Die unendlich mannigfaltigen Fähigkeiten, die verschiedene Spezies entwickeln, bringen die bunte Fülle des Lebens hervor, und der Tod sorgt dafür, daß der Kreislauf von vorn beginnt.

Die Bedeutung dieser beiden Perspektiven besteht darin, daß sich Einzelpersonen, aber auch Völker und Gesellschaften in ihrem Verhalten von ihren Überzeugungen leiten lassen. Die Sichtweise, der zufolge alles vom Kampf ums Dasein abhängt und der letzte von den Hunden gebissen wird, führt zu einer ganz bestimmten politischen Grundausrichtung. Dagegen erscheint im Lichte einer Auffassung, welche die Kooperation und wechselseitige Abhängigkeit der Lebewesen berücksichtigt, eine ganz andere politische Linie als angemessen. Es wird sich zeigen, daß die beiden Standpunkte, die wir früher unterschieden haben – der medizinische und der biologische –, weitgehend diesen beiden Sichtweisen entsprechen.

Der Kampf ums Dasein führt automatisch zur Konzentration auf Fehlanpassungen, woraus sich die medizinische Sichtweise ergibt. Ökologische Kooperation in einem Lebensraum hingegen führt zum Gedanken der Kultivierung und zu dem, was Howard als das angeborene Recht der Kulturpflanze bezeichnet hat – Gesundheit.« (S. 68)

Howard war ein Botaniker, der sich mit dem Anbau von Nutzpflanzen befaßte. Ausgehend von einer ökologischen Betrachtungsweise, verallgemeinerte Barlow dessen Konzept von der Gesundheit als einem angestammten Recht aller Organismen einschließlich des Menschen. In seinem Buch schildert Barlow auch ein Experiment, das Williamson und Pearse durchführten, um genaueren Aufschluß über die psychosozialen Voraussetzungen guter Gesundheit zu erhalten. Sie gründeten zu diesem Zweck 1926 in dem Londoner Stadtteil Peckham einen Verein, dem nur Familien, nicht aber Einzelpersonen beitreten durften.

> »Aus diesem Zusammenschluß der Mitglieder gingen im Lauf der Zeit alle möglichen sozialen Aktivitäten hervor. Die Menschen begannen sich auf eine Weise anzufreunden, die, wie wir später herausfanden, bei ihnen zu Hause nahezu unmöglich gewesen war, denn aufgrund der beengten räumlichen Verhältnisse führte jegliche Form von Geselligkeit leicht zu einer schweren Beeinträchtigung der Privatsphäre.
>
> Das ›Zentrum‹, wie die Mitglieder den Verein schließlich nannten, wurde in einem ganz realen Sinne zu einem Zentrum ihrer sozialen Kontakte. In dieser Umgebung konnten sich die Ärzte frei unter den Menschen bewegen. Hier gab es reichlich Gelegenheit für Beobachtungen, die jene Informationen ergänzten, die sie in den Sprechzimmern gesammelt hatten.« (S. 61)

Der erste Schritt in Richtung einer gemeindenahen psychosozialen Gesundheitsfürsorge war so erfolgreich, daß 1935 ein größeres Zentrum ins Leben gerufen wurde, das von einer Gruppe interessierter Ärzte und Sozialarbeiter betreut wurde und den Namen »The Pioneer Health Centre« trug. Zu diesem Zweck wurde ein Gebäude mit

Schwimmbad und Sporthalle, Räumen für gesellige Aktivitäten, einer großen Küche sowie Sprech- und Untersuchungszimmern errichtet. Wieder wurden nur ganze Familien aufgenommen. Williamson und Pearse hatten bei ihrem ersten Experiment herausgefunden, daß die Familien, die dem Verein beigetreten waren, normalerweise in einem stark reglementierten Umfeld lebten, das ihre Freiheit zur Anbahnung sozialer Kontakte aufgrund der Fragmentierung und straffen Organisation ihrer Arbeit erheblich einschränkte. Daher versuchten sie – in einem entwicklungsfördernden statt fremdbestimmten Umfeld – Bedingungen für eine optimale psychosoziale Entfaltung der Individuen, der Familien und der Gemeinschaft als Ganzer zu schaffen. Natürlich wußten sie nicht genau, was dies bedeutet. Sie sollten es bald herausfinden. Lucy Crocker, die als Sozialarbeiterin in leitender Position am Peckham-Experiment mitwirkte, beschrieb ihre ersten Erfahrungen in den folgenden bewegenden Worten, die wir aus Innes Pearse' Buch *The Quality of Life* zitieren:

»Da wir so vieles zu bieten hatten, was Kindern im allgemeinen gefällt – ein Schwimmbad, eine Sporthalle, ein Theater –, gingen wir davon aus, daß sie sich freuen würden, dies alles auf herkömmliche Weise, in Gruppen mit Betreuern, zu nutzen. Das war damals das einzige, was wir uns vorstellen konnten. Daher begannen wir damit, Stundenpläne für die einzelnen Aktivitäten aufzustellen.

Wir durchstöberten das Gebäude, um Kontakt zu den Kindern aufzunehmen. Die Mitglieder einer kleinen Bande, die gerade im Rahmen irgendeines geheimnisvollen Spiels die Treppen hinaufjagte, blieben prompt stehen und unterhielten sich mit uns. Ja; sie würden Turnstunden mögen. Oh ja, sie würden liebendgerne

Schwimmen lernen und Rollschuh laufen. Wir notierten uns ihre Namen und ihr Alter, und wir teilten sie in Gruppen ein, Jungen und Mädchen, Sieben- bis Neunjährige, Zehn- bis Vierzehnjährige, Vierzehn- bis Sechzehnjährige, dann setzten wir Zeiten fest, zu denen sie kommen konnten. Wir überzeugten uns davon, daß die Sporthalle und das Schwimmbad zu diesen Zeiten nicht belegt waren und Betreuer zur Verfügung standen, und wir hängten Listen aus, damit sich alle informieren konnten. Wir glaubten, mehr sei für den Anfang nicht zu tun, und wir müßten nun lediglich für einen reibungslosen Ablauf sorgen. Wie sehr wir uns doch täuschen sollten!

Denn es geschah folgendes. Obgleich wir den gesamten Stundenplan gemeinsam mit den sehr interessiert scheinenden Kindern ausgearbeitet hatten, kam in der Woche, in der der Unterricht beginnen sollte, nur ein einziges Kind. Die anderen waren vor Beginn der Unterrichtsstunde im Gebäude aufgetaucht oder auch zu einem späteren Zeitpunkt an jenem Tag – wobei sie wie gewöhnlich durch die Gänge sausten –, und sie konnten uns keinen genauen Grund für ihr Fernbleiben nennen. Nach der ersten Woche war uns klar, daß sie nicht kommen würden.

So mußten wir uns etwas anderes einfallen lassen; es war der Beginn eines langen, mühsamen und völlig neuartigen Forschungsprojekts, in das ständig neue erzieherische und biologische Überlegungen einflossen, bevor wir uns Klarheit darüber verschafft hatten. Damals fragte ich den Leiter, ob es ihn störe, wenn ich mit den Kindern nur langsame Fortschritte mache, ob er mir ein halbes Jahr Zeit gebe. Er erwiderte, es sei ihm gleich, wie langsam ich voran käme, so lange ich nicht auf der Stelle treten würde. Dann begann eine lange Phase scheinbarer Unannehmlichkeiten, denn wir taten nichts anderes, als um das Gebäude herum und die Stockwerke hinauf und hinab zu gehen, um das Zerstörungswerk der Kinder zu betrachten, wobei wir ständig von Gönnern bedrängt wurden, die uns fragten: ›Könnt ihr denn nichts dagegen tun, daß die Kinder alles demolieren?‹ Wir antworteten, daß wir natürlich etwas unternehmen könnten, aber auf das Risiko hin, sie zu verjagen.

Doch je genauer wir die Kinder beobachteten, um so mehr dämmerte es uns. Die Kinder kamen in das Gebäude nicht so, wie sie zu Schule gingen, nämlich weil sie mußten, sondern weil sie gerne kamen und das Gefühl hatten, ein Anrecht darauf zu haben (ihre Eltern zahlten dafür!). Sie kamen, um zu tun, was ihnen Spaß machte, und um sich zu vergnügen. Selbst ein Schwimmbad schien keinen Anklang bei ihnen zu finden, wenn seine Benutzung mit der Befolgung von Regeln verbunden war – obgleich sie die Betreuer, rein menschlich, sehr gern hatten. Wir fanden auch heraus, daß die Zeiten, zu denen sie kommen konnten, oftmals nicht im voraus festgelegt werden konnten und durch viele andere Verpflichtungen – Einkaufen, Hausarbeit, Musikunterricht, Betreuung von Geschwistern – eingeschränkt wurden, die viel zahlreicher waren, als wir angenommen hatten. Zu Hause oder in der Schule konnten viele Dinge auftauchen, die sie davon abhielten, zu einer bestimmten Zeit zu kommen.

Zugleich gab es Anhaltspunkte dafür, daß sich ihre *Betätigungswünsche* nicht völlig mit unserem Freizeitangebot deckten. Das Schwimmbad lockte sie, ebenso die Sporthalle mit ihren Kletterseilen. Aber aus irgendeinem Grund stand zwischen diesen lebhaften Kindern und dem Freizeitangebot eine Schranke, die sie nicht überwinden konnten.

Schließlich fanden wir die Lösung. Wir mußten den Kindern einzeln den Zugang zu den verschiedenen Aktivitäten gestatten, so daß sie weiterhin daran teilnehmen konnten.

Ein Problem bestand darin, daß das Betreten der beiden attraktivsten Stätten verboten bleiben mußte, weil sie potentiell so gefährlich waren, daß niemand die Verantwortung dafür übernehmen wollte, Kinder unbeaufsichtigt dort hineinzulassen. Wenn die Kinder schon in dem langgestreckten Raum, in dem sich nichts als Tische, Stühle und Aschenbecher befanden, Curling spielten, was würden sie dann erst in der hohen Turnhalle mit ihren zahlreichen Klettertauen, Sprossenwänden, Stangen und Sprungpferden anstellen? Oder im Schwimmbad – wann immer man das Gebäude betrat, sah man die Wellen, die irgendein Schwimmer durch seine Bewegungen in dem grünblauen Wasser auslöste, plätschernd gegen den Beckenrand schlagen. Aber das Becken war an einer Schmalseite gefährlich tief. Wer würde es wagen, unerfahrene Kinder dem Risiko des Ertrinkens auszusetzen?

Wenn ein Kind das Becken in ganzer Länge durchschwimmen konnte, war es dann nicht verantwortbar, es sich selbst zu überlassen? Also gestattete man jedem Kind, das mindestens eine Bahnlänge schwimmen konnte, in der Zeit, in der sich Kinder dieses Alters ohne ihre Eltern in dem Gebäude aufhalten durften, für eine halbe Stunde den Zutritt zum Schwimmbad. Im Rückblick nimmt sich diese Lösung einfach und naheliegend aus, vor allem heute, im Abstand von vielen Jahren; man muß jedoch bedenken, daß damals alle Pädagogen ganz auf Klassen und Gruppen fixiert waren. Das technische Problem war folgendes: Die Kinder, von denen nur einige schwimmen konnten, kamen alle zu unterschiedlichen Zeiten in das Gebäude. Wie konnten wir in Anbetracht dieses ständigen Kommens und Gehens den Zutritt zum Schwimmbad kontrollieren? Es gab bereits einen Kontrollpunkt vor den Umkleidekabinen, da die Erwachsenen Eintritt zahlen mußten, aber selbstverständlich konnte nicht jedes Kind von einem Mitarbeiter dorthin begleitet werden, um ihm Zutritt zu verschaffen. Urplötzlich kam im Billardzimmer oder im Labor, wo sie vielleicht Besucher herumführten, oder draußen auf dem betonierten Vorplatz, wo sie gerade niederknieten, um einem Sechsjährigen die Rollschuhe zu schnüren, ein Kind auf sie zugelaufen und zupfte sie heftig am Ärmel. Wir nahmen ein Stück Papier, kritzelten den Namen des Kindes, ›Schwimmen‹ und unseren Namen drauf, und schon stürmte das Kind zu dem Mann am Eingang des Schwimmbades – und binnen einer knappen Minute war es ›drin‹. Es hatte die Erlaubnis von einem Mitarbeiter, der es kannte und der wußte, daß es schwimmen konnte.

Dieses Eintrittspapier erwies sich als Schlüssel zu der Nutzung des Zentrums durch die Kinder. Die nächsten vier Jahre verbrachten wir damit, die Methode zu verfeinern, während die Kinder im gleichen Zeitraum immer differenzierter auf das reagierten, was wir mittlerweile als eine für die Entwicklung ihrer Fertigkeiten wichtige Herausforderung betrachteten. Etwa anderthalb Jahre nach der Eröffnung des Zentrums gab es die ersten Anzeichen von Ordnung; keine Ruhe durch äußere Disziplinierung, sondern das rege Treiben lebhafter Kinder, die ihren Interessen nachgehen.« (S. 163–65)

Dies ist die Erfahrung der Emergenz von Ordnung aus einem zunächst chaotisch anmutenden Verhalten von Kindern, ein Prozeß schöpferischen Spielens, der heute noch immer nicht in die Freizeit- und sportlichen Aktivitäten als die wichtigen Komponenten der physischen »Erziehung« integriert ist, weil die Erziehung noch immer stärker als eine von außen organisierte denn eine sich selbst organisierende Aktivität, mehr als eine reglementierte denn eine entwicklungsbedingte Ordnung betrachtet wird. Einzelne Personen haben durchaus begriffen, was geändert werden müßte, und Erziehungswissenschaftler wie Robin A. Hodgkin haben Modelle des Erziehungsprozesses entworfen, die auf den Erkenntnissen Winnicotts fußen und ein »entwicklungsförderndes« Lernumfeld vorsehen (siehe *Playing and Exploring: Education through the Discovery of Order*). Doch diese werden nur selten von Erziehungseinrichtungen umgesetzt. In einem anderen Bericht über die Aktivitäten im Peckham-Zentrum schildert Sean Creighton, ein Mitglied des ursprünglichen Mitarbeiterstabs, was ihn dazu veranlaßte, diese Grundsätze zu verwirklichen.

»Bei meiner Arbeit war ich von all den lästigen Einschränkungen befreit, denen man normalerweise als Lehrer unterliegt. Ich hatte freie Hand, die hervorragenden Einrichtungen ganz nach meinem Belieben zu nutzen, und ermunterte die übrigen Mitglieder, es mir gleich zu tun. Ich konnte mich ungehindert im ganzen Gebäude bewegen und die zaghaften Erkundungen der ersten Mitglieder beobachten, als ich in den Genuß der großzügigsten Freizeitregelung, die mir je untergekommen war, kam. Die architektonische Gestaltung des Gebäudes war eine Offenbarung. Das allein war meiner Ansicht nach der Schlüssel zu der Befreiung, die ich vorhin erwähnt habe.

Obgleich die Gestaltung des Gebäudes in erster Linie darauf angelegt war, den Ärzten ihre Beobachtungen zu

erleichtern, gaben der weitgehende Verzicht auf Innen-
mauern und die Fenster, durch die man die wichtigsten
Aktivitäten verfolgen konnte, den Mitgliedern die einzigartige Gelegenheit, sich frei im Gebäude zu bewegen,
andere bei ihren Spielen zu beobachten, spontan mitzu-
machen und sie auszuprobieren. Es gab auch einen Bereich geselligen Beisammenseins, in dem sie, bei Erfri-
schungen, Neuigkeiten erfuhren, welche die Ärzte ein
Stockwerk höher in Umlauf gebracht hatten – Erkenntnisse, die sie endlich von ihrer Unwissenheit, ihren
Hemmungen und ihren Befürchtungen wegen ihres eigenen Gesundheitszustands und dem ihrer Familienmitglieder befreiten.

Meine vorrangigen Tätigkeitsbereiche waren die
Sporthalle und das Schwimmbad. Ich stellte schon bald
fest, daß formelle Unterrichtsstunden bei den Kindern
keinen Anklang fanden, denn diese erinnerten sie zu
sehr an die Schule. So kam es weitgehend durch Zufall
dazu, daß ein Spiel, das ich Schiffbruch nannte, rasch
zum Renner wurde. Bei diesem Spiel, bei dem alle Turn-
geräte in der Halle verteilt wurden, ging es darum, sich
von Gerät zu Gerät zu bewegen, ohne den Boden, der
das Meer darstellte, zu berühren. Dieses Spiel war so
beliebt, daß es täglich zwischen 16 und 18 Uhr zu einer
festen Routine wurde, wobei die Kinder zwischen 6 und
14 Jahre alt waren und nach eigenem Belieben und eigener Neigung mitmachten und ausstiegen. Die Sporthalle
war meist gestopft voll. Für Kleinkinder gab es früher
am Tag ein ähnliches Spielprogramm.« (zitiert nach
Barlow, 1988, S. 80–81)

Kenneth Barlow zieht aus dem Peckham-Experiment
folgende Schlüsse, was die Verwirklichung einer ganzheitlichen Gesundheitfürsorge betrifft:

»Der einzelne machte offenkundig einen Entwicklungs-
und Reifungsprozeß durch, wobei dieser Entwicklungsprozeß eine bemerkenswerte Differenzierung aufwies.
Auch in den Familien offenbarte sich bei näherer Betrachtung ein ähnliches Potential für Wachstum und
Entwicklung, das die Familienmitglieder beeinflussen
konnte. Im Verlauf der fünfzehn Jahre, während denen
die Lebensweisen der einbezogenen Familien in periodischen Abständen untersucht wurden, zeigte sich, daß
der Gemeinschaft, die aus dem Experiment hervorgegangen war, ein zusätzliches Potential innewohnte.

Jede dieser drei Sphären, die des einzelnen, die der
Familie und die der Gemeinschaft, birgt also offensichtlich ein Entwicklungspotential in sich. Wenn dieses
Potential verwirklicht wird, kann man von Gesundheit
sprechen. Gesundheit läßt sich demnach als die Entfaltung dieses biologischen Potentials definieren. In jedem Fall werden Strukturen ausgebildet, und es ist die
Nutzung dieser Strukturen – der Zweck, zu dem sie eingesetzt werden –, die es erlaubt, den erreichten Gesundheitszustand zu beurteilen. Doch gewöhnlich wird
das Potential nicht umgesetzt; das Mögliche bleibt außerhalb des Blickfeldes. Dies führt unter diesen Umständen nicht zu einem guten, sondern zu einem schlechten
Gesundheitszustand. Und dieser schlechte Gesundheitszustand macht den Einsatz von Ärzten erforderlich. Der
schlechte Gesundheitszustand weiter Kreise der Bevölkerung hat dazu geführt, daß im öffentlichen Bewußtsein Gesundheit, die keinerlei ärztliche Interven-
tion benötigt, mit schlechter Gesundheit verwechselt
wird.

Die Identität, die Funktionsweise und die Kraft der
gesundheitlichen Prozesse beruhen auf biologischen
Grundlagen. Biologische Syntheseprozesse beziehen

ihre stofflichen Substrate selbsttätig aus der Umwelt,
sofern die Umwelt dies ermöglicht. Sobald dies einmal
erkannt ist, können wir danach streben, unsere Umwelt
in einer für die Entfaltung menschlicher Anlagen geeigneten Weise zu gestalten und die Entwicklung der Fähigkeiten zu fördern, die eine heile Umwelt hervorbringen. Zuvor aber müssen wir das schöpferische Potential
der Lebensvorgänge erkennen; daraus ergibt sich dann
die Möglichkeit, dieses Potential aktiv zu fördern. Dieser Ansatz unterscheidet sich grundlegend von der gegenwärtigen Konzentration der Medizin auf › Reparatu-
ren ‹.« (S. 87–88)

Diese Vision von einem entwicklungsfördernden sozialen Umfeld, in dem die Individuen im Rahmen spieleri-
scher Aktivitäten und zwischenmenschlicher Beziehungen
ihre Anlagen ausbilden können und von selbst die angemessenen Gemeinschaftsstrukturen aufbauen, die sich in
Abhängigkeit von den Umständen unablässig wandeln,
müssen wir in unserer Kultur erst noch verwirklichen.
Noch immer wird, wie Barlow betont, unser Denken und
Handeln in gesellschaftlichen, pädagogischen und wirtschaftlichen Angelegenheiten von Metaphern wie Konflikt, Konkurrenz und Überleben der Bestangepaßten bestimmt. Allerdings läßt sich nicht bestreiten, daß
mittlerweile eine Dynamik des Wandels eingesetzt hat. Allmählich setzt sich die Erkenntnis durch, daß zahlreiche
überkommene, nach starren Regeln geleitete Institutionen
in den Bereichen Gesundheit, Bildung, Wirtschaft, Staat
und Politik zerbrechen. Diese Auflösung wird oftmals als
ein persönliches Scheitern erlebt, da keine Alternativen
existieren, der einzelne mit den Fragmenten einer zerrütte-
ten Biographie alleingelassen wird und der gemeinschaftsbezogene bzw. soziale Zusammenhalt nicht ausreicht, um

geeignete neue Formen zu schaffen. Chaos in der Gesell-schafts- und Wirtschaftsordnung wirkt zerstörerisch, wenn es allzu lange andauert, und eine Ideologie des Indivi-dualismus fördert eine anhaltende Unordnung, weil sie zur Auflösung der Beziehungsgefüge beiträgt, die erforderlich sind, damit neue soziale Muster entstehen können. Hierzu bedarf es irgendeiner Struktur, wie etwa des physischen und sozialen Bezugsrahmens, den das Gebäude und die fa-milienbezogene Mitgliedschaft im Peckham-Experiment bereitstellte. Da der einzelne nicht über die Mittel verfügt, um derartige Zentren zu errichten, muß die Gemeinde – und nicht eine zentrale politische Entscheidungsinstanz, die einheitliche Beschlüsse für das ganze Land trifft – die entsprechenden Investitionen tätigen und somit über die nötigen Finanzmittel verfügen, denn die regionalen Be-dürfnisse sind durchaus verschieden.

Es gibt Anzeichen dafür, daß mit Hilfe des ganzheitli-chen, »basisnahen« Ansatzes, der sich im Peckham-Expe-riment als so erfolgreich erwies, tatsächlich eine Regene-rierung erzielt werden kann, wie Dick Atkinson sie in seinem Buch *Radical Urban Solutions* beschreibt, das sich mit der Stadtsanierung in Birmingham befaßt. Dort arbei-ten Wohnungsbaugesellschaften, Selbsthilfetagesstätten und ortsansässige Unternehmen mit Kirchen, Schulen und der Stadtverwaltung zusammen, und es gibt Pläne für eine kommunale Genossenschaftsbank. Das ist basisdemokra-tische Politik, die einen Großteil der gängigen politischen Theorien als belanglos entlarvt. Sie ermächtigt die Ge-meinden, »sich das zurückzuholen, was uns von Rechts wegen zusteht«, wie ein Elternteil es formulierte. An dieser Stelle werden politische Fragestellungen aufgeworfen, dar-unter auch die Notwendigkeit einer neuen Wirtschaftsord-nung, die über den Themenkreis dieses Buches hinausge-hen. *Paradigms in Progress* von Hazel Henderson, *Ancient*

Futures von Helena Norberg-Hodge, *Future Wealth* von James Robertson und *The Way* von Edward Goldsmith gehören zu den Büchern, die den Weg in eine andere Gesellschaft weisen, in der kooperative Beziehungen und Lebensqualität zu wesentlichen Komponenten der wirtschaftlichen Tätigkeit werden.

Die biologischen Grundlagen der Gesundheit

Das Peckham-Experiment hat gezeigt, wie wichtig verschiedene Organisationsebenen – das Individuum, die Familie, die Gemeinde, die Gesellschaft, die Umwelt, die Wirtschaft – für die Förderung der Gesundheit sind. Dies alles sind Aspekte des Feldes von Beziehungen und Kräften, die auf das entwicklungsfähige Individuum einwirken und die Verwirklichung seiner Anlagen in kreativen Betätigungen fördern oder behindern. Die an dem Experiment beteiligten Ärzte bedienten sich in ihren Berichten einer Sprache voller biologischer Anspielungen und Metaphern, weil das Modell von Entwicklung und Gesundheit (»Heilsein«) des Organismus in einem geeigneten Umfeld das anschaulichste Raster darstellt, das man leicht auf die übrigen Ebenen übertragen kann. Die Bedeutung der biologischen Ebene selbst, insofern sie beim menschlichen Fötus und Säugling die Grundlagen der späteren Gesundheit legt, wurde auf eindringliche Weise durch Studien einer Forschungsgruppe unter Leitung von D.J.P. Barker an der Medical Research Council Environmental Epidemiology Unit der Universität von Southampton unterstrichen (siehe zum Beispiel *Fetal and Infant Origins of Adult Disease*). In den letzten Jahren hat man verstärkt auf die Bedeutung von Lebensstilfaktoren wie Ernährung, körperliche Bewegung und Rauchen für die Entstehung von Herz-Kreislauf-Erkrankungen hingewiesen, die in den Industrienationen, besonders bei Männern, zu den häufigsten Todesursachen zählen. Die Southamptoner Forschungsgruppe stieß auf ein scheinbares Paradox: Nach der Lebensstil-Hypothese sollte wachsender Wohlstand, der mit verstärkter Nahrungsaufnahme und geringerer körperlicher Bewegung einhergeht, das Risiko einer Herz-Kreislauf-Erkrankung erhöhen. Nun treten diese Krankheiten in England jedoch bei Armen häufiger auf. Man weiß, daß Regionen, in denen gegenwärtig Herzerkrankungen eine überdurchschnittlich häufige Toderursache darstellen, früher eine hohe Säuglingssterblichkeit aufwiesen. Barkers Arbeitsgruppe fragte sich, ob Faktoren, die sich abträglich auf den Gesundheitszustand von Säuglingen auswirken, vielleicht auch in späteren Lebensjahren Krankheiten verursachen; das bedeutet, daß die biologischen Grundlagen der Gesundheit womöglich während der Embryonalentwicklung und im Säuglingsalter gelegt werden. Um diese Möglichkeit zu überprüfen, führte die Arbeitsgruppe Langzeitstudien an Einzelpersonen durch, in deren Rahmen sie über vierzig Jahre alte Daten auswerteten, die ihnen sachdienliche Informationen über die Fötalentwicklung und das frühe Kindesalter einer Gruppe von Personen lieferten, die ihr ganzes Leben in einer bestimmten Region verbracht hatten.

Ein Beispiel ist eine Gruppe von 5654 Männern, die zwischen 1911 und 1930 in sechs Kreisen der Grafschaft Hertfordshire in England zur Welt kamen und deren Körpergewicht in früher Kindheit aufgezeichnet worden war. Dies ist eine wohlhabende Gegend der Grafschaft, und die Raten ischämischer Herzerkrankungen (aufgrund unzureichender Durchblutung des Herzgewebes infolge der in Kapitel 3 beschriebenen Herzrhythmusstörungen) liegen 18

Prozent unter dem nationalen Durchschnitt. Es bestand eine hohe Korrelation zwischen dem Gewicht der Kinder im Alter von einem Jahr und der Wahrscheinlichkeit, an einer ischämischen Herzerkrankung zu sterben. Die Sterblichkeitsrate war unter den Kindern, die 8 Kilogramm oder weniger wogen, fast dreimal so hoch wie unter denjenigen, die am Ende ihres ersten Lebensjahres ein Körpergewicht von mindestens 12 Kilogramm erreicht hatten. Außerdem bestand eine hohe Korrelation zwischen einem geringen Körpergewicht und allen übrigen Todesursachen, folglich auch der Lebenserwartung. Daraus ziehen die Forscher den Schluß, daß »sich an ein Lebensumfeld, das sich nachteilig auf das Wachstum des Fötus und Kleinkindes auswirkt, ein Umfeld des Erwachsenen anschließt, das ein hohes Risiko ischämischer Herzerkrankungen bedingt«. Es besteht allerdings keine Korrelation zwischen frühkindlichem Wachstum und Tod durch Lungenkrebs, so daß das Rauchen kein Faktor zu sein scheint, der bei jemandem, der als Kleinkind ein geringes Körpergewicht hatte, in erheblichem Umfang zum Tod durch eine ischämische Herzerkrankung beiträgt; das bedeutet, daß eine Mangelernährung in den ersten Lebensjahren eine Person in höherem Lebensalter dem Risiko einer Herzinsuffizienz aussetzt, und zwar unabhängig davon, ob diese Person raucht oder nicht. Folglich »könnten Maßnahmen zur Förderung des prä- und postnatalen Wachstums unter Umständen die Anzahl der Todesfälle infolge ischämischer Herzerkrankungen verringern«.

Da das Geburtsgewicht nachhaltig von der Körpergröße der Mutter abhängig ist, die ihrerseits weitgehend vom Wachstum in der frühen Kindheit bestimmt wird, könnte die Förderung des Wachstums weiblicher Kleinkinder langfristig »zu einem besseren pränatalen Wachstum von deren Säuglingen führen und einen weiteren Rückgang der

Todesfälle infolge ischämischer Herzerkrankungen bewirken«.

Ein weiteres aufschlußreiches Ergebnis der Studien deutet darauf hin, daß die körperliche Verfassung des Fötus die Grundlage für das spätere gesundheitliche Wohlergehen legt. Die Erkrankung, die in diesem Fall im Erwachsenenalter untersucht wurde, war Hypertonie (Bluthochdruck infolge einer »Arterienverhärtung« und einer Behinderung der Durchblutung durch Fettablagerungen in Arterien und Venen). Hierzu wertete man die Daten über das Säuglings- und Plazentagewicht aus, die in einem Krankenhaus in Preston, Lancashire, für 449 Geburten zwischen 1935 und 1943 verzeichnet worden waren. Die erwachsenen Männer und Frauen lebten noch immer in dem Bezirk und waren 1989, dem Jahr, in dem die Studie durchgeführt wurde, zwischen 46 und 54 Jahre alt. Ein wissenschaftlicher Mitarbeiter suchte die Personen auf, die sich zur Teilnahme an dem Projekt bereit erklärt hatten, und maß ihre Körpergröße, ihr Gewicht, ihren Blutdruck und ihre Pulsfrequenz. Das Ergebnis war erstaunlich. Es gab eine hohe Korrelation zwischen dem Verhältnis von Plazenta- zu Säuglingsgewicht bei der Geburt und späterem Bluthochdruck. Das heißt, daß die Männer und Frauen den höchsten Blutdruck aufwiesen, die bei ihrer Geburt ein geringes Gewicht und eine große Plazenta hatten. Es wurde außerdem festgestellt, daß ein hoher Körpermasseindex (Verhältnis von Körpergewicht zu Körpergröße) beim Erwachsenen (Neigung zu Übergewicht) und Alkoholkonsum ebenfalls mit Bluthochdruck korrelierten, wie man dies aufgrund anderer Studien erwartet hatte. Allerdings war der Zusammenhang zwischen dem Verhältnis von Plazenta- zu Geburtsgewicht und Blutdruck (Hypertonie) unabhängig von diesen Lebensstilfaktoren (Ernährung und Alkoholgenuß) und zudem stärker ausgeprägt. Das gleiche galt für die Salzaufnahme, die zwar mit Bluthochdruck korrelierte, aber sehr viel geringer als das Verhältnis von Plazenta- zu Geburtsgewicht und unabhängig davon. Aus diesem Grund spielen Faktoren, die sich auf das Fötus- und Säuglingswachstum auswirken, bei der Entstehung des Bluthochdrucks eine viel größere Rolle als der Lebensstil. Wie läßt sich dies erklären?

Tierversuche haben gezeigt, daß eine Hypoxie (verminderte Sauerstoffversorgung des Fötus) dazu führt, daß mehr Blut ins Gehirn fließt und weniger in den Körper. Die Preston-Daten zeigten, daß ein höheres Plazentagewicht – bei beliebigem Geburtsgewicht – mit einem Rückgang des Verhältnisses der Körpergröße zum Kopfumfang einhergeht; das bedeutet, daß der Kopfumfang im Verhältnis zur Körpergröße mit dem Plazentagewicht korreliert. Die Plazenta vergrößert sich in der Regel auch bei herabgesetzter Sauerstoffversorgung und verminderter Nährstoffzufuhr, um diese Mängel auszugleichen. Demnach deutet ein hohes Verhältnis von Plazenta- zu Geburtsgewicht auf eine herabgesetzte Sauerstoff- oder Nährstoffversorgung des Fötus oder beides hin, mit einer nachfolgenden Umverteilung des Blutstroms, die den Kopf gegenüber dem Körper begünstigt. Infolgedessen sind die Arterien im Körper des Fötus einem verminderten Blutdruck ausgesetzt, so daß sie dünn, eng und unelastisch werden, im Vergleich zu den Arterien von Föten, die einem höheren Druck unterliegen und daher dicker, weiter und elastischer sind. Aus diesem Grund führt die verringerte Blutversorgung des Fötuskörpers womöglich zu unumkehrbaren Veränderungen an den Arterien, die beim Erwachsenen Bluthochdruck auslösen. Es gibt keine Anhaltspunkte dafür, daß sich die Daten mit einem genetischen Mechanismus erklären ließen, der sowohl den Blutdruck des Kindes als auch das Wachstum der Plazenta festlegt.

All dies läßt den Schluß zu, daß das intrauterine Umfeld des menschlichen Embryos einen bestimmenden Einfluß auf den Blutdruck des Erwachsenen ausübt. »Um den Blutdruck in einer Population zu senken, muß man vermutlich – unter anderem – die Lebensumstände von Mädchen und Frauen einschließlich ihrer Ernährung verbessern.« Die Hunza wußten dies intuitiv, und sie sorgten dafür, daß eine Mutter während der Stillzeit nicht erneut schwanger wurde, da sonst der Fötus mit dem Säugling um die mütterliche Nahrung konkurrieren müßte. Ihre sozialen Bräuche und ihr Lebensstil verhinderten die Entstehung von Bluthochdruck und Herz-Kreislauf-Erkrankungen. Auch daraus läßt sich folgern, daß sich die Volksgesundheit verbessern wird, wenn man die Ressourcen so auf die Allgemeinheit aufteilt, daß ernsthafte Mängel vermieden werden. Die Verantwortung für die Gesundheit obliegt nicht allein dem einzelnen. Vielmehr müssen die Gemeinde und die ganze Gesellschaft eine angemessene Ernährung ihrer Mitglieder sicherstellen und Umweltbelastungen wie Luft- und Wasserverschmutzung, die irreversible Schädigungen an Föten hervorrufen, verhindern. Zahlreiche soziale und wirtschaftliche Streßfaktoren, wie sie etwa mit Arbeitslosigkeit, Obdachlosigkeit und persönlicher Isolation verbunden sind, haben in den vergangenen zehn Jahren drastisch zugenommen, und sie wirken sich auf schwangere Mütter und auf Eltern aus und damit indirekt auch auf Föten und Kinder. Dies sind weitgehend die Folgen einer stetigen Zunahme der Konsumgüterproduktion und des Massenkonsums, die man als Patentlösung für die sozialen und wirtschaftlichen Probleme ansah, statt sich auf ausgewogene Investitionen in eine infrastrukturelle Grundausstattung der Gesellschaft – Wohnungen, öffentliche Einrichtungen und öffentliche Verkehrsmittel, Gesundheitspflege, Bildung, Gesundheitsdienste und Freizeitzentren sowie innovative Technologien und Konsumgüter – zu konzentrieren. In dieser Unausgewogenheit unserer Gesellschaft spiegelt sich das vorherrschende Ethos der Quantität (im Gegensatz zu dem der Qualität) wider, das durch die reduktionistischen Tendenzen der heutigen Naturwissenschaft und ihrer technologischen Nutzanwendungen gefördert wird. Wären diese Einflüsse auf unsere eigene Kultur beschränkt, hätten sie wenigstens einen begrenzten Wirkungsbereich, und wir könnten nach Lösungen für unsere eigenen Probleme suchen. Die Dynamik der Globalisierung führt jedoch zu einer Gefährdung sämtlicher Kulturen, da wir unsere Probleme als vermeintliche Lösungen in andere Staaten und zu anderen Völkern exportieren. Dies zeigt sich nirgends deutlicher als in den Methoden, die wir zur Steigerung der Nahrungsmittelproduktion in der Dritten Welt propagieren.

Geistige Monokulturen

Die außerordentlichen Leistungen, welche die Hunza und viele andere Eingeborenenkulturen mit der Bewahrung einer hohen Lebensqualität durch eine ausgewogene, nachhaltige, auf geeigneten technischen und kulturellen Praktiken basierende Beziehung zu ihrer Umwelt zustande brachten, sind heute durch den Einfluß unserer eigenen kulturellen Wertvorstellungen auf diese Gesellschaften, die sich in einem äußerst empfindlichen Gleichgewicht befinden, gefährdet, und viele von ihnen sind bereits zerstört. Die Wechselwirkung zwischen den Kulturen liefert Mahlgut für die Mühle der menschlichen Evolution, deren Produkte die Elemente neuer, gewandelter sozialer und politischer Strukturen hervorbringen, die neuartige Ausdrucksformen menschlicher Kreativität fördern. Obgleich über die kulturellen Grenzen hinweg ein beständiger Austausch stattfindet, haben viele Eingeborenenkulturen in direkter Auseinandersetzung mit unserer rastlosen Gier nach Neuem kluge Methoden entwickelt, um die Effizienz von Innovationen zu prüfen. Bevor sie beispielsweise eine neue Maissorte oder eine neue Kulturpflanze in ihr traditionelles Sortiment angebauter Feldfrüchte aufnehmen, untersuchen sie eingehend und über einen beträchtlichen Zeitraum, der vielfach bis zu sieben Generationen umspannt, deren Auswirkungen auf die übrigen Elemente des landwirtschaftlichen Systems. Sie sind sich der Empfindlichkeit von Ökosystemen für mögliche Schädigungen voll bewußt, und sie ergreifen sorgfältige Maßnahmen, um sicherzustellen, daß jedwede Änderung nützlich *und* dauerhaft tragfähig ist. Manche Innovationen sind so offenkundig schädlich, daß sie rasch verworfen werden können; man bedenke nur, wie schnell die Hunza beschlossen, den Einsatz von Mineraldüngern wegen des erhöhten Wasserbedarfs und des verringerten Nährwertes der eingelagerten Getreide in ihrem Land zu verbieten. Das ist praktizierte ganzheitliche Landwirtschaft.

Vergleichen wir dies mit der Erfahrung, die so viele bäuerliche Gemeinschaften in Indien während der »Grünen Revolution« in den sechziger und siebziger Jahren machten. Damals wandte man »wissenschaftliche« Grundsätze auf die landwirtschaftliche Produktion an: Die Bauern pflanzten gezüchtete Sorten an, die höhere Erträge abwarfen (sogenannte Hochleistungssorten) und in besonderem Maße auf Mineraldünger angewiesen waren. All diese Sorten stammten aus Hybridsaatgut, das man durch Kreuzung reiner genetischer Linien gewonnen hatte und zusammen mit Mineraldüngern, Pestiziden und Herbiziden (weil diese Hybriden nicht die natürliche Widerstandskraft heimischer Sorten gegen Schädlinge und Krankheiten besaßen) an die Bauern verkaufte. Die erhöhten Aufwendungen der Bauern wurden zum Teil durch staatliche Kredite abgedeckt, die später mit dem Gewinn aus dem Verkauf des erhöhten Ernteertrages zurückgezahlt werden sollten. Dies funktionierte kurzfristig oftmals erstaunlich gut: Indien konnte seine Nahrungsproduktion schlagartig erheblich steigern, so daß es zu einem Nettoexporteur von Weizen und Reis wurde. Die langfristigen ökologischen und sozialen Folgen dagegen waren katastrophal. Wie schon die Hunza feststellen mußten, sind gedüngte Nutzpflanzen, vor allem aber Hochleistungssorten, sehr durstig, so daß der Wasserbedarf anstieg. Dies wiederum führte zum Bau großer Dämme, was die Zwangsumsiedlung von Tausenden von Menschen erforderlich machte und in den überfluteten Bereichen Erosionen auslöste. Viele dieser Dämme verschlammen durch den Abtragungsschutt nach zwanzig bis dreißig Jahren, so daß sie unbrauchbar werden und aufgegeben werden müssen. Die Mineraldünger, Pestizide und Herbizide verschmutzen das Grundwasser und verschlechtern den Boden, da es an organischem Material fehlt, das die Bodentextur bewahrt und die Mikroorganismen erhält, die für das ökologische Gleichgewicht erforderlich sind. Die Hochleistungssorten haben kurze Stengel und große Samenstände, so daß sich der Kornertrag auf Kosten von Stroh und Futter für die Nutztiere erhöht. Und da die Hochleistungssorten Hybriden sind, lassen sich ihre Samen nicht zu Zuchtzwecken verwenden. Die Bauern können also nicht einen Teil der Jahresernte für die nächstjährige Aussaat verwenden und müssen daher das Saatgut direkt vom Lieferanten beziehen. Dies führt schließlich in einen Teufelskreis aus wachsenden ökologischen Schäden, zunehmender Abhängigkeit der Bauern, Verdrängung angestammter integrierter Feldbaumethoden und steigender Verschuldung. Die Bauern werden zu Sklaven »wissenschaftlicher« Produktionsverfahren, die von vornherein nicht auf Nachhaltigkeit abstellen, und es bedarf neuer technologischer »Lösungen« für neu auftretende Probleme. Das Resultat ist eine fortgesetzte Zerrüttung und Störung ehemals im Gleichgewicht befindlicher Ökosysteme und eine wachsende Verzweiflung bei den verschuldeten Bauern, die in vielen Fällen so weit ging, daß sie mit Hilfe von Pestiziden Selbstmord begingen.

Man sollte meinen, daß die Menschen durch diese Erfahrungen wieder klug geworden seien, so daß jede weitere Innovation vor ihrer Einführung sorgfältiger auf ihre langfristigen Vor- und Nachteile geprüft würde. Doch den eingestandenen Unzulänglichkeiten der Grünen Revolution will man jetzt durch neue technologische Tricks abhelfen. Da Gene und Umwelteinflüsse die einzigen Kausalfaktoren sind, welche die moderne Biologie anerkennt, sind sie auch die einzigen Variablen, die man manipulieren kann, um die Leistungsfähigkeit von Organismen entsprechend unseren Nützlichkeitskriterien zu steigern. Wir verfügen heute über die Technologie, die es uns ermöglicht, das Genom von Organismen direkt zu verändern, indem wir die Gene einer Spezies auf eine andere übertragen, so daß genetisch umgestaltete Sorten erzeugt werden können, die als *transgene* Sorten bezeichnet werden. Es gibt Pflanzenarten, die von Natur aus herbizidresistent sind, weil sie Gene in sich tragen, die Herbizide abbauende Enzyme produzieren. Man kann diese Gene identifizieren, isolieren und auf andere Spezies übertragen. Mehrere multinationale Konzerne, die einst große Mengen an Kunstdüngern, Herbiziden und Pestiziden für die Grüne Revolution produzierten, entwickeln nun beflissen Nutzpflanzen, die gegen ihre eigenen Herbizid- und Pestizidprodukte resi-

stent sind. So hat Ciba-Geigy Sojabohnen gentechnisch so
verändert, daß sie gegen das von derselben Firma hergestellte Herbizid Atrazin resistent sind, und Dupont und
Monsanto entwickeln Nutzpflanzen, die gegenüber ihren
Herbiziden tolerant sind. Diese Chemikalien vernichten
die meisten Krautpflanzen, so daß man sie nicht direkt auf
Felder mit gewöhnlichen Nutzpflanzen ausbringen kann.
Genetisch veränderte Sorten dagegen können auf herbizid-
und pestizidbehandelten Feldern gedeihen, während die
»Unkräuter« vergehen. Die mit dieser Strategie verbundenen Probleme sind so offenkundig, daß man sich wundert,
wie sie nach den Erfahrungen der Grünen Revolution
ernsthaft in Betracht gezogen werden kann. Die in Nutzpflanzen eingebrachten herbizid- und pestizidresistenten
Gene werden wahrscheinlich nicht in diesen Arten verblei-
ben und durch Viren, Bakterien und Pilze auf andere Spezies übertragen, so daß »Unkrautarten« ihrerseits Tole-
ranzen entwickeln, was höhere Herbiziddosen zu ihrer
Bekämpfung erforderlich macht. Dies führt zu einer immer stärkeren Anreicherung dieser Gifte im Boden und im
Trinkwasser, zu größerer ökologischer Zerstörung und zu
gesundheitlichen Beeinträchtigungen.

Es wird behauptet, daß eine Landwirtschaft, die auf
gentechnisch veränderten Organismen beruhe, frei von
Chemikalien und ökologisch unbedenklich sein werde.
Der fortdauernde Einsatz von Herbiziden und Pestiziden
straft jedoch diese Behauptung Lügen. Die Verwendung
gentechnisch veränderter Sorten steht im Widerspruch zu
dem grundlegenden ökologischen Prinzip der Artenmannigfaltigkeit, das auch die Basis der traditionellen Landwirtschaft bildete. Schon der Begriff des »Unkrauts« als
solcher ist kein traditioneller, denn alle Pflanzen haben ihren Nutzen. Einem »wissenschaftlichen« Bericht zufolge
wurden auf einem Bauernhof in Mexiko über 214 »Un-

krautarten« nachgewiesen, für die der Bauer jedoch ganz spezifische Nutzungsweisen hatte. Schon die anerkannten Nahrungspflanzen der traditionellen Landwirtschaft zeichnen sich durch eine ungemein große Vielfalt aus; man verwendet zahlreiche verschiedene Zuchtstämme, weil diese in unterschiedlichem Maße gegen Austrocknung und Schädlingsbefall resistent sind, so daß trotz jährlicher Schwankungen der äußeren Bedingungen immer eine ausreichende Ernte erzielt wird. Statt sich auf eine gentechnisch veränderte Sorte zu stützen, die nur bei gleichbleibenden Bedingungen einen angemessenen Ertrag abwirft, so daß es zu einer katastrophalen Mißernte mit nachfolgender Hungersnot kommt, wenn diese Bedingungen nicht erfüllt werden oder eine neue Schädlingsart auftritt, nutzen traditionelle Anbaumethoden Diversität, um Stabilität zu erreichen.

Der Gegensatz zwischen dem Monokultur- und dem Diversitätsansatz wird in dem Buch *Monocultures of the Mind* von Vandana Shiva, dessen Titel ich als Überschrift über diesen Abschnitt gesetzt habe, eingehend beschrieben. Dieses Buch enthält eine fulminante, in sich schlüssige Anklage gegen die »wissenschaftlichen« land- und forstwirtschaftlichen Methoden des Westens, die auf der Idee der Monokultur beruhen, den Ertrag eines einzigen Produktes, wie etwa Weizen, Reis, Holzzellstoff oder Bauholz, zu maximieren. Diese Monokulturmentalität ist die unmittelbare Folge einer reduktionistischen Wissenschaft der Quantitäten, die bei den Spezies nur nach solchen spezifischen Merkmalen sucht, die man verstärken kann, um auf diese Weise den Ertrag bestimmter Produkte zu erhöhen: Milch von Kühen, Samen von Getreide, Holzzellstoff und Bauholz von Eukalyptusbäumen (Abbildung 7.1). Die meisten Verbindungen zwischen diesen Produkten sind unterbrochen. Demgegenüber integriert die traditionelle

Landwirtschaft eine Vielzahl von Naturprodukten in ein ganzheitliches, ausgewogenes und nachhaltiges System, das aufgrund der zahlreichen wechselwirkenden Komponenten in sich robust ist (Abbildung 7.2).

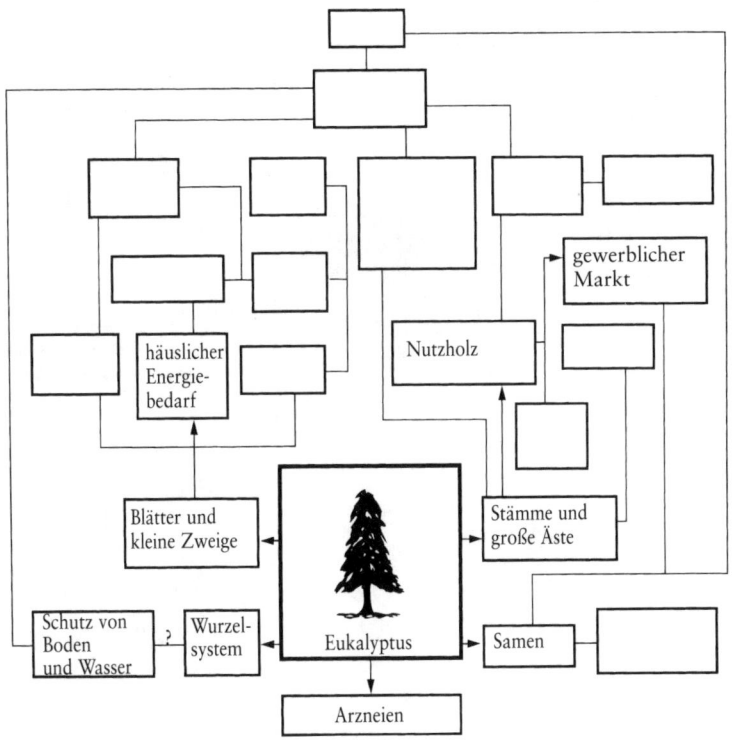

Abbildung 7.1 *Die Nutzung einer in Monokultur angebauten Pflanzenart dient sehr spezifischen Zwecken und begrenzten Interessen. (Quelle: Shiva, S. 38)*

345

Eine Wissenschaft der Qualitäten

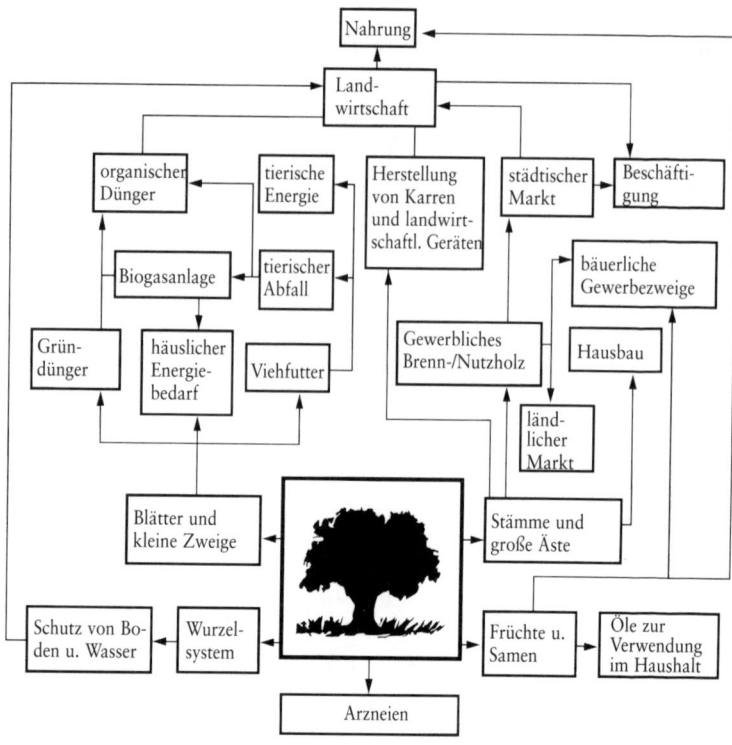

Abbildung 7.2 *Die Nutzung von Bäumen in der traditionellen Landwirtschaft befriedigt eine Vielzahl von Bedürfnissen. (Quelle: Shiva, S. 37)*

Bei der neuen gentechnischen Revolution geht es nicht um eine nachhaltige Landwirtschaft, sondern um die Gewinne aus der Verwertung gewerblicher Schutzrechte an genetisch manipulierten Pflanzen- und Tierstämmen, um Gewinne aus dem fortlaufenden Verkauf von Herbiziden und Pestiziden und darum, sich die Bauern, die infolge der Grünen Revolution eine hohe Schuldenlast drückt, gefügig zu machen. Die Mannigfaltigkeit der natürlichen Stämme und Sorten, die von der traditionellen Landwirtschaft gezüchtet und erhalten wurden, ist von »Keimplasma«-Ban-

346

ken (ein Erbe der Weismannschen Aufteilung des Organismus in einen steuernden genetischen Teil und einen gesteuerten körperlichen Teil) verdrängt worden, aus denen sich die multinationalen Konzerne nach Belieben bedienen können. Diese Unternehmen nutzen die Banken als Genreservoir für die Produktion von Sorten, über die sie anschließend aufgrund ihrer Patentrechte allein verfügen können. Obgleich diese Sorten fortpflanzungsfähig sind, so daß die Samen einer Jahresernte zur Aussaat der nächsten verwendet werden können, müssen die Bauern jetzt Nutzungsgebühren zahlen, so daß sie weiterhin verschuldet bleiben. Somit beherrscht das Keimplasma nicht nur die Organismen, sondern auch die Bauern, und dies alles im Namen der »Entwicklung«.

Eines der grundlegenden Mißverständnisse vieler sogenannter Entwicklungsprogramme besteht in der Annahme, herkömmliche Anbaumethoden, die sich die Biodiversität zunutze machen, erzielten nur eine geringe Produktivität. Denn wenn man sämtliche Mehrfachernten verschiedenartiger Kulturpflanzen und die Nutzleistungen biologischer Systeme voll berücksichtigt, sind Anbaumethoden, die auf einem breiten Spektrum von Nutzpflanzen basieren, produktiver; außerdem erhöhen sie den Nährwert der Nahrungspflanzen im Vergleich zu Monokulturen, *und sie sind nachhaltig*. Diese Vielfalt schließt die Nutzung von Schilf und Gräsern zum Flechten von Körben und Matten ein; eine Nutzungsmöglichkeit, die verlorengeht, wenn Herbizide eingesetzt werden, die diese Pflanzen natürlicher Ökosysteme vernichten. Und es gibt zahllose weitere Beispiele, die den Gegensatz zwischen der Monokulturmentalität des »wissenschaftlichen« Westens und den robusten, unterstützenden, mannigfaltigen und nachhaltigen Eigenschaften der traditionellen Land- und Fortwirtschaft verdeutlichen. Systematische Vergleichsstudien, die an vielen

Forschungszentren durchgeführt werden, belegen immer eindeutiger, daß diversitätsgestützte Feldbaumethoden den Monokulturen überlegen sind, und der Widerstand gegen die weitere Einführung unzureichend erprobter Neuerungen nimmt zu.

Neuerungen werden nicht generell abgelehnt. Eine Vielzahl technologischer Entwicklungen, die uneingeschränkt mit einem integrierten Lebensstil verträglich sind, der nach Lebensqualität und Nachhaltigkeit strebt, hält Einzug in die Dörfer Indiens und anderer Drittweltländer. Effiziente Herde und Geräte zur Ziegelherstellung, neuartige Webstühle und Webtechniken sowie kleine Dämme, die Arbeit ersparen und unter örtlicher Verwaltung stehen, werden bereitwillig angenommen. Sie stehen in Einklang mit Gandhis Vision einer Wirtschaft auf dörflicher Basis und einer weitgehenden kommunalen Selbstverwaltung. Diese steht im Gegensatz zu den großen Lösungen, die zu großen Katastrophen führen, wie etwa der Bau großer Staudämme und die Anlage landwirtschaftlicher Großbetriebe, die durch die Grüne Revolution gefördert wurden und die einheimischen Bauern verdrängten und das dörfliche Gemeinschaftsleben zerstörten. Die Gemeinden sind die Quellen der Gesundheit und einer hohen Lebensqualität. Die betroffenen Menschen müssen an der Erprobung einer Innovation angemessen beteiligt werden, bevor ein Urteil über deren Vor- und Nachteile getroffen wird, wie dies bei den Kunstdüngern der Fall war, die von den Hunza gründlich geprüft wurden. Traditionale Kulturen verfügen über sachgerechte Kriterien für die angemessene Bewertung von Neuerungen, die möglicherweise die nachhaltige Nutzung ihrer Ökosysteme beeinträchtigen, und dieser Entscheidungsprozeß erstreckt sich oftmals über mehrere Generationen. Wie Vandana Shiva in einem anderen Buch, *Staying Alive: Women, Ecology, and Survival in India*, beschreibt, verkörpern diese Gemeinden die immerwährenden Prinzipien, die in der indischen Kosmologie als dialektisches Spiel der Gegensätze beschrieben werden: Schöpfung und Zerstörung, Zusammenhalt und Auflösung. Die Urkraft wird Natur (*Prakriti*) genannt, und in ihr manifestieren sich sowohl Shakti, das schöpferische weibliche Prinzip des Kosmos, als auch Purusha, das männliche Prinzip der Form. Alle Lebensformen in der Natur sind Kinder von Prakriti, die auch Lalitha, die Spielerin, genannt wird, weil *lila* oder das Spielen als freie spontane Aktivität ihr tiefster Wesenszug ist. Der Wille, sich zu vervielfältigen, ist ihr schöpferischer Impuls, und kraft dieses Impulses erzeugt sie die Mannigfaltigkeit der natürlichen Lebensformen. Die schöpferische Kraft und die erschaffene Welt sind nicht voneinander geschieden und getrennt, noch ist die erschaffene Welt gleichförmig, statisch und zersplittert. Vielmehr ist sie mannigfaltig, dynamisch und zusammenhängend. Dies ist eine Vision, in der Ordnung im Rahmen eines schöpferischen Spiels der Formen aus dem Chaos hervorgeht und wieder in das Chaos einmündet. Jede dieser Lebensformen, jede natürliche Spezies, besitzt einen Eigenwert und eine Bedeutung, die sich aus ihrer Position im Gesamtgefüge des Lebens ergibt, so daß in diesem lebendigen Reigen ein Moment des Heiligen aufscheint. Eine Wissenschaft der Qualitäten erkennt den Wert der emergenten Eigenschaften, die in den natürlichen Lebensformen verkörpert sind.

Qualitäten, Werte und Gesetze

Organismen sind intentionale Handlungssubjekte, die ihr Wesen zum Ausdruck bringen und sich – mit Kant zu sprechen – durch eine »qualitative Vollkommenheit, die keiner äußeren Vollendung bedarf«, auszeichnen. Ihr Wert liegt in ihrem bloßen Dasein und nicht in ihren Leistungen. Das erkennen wir, sobald wir Organismen als Teile eines komplexen Beziehungsgefüges auffassen, aus dem die Formen und Muster der lebendigen Ordnung hervorgehen, wie wir dies in den Kapiteln 3 bis 6 beschrieben haben. Die Anerkennung der Spezies als natürliche Arten, welche die typischen Formen der belebten Natur zum Ausdruck bringen, die durch schöpferische Emergenz aus einem dynamischen, am Chaosrand ablaufenden Prozeß entstehen, beinhaltet Implikationen über unsere Beziehungen zu den Spezies, aus denen das dicht gewobene Netz wechselseitiger Abhängigkeit besteht, das unser Leben auf diesem Planeten ermöglicht. Das sind heute praktische Fragen von Überleben und Vernichtung, die aufs engste mit unserer Einstellung zur Natur verknüpft sind. Wenn wir Lebewesen als Maschinen betrachten, behandeln wir sie – und zwangsläufig auch unsere Mitmenschen – auch als solche. Der Begriff der Gesundheit, des Heilseins, als solcher wird dann verschwinden, so wie die Organismen aus der modernen Biologie ausgetrieben wurden. Eine Biologie der Teile wird zu einer Medizin der Ersatzteile, und die Organismen werden zu Haufen aus genetischen und molekularen Mosaiksteinchen, die wir nach Belieben zusammenfügen können, wobei ihr Wert unserer Ansicht nach ausschließlich in ihren Produkten besteht, nicht in ihrem bloßen Sein. Dies ist der Pfad der ökologischen und sozialen Zerstörung.

Eine neue Biologie ist im Entstehen und mit ihr eine neue Sichtweise unserer Beziehungen zu den übrigen Lebewesen und der Natur im allgemeinen. Günther Altner hat dies folgendermaßen formuliert: »Die oberste Verpflichtung des Menschen gegenüber seinen Mitgeschöpfen folgt nicht aus der Existenz von Selbstbewußtsein, Schmerzempfindlichkeit oder einer besonderen menschlichen Leistung, sondern aus der Erkenntnis, daß alle Schöpfung gut ist, was sich im Schöpfungsprozeß als solchem bekundet. Kurz, die Natur erlegt uns Werte auf, weil sie Schöpfung ist.«

Diese Betrachtungsweise ist ein integraler Bestandteil unseres kulturellen Vermächtnisses, das viel tiefgreifender und fundamentaler ist als die Metaphorik von Sündenfall und Erlösung, die dem Darwinismus und einem Großteil unseres gesellschaftlichen und wirtschaftlichen Lebens zugrunde liegt. Sie bindet uns zurück an Wurzeln, die eine Urgnade (Kreativität) und keine Ursünde enthalten, wie Matthew Fox in seinem Buch *Original Blessing* auf überzeugende Weise dargetan hat. Sie verbindet uns darüber hinaus mit gleichwertigen Metaphern, die in allen anderen Kulturen anzutreffen sind, wie etwa die von schöpferischer Kraft und Spiel in Form von Lalitha, der Spielerin, welche die Mannigfaltigkeit der natürlichen Lebensformen erschafft. Dies eröffnet uns einen Weg von der herrschaftsbezogenen, quantitativen Biologie, die auf einer beschränkten kulturellen Perspektive basiert, zu einer Wissenschaft der Qualitäten, die nicht nur umfassender und exakter als die gegenwärtige biologische Theorie ist, sondern auch die Ganzheitlichkeit, Gesundheit und Lebensqualität betont, die aus der tiefen Achtung vor anderen Lebewesen und ihren Rechten auf uneingeschränkte Entfaltung ihres Wesens hervorgeht. Dies ist keine wirklichkeitsfremde utopische Vision, sondern die Grundlage einer nachhaltigen Beziehung zur Natur. Günther Altner legt dar, wie sich diese Sichtweise auf die Bewertung einer Reihe sehr akuter Probleme auswirkt, die augenblicklich Gegenstand hitziger Diskussionen sind. Dazu gehören die folgenden Grundsätze:

»1. Menschengeschichte und Naturgeschichte sind Teil eines umfassenden Prozeßgeschehens. Die schnelle Dynamik der Menschengeschichte droht die unerläßlichen Verbindungen zu der langsamer laufenden Naturgeschichte zu zerreißen. Aus diesem Grund sind Moratorien (Denkpausen) zur Überprüfung unübersehbarer Wissenschafts-, Technik- und Fortschrittsfolgen unerläßlich. Zur Regelung einer solchen Moratorienpraxis bedarf es demokratisch legitimierter Einsetzungs- und Kontrollverfahren unter partizipativer Beteiligung der kritischen Öffentlichkeit...

2. Ein besonderes Problem stellen die Eingriffsmöglichkeiten der in dynamischer Entwicklung befindlichen Biotechnologien, insbesondere der Gentechnik und der Fortpflanzungsbiologie dar. Wenn Lebewesen ein Recht auf artgerechtes Leben und artgerechte Fortpflanzung haben, sind Eingriffe ins Erbgut und dadurch bewirkte Umprogrammierungen äußerst problematisch...

3. Die einzufordernden Rechte der Natur machen es unumgänglich, den ganzen Bereich der Nutzorganismen (Mikroorganismen, Tiere und Pflanzen) einer kritischen Sichtung zu unterziehen. Hier ergibt sich einerseits die Frage nach der artgerechten Haltung und Fortpflanzung. Andererseits muß hier gerade auch die Funktion der Nutztiere als Nahrungsquelle und als Experimentierpotential für Medizin und andere Nutzungsbereiche (Kosmetik) zur Diskussion gestellt werden...

4. Die Unterbewertung der Natur als mehr oder weniger frei verfügbare Ressource im theoretischen und praktischen Kalkül der Wachstumswirtschaft muß aufgehoben werden. Die Rechte der Natur müssen so gestaltet werden, daß die Natur neben Arbeit und Kapital als › der dritte Partner ‹ in der Wirtschaft ernst genommen wird...

5. Durch die Biosphäre als äußerstem Handlungsrahmen menschheitlicher Existenz ist eine Grenze gesetzt. Freilich bleibt diese Grenze variabel, je nachdem welcher Anspruch an sie gestellt wird... Die Verleihung von Rechten an die Natur kann nur dann gelingen, wenn diese Absicht *alle* Rechtsbereiche und Strukturebenen innerhalb der Biosphäre durchdringt und verändert: vom kommunalen Recht über das Verfassungsrecht der Staaten bis hin zum internationalen Recht.«(Altner, a. a. O. S. 108–111)

Diese Erwägungen führen unmittelbar zur Frage nach Gesetzen, welche die Rechte künftiger Generationen und der Natur im allgemeinen festschreiben. Ein sehr nützlicher Versuch, diese Rechte zu formulieren, wurde mit dem sogenannten Berner Resolutionsentwurf unternommen, in dem unter anderem folgende Punkte aufgeführt sind:

1. Künftige Generationen haben ein Recht auf Leben.
2. Künftige Generationen haben ein Recht darauf, nicht manipuliert zu werden, das heißt das Recht auf ein Erbgut, das nicht durch künstliche Eingriffe des Menschen verändert wurde.
3. Künftige Generationen haben ein Recht auf eine mannigfaltige Pflanzen- und Tierwelt und somit auf ein Leben in einer artenreichen Natur und auf die Erhaltung einer Fülle genetischer Ressourcen.
4. Künftige Generationen haben ein Recht auf saubere Luft, eine unbeschädigte Ozonschicht und auf einen angemessenen Wärmeaustausch zwischen der Erde und der Atmosphäre.

In diesen Resolutionsentwurf sind die folgenden »Rechte der Natur« aufgenommen:

»1. Die Natur – belebt oder unbelebt- hat ein Recht auf Existenz, das heißt auf Erhaltung und Entfaltung.

2. Die Natur hat ein Recht auf Schutz ihrer Ökosysteme, Arten und Populationen in ihrer Vernetztheit.

3. Die belebte Natur hat ein Recht auf Erhaltung und Entfaltung ihres genetischen Erbes.

4. Lebewesen haben ein Recht auf artgerechtes Leben, einschließlich Fortpflanzung, in den ihnen angemessenen Ökosystemen.

5. Eingriffe in die Natur bedürfen einer Rechtfertigung.« (zit. nach Altner, a. a. O., S. 102)

Diese Vorschläge verleihen der Natur den Status eines Rechtssubjektes. Sie führen dazu, daß die Natur dieselben Rechte erhält wie der Mensch. Das sich daraus ergebende radikale Programm für gesetzliche und verfassungsrechtliche Maßnahmen stellt eine Möglichkeit dar, die tiefen Wunden zu heilen, die unsere Auffassung von der Natur als etwas Fremdem, Äußerem und Gegenständlichem, das nicht unseren Wertbegriffen unterfällt, verursacht hat. Die heutige Biologie versucht die Lebewesen in Objekte zu verwandeln. Freilich läßt sich nicht leugnen, daß ein Tier, dem man eine Schnittwunde zufügt oder das verstümmelt wird, Schmerz zum Ausdruck bringt, und aus diesem Grund versetzen wir es während chirurgischer Eingriffe in Narkose, genauso wie wir es beim Menschen tun. Schmerz ist eine subjektive Empfindung, kein objektiver, quantifizierbarer Zustand. Das gleiche gilt für die Langeweile, die ein Bär bekundet, der in seinem Gehege im Zoo mechanisch von einem Fuß auf den anderen tritt, oder ein angekettetes Tier, das aus Frustration immer wieder dieselbe Bewegung wiederholt, wobei es in stereotyper Weise auf der Kette herumbeißt und an ihr zieht und sich dabei selbst verletzt. Lebewesen, die man in eine reizarme, ein-

354

tönige Umgebung versetzt, in der sie ihre natürlichen Instinkte nicht ausleben können, erwerben chronische Ver-
haltensstörungen – ein Eisbär bewegte sich weiterhin in
einem ovalen Bereich, der dieselbe Größe hatte wie der
Zirkuswagen, in dem er früher untergebracht war –, die
selbst in einer abwechslungsreichen Umgebung fortdau-
ern. Sensorische Deprivation erzeugt Unordnung.

Auch wenn Frustration, Langeweile und Schmerz subjektive Empfindungen darstellen, sind sie deshalb doch
nicht weniger real. Eine Wissenschaft subjektiver Zustände liegt durchaus im Bereich des Möglichen, wie Françoise
Wemelsfelder in ihrem Buch *Animal Boredom* auf überzeugende Weise dargetan hat. Sie zitiert aus dem Aufsatz
»What Is It Like to Be a Bat?« des Philosophen Thomas
Nagel: »Ein Lebewesen hat dann und nur dann bewußte
mentale Zustände, wenn es etwas gibt, das dem gleichkommt, was es heißt, dieser Organismus zu sein – was es
für den Organismus heißt, ein solcher zu sein. Ich möchte
wissen, wie es für eine *Fledermaus* ist, eine Fledermaus zu
sein.« Wemelsfelder bemerkt hierzu: »Ein Subjekt zu sein
bedeutet Nagel zufolge, eine bestimmte, persönliche Weltsicht zu haben, die Welt von ›innen‹ zu kennen. Eine objektive Sichtweise dagegen versucht sich von einem solchen persönlichen Standpunkt zu lösen, um zu einer
allgemeineren, ›äußeren‹ Sicht der Welt zu gelangen. Folglich begreift Nagel Subjektivität und Objektivität als er-
kenntnistheoretische Begriffe, das heißt als *erklärende Zu-
gangsweisen* zur Welt... Einige Philosophen bezeichnen
die subjektive und objektive Sichtweise auch als ›Ich-Perspektive‹ und als ›Es-Perspektive‹.«

Wemelsfelder arbeitet gegenwärtig an einem Forschungs-
projekt über Nutztiere, um zu zeigen, wie eine solche Wissenschaft subjektiver Zustände aussehen könnte. Auch
dies ist ein radikaler Schritt weg von einer rein objektiven

Wissenschaft, wobei die Geltung der »Ich-Perspektive« über den Bereich des Menschen auf die Tiere im allgemeinen ausgedehnt wird. Dieser Wandel ist auch Teil des Prozesses unserer Versöhnung mit der Natur, denn wir können anderen Lebewesen nur dann Qualitäten und Eigenwerte zuerkennen, wenn wir ihnen die Fähigkeit zugestehen, das Leben auf eine Weise zu erfahren, die unserer eigenen Subjektivität gleicht, auch wenn sie nicht mit ihr identisch ist. Denn jede Spezies hat ihre eigene, einzigartige Beziehung zur Welt, ihre eigene Erfahrung dessen, was es bedeutet, ein intentionaler Handlungsträger zu sein, der im Rahmen eines bestimmten Lebensraumes sein Wesen entfaltet.

Selbstverständlich folgt aus dieser Position auch, daß subjektive »Ich«-Erfahrungen nicht nur real, sondern auch vorrangig sind. Dies führt zu einer Wissenschaft des Bewußtseins. Es ist eine jener seltsamen Paradoxien, daß sehr viele Wissenschaftler, die auf dem Gebiet der Künstlichen Intelligenz bzw. der Kognitionswissenschaften im allgemeinen arbeiten, dem Bewußtsein jegliche substantielle Eigenständigkeit absprechen und es weitgehend zu einem reinen Epiphänomen der Gehirnaktivität – also der elektrischen und biochemischen Prozesse, die in den Hirnzellen ablaufen – erklären. Ganz ähnlich sprechen viele Biologen den Organismen jegliche irreduzible Eigenständigkeit ab und glauben, diese restlos mit ihren Genen und molekularen Prozessen erklären zu können. Freilich verleiht die Anerkennung, daß Organismen intentionale Handlungskompetenz besitzen, die auf der selbstabschließenden Dynamik immanenter kausaler Prozesse beruht, den Lebewesen nicht nur eine Eigenständigkeit, die nicht auf ihre Teile zurückgeführt werden kann, sondern sie schafft auch einen Raum für subjektive Erfahrungen – wie es ist, eine Fledermaus oder irgendeine andere Spezies zu sein. Für uns ist dies die Erfahrung des Menschseins und die Kenntnis des Zustandes der Bewußtheit. Eine Wissenschaft der Qualitäten ist zwangsläufig eine Wissenschaft der Subjektivität, die Werte als gemeinsame Erfahrungen und als Zustände teilnehmenden Bewußtseins begreift und uns durch Mitgefühl, wechselseitige Anerkennung und Achtung mit den anderen Lebewesen verknüpft.

Altner, G., *Naturvergessenheit – Grundlagen einer umfassenden Bioethik*. Darmstadt: Wissenschaftl. Buchgesellschaft, 1991.

Atkinson, D., *Radikal Urban Solutions*. London: Cassell, 1994.

Barker, D. J. P., *Fetal and Infant Origins of Adult Disease*. London: British Medical Journal Publications, 1992.

Barlow, K., *Recognising Health*. London: The McCarrison Society, 1988.

Bateson, W., *Materials for the Study of Variation*. Cambridge: Cambridge University Press, 1894; reprinted by Johns Hopkins University Press, 1992.

Berger, S., and M. J. Kaever, *Dasycladales: an Illustrated Monograph of a Fascinating Algal Order*. Stuttgart: Thieme, 1992.

Berne Draft Resolution. *Siehe* Altner.

Bohm, D., and B. J. Hiley, *The Undivided Universe: An Ontological Interpretation of Quantum Mechanics*. London: Routledge and Kegan Paul, 1993.

Brière, C., and B. C. Goodwin, »Geometry and Dynamics of Tip Morphogenesis in *Acetabularia*.« *Journal of Theoretical Biology* 131 (1988): 461–475.

Cairns, J., J. Overbaugh, and S. Miller, »The Origins of Mutants.« *Nature* 335 (1988): 142–145.

Cassirer, E., *Kants Leben und Lehre*. Darmstadt: Wissenschaftl. Buchgesellschaft, 1994.

—, *Kant's Life and Thought*. London and New Haven: Yale University Press, 1981.

Church, A. H., *On the Relation of Phyllotaxis to Mechanical Laws*. London: Williams and Norgate, 1904.

Cole, B. J., »Is Animal Behaviour Chaotic? Evidence from the Activity of Ants.« *Proceedings of the Royal Society London* (B) 244 (1991): 253–259.

Darwin, Ch., *Über die Entstehung der Arten durch natürliche Zucht-wahl*. Darmstadt: Wissenschaftl. Buchgesellschaft, 1988.

Davies, P./G. Gribbin, J., *Auf dem Weg zur Weltformel*. Berlin, 1993.

Dawkins, R., *Der blinde Uhrmacher*. München: Kindler, 1987.

—, *The Extended Phenotype*. Harlow: Longman, 1980.

—, *The Selfish Gene*. Oxford: Oxford University Press, 1976.

Delisi, C., »The Human Genome Project.« *American Scientist* 76 (1988): 488–493.

Douady, S., and Y. Couder, »Phyllotaxis as a Physical Self-Organised Growth Process.« *Physical Review Letters* 68 (1992): 2098–2101.

Fontana, W., »Algorithmic Chemistry,« pp. 159–209 in *Artificial Life II: Santa Fe Institute Studies in the Sciences of Complexity*, C. G. Langton, J. D. Farmer, S. Rasmussen, and C. Taylor (eds.), Vol. 10. Reading, Mass.: Addison-Wesley, 1992.

Fox, M., *Original Blessing*. Santa Fe, N.M.: Bear, 1982.

Franks, N. R., S. Bryant, R. Griffith, and L. Hemerik, »Synchronisation of the Behaviour within Nests of the Ant *Leptothorax acervorum*.« *Bulletin of Mathematical Biology* 52, (1990): 597–612.

Goldsmith, E., *The Way: An Ecological World View*. London: Rider, 1992.

Goodwin, B. C., and C. Briere, »A Mathematical Model of Cytoskeletal Dynamics and Morphogenesis in *Acetabularia*,« in *The Cytoskeleton of the Algae* (ed. D. Menzel), pp. 219–238. Boca Raton, Fla.: CRC Press, 1992.

Goodwin, B. C., and S. Pateromichelakis, »The Role of Electrical Fields, Ions, and the Cortex in the Morphogenesis of *Acetabularia*.« *Planta* 145 (1979): 427–435.

Goodwin, B. C., and L. E. H. Trainor. »Tip and Whorl Morphogenesis in *Acetabularia* by Calcium-Regulated Strain Fields.« *Journal of Theoretical Biology* 117 (1985): 79–106.

Gould, S. J., *Zufall Mensch. Das Wunder des Lebens als Spiel der Natur*. München: DTV, 1994.

—, »The Disparity of the Burgess Shale Arthropod Fauna and the Limits of Cladistic Analysis: Why We Must Strive to Quantify Morphospace.« *Paleobiology* 17 (4) (1991): 411–23.

Gould, S. J., and R. C. Lewontin, »The Spandrels of San Marco and the Panglossian Paradigm: a Critique of the Adaptationist Programme.« *Proceedings of the Royal Society London* (B) 205 (1979): 581–98.

Green, P. B., »Inheritance of Pattern: Analysis from Phenotype to Gene.« *American Zoologist* 27 (1987): 657–673.

—, »Shoot Morphogenesis, Vegetative through Floral, from a Bio-physical Perspective. In *Plant Reproduction: From Floral In-duction to Pollination*. (E. Lord and G. Bernier, eds.). *American Society for Plant Physiology Symposium Series*, Vol. 1 (1989): 58–75.

Harré, R., and E. H. Madden, *Causal Powers: A Theory of Natural Necessety*. Oxford: Basil Blackwell, 1975.

Harrison, L. G., and N. A. Hillier, »Quantitative Control of *Acetabularia* Morphogenesis by Extracellular Calcium: a Test of Kinetic Theory.« *Journal of Theoretical Biology* 114 (1985): 177–192.

Harrison, L. G., K. T. Graham, and B. C. Lakowski. »Calcium Localization during *Acetabularia* Whorl Formation: Evidence Supporting a Two-Stage Hierarchical Mechanism.« *Development* 104 (1988): 255–262.

Henderson, H., *Paradigms in Progress*. London: Adamantine Pr., 1993.

Hodgkin, R. A., *Playing and Exploring: Education through the Dis-covery of Order*. London: Methuen, 1985.

Huizinga, J., *Homo ludens – Vom Ursprung der Kultur im Spiel*. Reinbek: Rowohlt, 1987.

Hull, D., »Historical Entities and Historical Narratives.« In *Minds, Machines and Evolution* (ed. C. Hookway). Cambridge: Cambridge University Press, 1984.

Ingold, T., »An anthropologist looks at biology.« (Curl Lecture, 1989). *Man* (NS) 25 (1990): 208–229.

Jaffe, L. F., »The Role of Ionic Currents in Establishing Develop-mental Pattern.« *Philosophical Transactions Royal Society* (B) 295 (1981): 553–566.

Kauffmann, S. A., *Origins of Order: Self-Organization and Selection in Evolution*. Oxford: Oxford University Press, 1992.

Kaye, H., *The Social Meaning of Modern Biology*. London and New Haven: Yale University Press, 1986.

Kortmulder, K., »The Congener: A Neglected Area in the Study of Behaviour.« *Acta Biotheoretica* 35 (1986): 39–67.

Langton, C., »Computation to the Edge of Chaos: Phase Transitions and Emergent Computation.« *Physica* 42 D (1990): 12–37.

—, »Life at the Edge of Chaos.« In *Artificial Life II: Santa Fe Insti-tute Studies in the Sciences of Complexity* (eds. C. G. Langton, J. D. Farmer, S. Rasmussen, and C. Taylor) Vol. 10. Reading, Mass.: Addison-Wesley, 1992.

Lewin, R., *Die Komplexitätstheorie – Wissenschaft nach der Chaos-forschung.*, Hamburg: Hoffmann und Campe, 1993.

Lovelock, J. A., *Das Gaia-Prinzip*, Zürich, 1990.
—, *New Look at Life on Earth*. Oxford: Oxford University Press, 1979.
Margulis, L., and D. Sagan. *Microcosmos*. London: Allen and Unwin, 1987.
Maturana, H. R./F. J. Varela, *Der Baum der Erkenntnis – Die biologischen Wurzeln des menschlichen Erkennens*. Bern: Scherz, 1987.
Mayr, E., *Eine neue Philosophie der Biologie*. München: Piper, 1991.
Miramontes, O., R. V. Solé, and B. C. Goodwin, »Collective Behaviour of Random-Activated Mobile Cellular Automata.« *Physica D* 63 (1993): 145–160.
Mivart, J. St. George, *On the Genesis of Species*, London: Macmillan, 1871.
Norberg-Hodge, H., *Ancient Futures*. San Francisco, Calif.: Sierra Books, 1992.
Oster, G., and P. Alberch, »Evolution and Bifurcation of Developmental Programs.« *Evolution* 36 (1982): 444–59.
Oster, G. F., and G. Odell, »The Mechanochemistry of Cytogels.« *Physica* 12 D (1984): 333–350.
Oster, G. F., J. D. Murray, and A. Harris, »Mechanical Aspects of Mesenchymal Morphogenesis.« *Journal of Embryology and Experimental Morphology* 78 (1983): 83–125.
Oster, G. F., J. D. Murray, and P. Maini, »A Model for Chondrogenic Condensations in the Developing Limb: The Role of Extracellular Matrix and Cell Tractions.« *Journal of Embryology and Experimental Morphology* 89 (1985): 93–112.
Oster, G. F., N. Shubin, J. D. Murray, and P. Alberch, »Evolution and Morphogenetic Rules: the Shape of the Vertebrate Limb in Ontogeny and Phylogeny.« *Evolution* 42 (1988): 862–884.
Paley, W., *Natural Theology; or Evidences of the Existence and Atributes of the Deity, collected from the Appearances of Nature*. London: Printed for N. Faulder, 1802.
Rambler, M. B., L. Margulis, and R. Fester, *Global Ecology: Towards a Science of the Biosphere*. London: Academic Press, 1989.
Robertson, J., *Future Wealth: A New Economics for the Twenty-first Century*. New York: Bootstrap Press, 1990.
Sheldrake, R., *Theorie der morphogenetischen Felder*. München: Goldmann, 1989.
Shiva, V., *Staying Alive: Women, Ecology and Survival in India*. Zed Books, 1988.
—, *Monocultures of the Mind*. Penang, Malaysia: Third World Network, 1993.

Shubin, N. H., and P. Alberch, »A Morphogenetic Approach to the Origin and Basic Organization of the Tetrapod Limb.« *Evolutionary Biology* 20 (1986): 319–387.

Solé, R. V., O. Miramontes, and B. C. Goodwin, »Oscillations and Chaos in Ant Societes.« *Journal of Theoretical Biology* 161 (1993): 343–357.

Sonneborn, T. M., »Gene Action in Development.« *Proceedings of the Royal Society London* (B) 176 (1970): 347–366.

Spiegelmann, S., »An *In Vitro* Analysis of a Replicating Molecule.« *American Scientist* 55 (1967): 221–264.

Stewart, I., *Spielt Gott Roulette? Chaos in der Mathematik*. Basel: Birkhäuser, 1990.

Stewart, I./M. Golubitsky, *Denkt Gott symmetrisch? Das Ebenmaß in Mathematik und Natur*. Basel: Birkhäuser, 1993.

Swinney, H., J.-C. Roux, and R. Simoyi, *Physica* 7D (1983): 3–15.

Thompson, D. W., *On Growth and Form*. Cambridge: Cambridge University Press, 1917.

Turing, A. M., »The Chemical Basis of Morphogenesis.« *Philosophical Transactions of the Royal Society* (B) 237 (1952): 37–72.

Varela, F. J., and E. Thompson, »Color Vision: A Case Study in the Foundation of Cognitive Science.« *Revue de synthèse* IV, 5, Nos. 1–2 (1990): 129–138.

Waldrop, M. M., *Complexity: The Emerging Science at the Edge of Order and Chaos*. New York: Simon and Schuster, 1992.

—, *Inseln im Chaos. Die Erforschung komplexer Systeme*, Reinbek: Rowohlt, 1993.

Wemelsfelder, F., *Animal Boredom*. Utrecht: Elinkwijk BV, 1993.

Whitehead, A. N., *The Concept of Nature*. Cambridge University Press, 1920, 1971.

Williamson, G. S., and I. H. Pearse. *The Case for Action*. London: Faber, 1931.

Winfree, A. T., *When Time Breaks Down*. Princeton, N.J.: Princeton University Press, 1987.

Winnicott, D. W., *Playing and Reality*. London: Tavistock, 1971.

Wolfram, S., *Theory and applications of Cellular Automata*. Singapore: World Scientific, 1986.

Wrench, G. T., *Wheel of Health*. New York: Schocken, 1972.

Weiterführende Literatur

de Beer, G., *Homology: An Unsolved Problem*. Oxford: Oxford University Press, 1971.

Dobzhansky, Th., »Nothing in Biology Makes Sense Except in the Light of Evolution.« *American Biology Teacher,* March 1973: 125–129.

Emmet, D., *The Effectiveness of Causes*. London: Macmillan, 1984.

—, *The Passage of Nature*. London: Macmillan, 1992.

Frankel, J., *Pattern Formation*. Oxford: Oxford University Press, 1989.

Goodwin, B. C., »Development and Evolution.« *Journal of Theoretical Biology* 97 (1982): 43–55.

—, »Structuralism in Biology.« *Science Progress* (Oxford) 74 (1990): 227–244.

—, *Development*. London: Hodder and Stoughton and The Open University, 1991.

—, »Development as a Robust Natural Process.« In *Thinking About Biology* (W. d. Stein and F. Varela, eds.). Reading, Mass.: Addison-Wesley, 1993.

—, »Towards a Science of Qualities.« In *The Metaphysical Foundations of Modern Science* (ed. J. C. Clark). Sausalito, Calif.: Institute of Noetic Sciences (in press), 1994.

Goodwin, B. C., S. A. Kauffman, and J. D. Murray, »Is Morphogenesis an Intrinsically Robust Process? *Journal of Theoretical Biology* 163 (1993): 135–144.

Goodwin, B. C., A. Sibatani, and G. C. Webster (eds.). *Dynamic Structures in Biology*. Edinburgh: Edinburgh University Press, 1989.

Goodwin, B. C., J. C. Skelton, and S. M. Kirk-Bell. »Control of Regeneration and Morphogenesis by Divalent Cations in *Acetabularia mediterranea*.« *Planta* 157 (1983): 1–7.

Goodwin, B. C., and P. T. Saunders (eds.). *Theoretical Biology: Epigenetic and Evolutionary Order from Complex Systems.* Edinburgh: Edinburgh University Press, 1989.
Gould, S. J., *Ontogeny and Phylogeny.* Cambridge, Mass.: Belknap Press, 1977.
Hall, B. G., »Adaptive Evolution That Requires Multiple Spontaneous Mutations.« *Genetics* 120, (1988): 887–897.
Hall, B. K., *Evolutionary Developmental Biology.* London: Chapman and Hall, 1991.
Jarvic, E., *Basic Structure and Evolution of Vertebrates.* Vol. 2. London: Academic Press, 1980.
Murray, J. D., *Mathematical Biology.* Berlin: Springer Verlag, 1989.
Nicolis, G./I. Prigogine, *Die Erforschung des Komplexen: Auf dem Weg zu einem neuen Verständnis der Naturwissenschaften.* München: Piper, 1987.
Oosawa, F., M. Kasai, S. Hatano, and S. Asakura. »Polymerisation of Actin and Flagellin.« In *Principles of Biomolecular Organisation* (ed. G. E. W. Wolstenholme and M. O'Connor). Boston, Mass.: Little, Brown, 1966.
O'Shea, P., B. Goodwin, and I. Ridge. »A Vibrating Electrode Analysis of Extracellular Ion Currents in *Acetabularia acetabulum.*« *Journal of Cell Science* 97 (1990): 505–508.
Wolpert, L., »Positional Information and the Spatial Pattern of Cellular Differentiation.« *Journal of Theoretical Biology* 25 (1969): 1–47.
—, *The Triumph of the Embryo.* Oxford: Oxford University Press, 1991.

– spielähnliches Verhalten von
292–295
Fitneß 257–260
Floricuala 215
Flossen 237–240
Flüssigkeiten, Bewegung von
32–34
Fontana, Walter 285
Fossilien 47
Fox, Matthew 351
Franklin, Rosalind 60
Franks, Nigel 287
Freeman, Walter 113, 115, 124
Freud, Sigmund 303
Fuchsien (Pflanzen) 184
Fucus (Tang) 80 f.
Fünfstrahlige Gliedmaßen 221

Gäa-Hypothese 274
Galilei, Galileo 300
Gametenentwicklung 176
Gametophoren 135
Gandhi, Mohandas 348
Gastrulation 247
Geburtsgewicht 334–338
Gehirnwellen 110–112
Geißeln (Flagellen) 35–38
Gene 42 f., 300 f.
– genunabhängige
Mutationen 38–41
– bei der geschlechtlichen
Vermehrung 41
– als Grundeinheiten des
Lebens 21 f.
– Homöobox-(Hox-) 243–245
– interindividuelle Über-
tragung von 268 f.
– komplexe Netzwerke aus
280–283
– Metapher vom
» egoistischen Gen « 60–63
– molekularer Aufbau 25 f.

– Morphogenese und Aktivitätsmuster von 214–217
– im Neodarwinismus 261 f.
– typische Formen und
205–210
– zwischenartliche Über-
tragung von 342 f.
Genetik 59
– homöotische Mutanten und
241–245
– homöotische Umwandlun-
gen 209–213
– Human Genome Project 42
– Rolle der Chromosomen in
der 69
– in der Soziobiologie 307
– Wiederentdeckung der Mendelschen Regeln 84
Genetisches Programm 25–31
Genozentrische Biologie 22, 61
Genpool 269
Gentechnik 242 f.
Geoffroy Saint-Hilaire, Étienne
49, 221–223
Geparden 291 f.
Gerüche 112–116
Geschichte, der Menschheit und
der Natur 351 f.
Geschlechtliche Vermehrung 41,
71, 73
Geschlechtsbestimmung 76 F.
Geschlechtschromosomen 77
Gestaltraum 175–178
Gesundheit (des Menschen)
– biologische Grundlagen der
320 f., 333–338
– der britischen Bevölkerung
während des 1. Weltkriegs
312–318
– der Hunza 312–318
– Peckham-Experiment über
322–331

Murray Gell-Mann
Das Quark und der Jaguar

Vom Einfachen zum Komplexen – die Suche nach einer neuen
Erklärung der Welt. Aus dem Amerikanischen von Inge Leipold
und Thorsten Schmidt. 528 Seiten mit 23 Abbildungen. Geb.

Was Albert Einstein für die 1. Jahrhunderthälfte war, das ist Murray
Gell-Mann für die 2. Hälfte: der genialste und zugleich einfluß-
reichste Physiker unserer Zeit. Der »Erfinder« der Quarks hat jetzt
sein erstes Buch für das allgemeine Publikum geschrieben. Darin
begründet er sein mit Spannung erwartetes Konzept der Komplexität
– keine Spezialtheorie für Physiker, vielmehr ein überzeugender
Lösungsansatz für viele Probleme des 21. Jahrhunderts.

»Gell-Manns Denkansatz ist überaus vielschichtig: Er bringt sein
Spezialgebiet, die Elementarteilchenphysik, mit anderen biologischen und anthropologischen Themen in Verbindung und erklärt,
wie das Einfache, z. B. das Quark als kleinstes Teilchen, sich mit
dem Komplexen – als Beispiel nennt Gell-Mann den Jaguar als
Ergebnis der Evolution – und komplexen adaptiven Systemen,
beispielsweise ein Kind, das sprechen lernt, zu einem Modell
zusammenfügt, mit dessen Hilfe die Welt besser verstanden und
zu ihrem natürlichen Gleichgewicht zurückgeführt werden kann.«
Buchreport

PIPER

Ernst Peter Fischer
Aristoteles, Einstein & Co.

Eine kleine Geschichte der Wissenschaft in Porträts.
443 Seiten. Geb.

In seinem spannenden, leicht und vergnüglich zu lesenden Buch
stellt Fischer die Großen der Wissenschaft von der Antike über
Arabien, das mittelalterliche und moderne Europa bis ins Amerika
unseres Jahrhunderts vor – ihr Leben, ihr Werk, ihre privaten
Vorlieben und Vorzüge. Er erzählt von Bacon, Galilei, Kepler und
Descartes, den vier Wissenschaftlern, die vor 400 Jahren die Wende
zur Moderne möglich machten und damit alles, was wir heute
denken und tun, beeinflußten. Oder von Newton, den die Alchemie
umtrieb und der doch zum Wegbereiter der modernen Physik wurde.
Oder von Marie Curie, die in einer von Männern beherrschten
Wissenschaft unendlich viel geleistet hat und dafür gleich zweimal
den Nobelpreis erhielt. Ob Albertus Magnus, Faraday, Einstein,
Pauling oder Feynman – dieses Buch macht neugierig auf
Wissenschaft, zeigt, wie spannend und intellektuell faszinierend
die Geschichte der Wissenschaft und ihrer Hauptpersonen ist.

PIPER

Harald Fritzsch
Die verbogene Raum-Zeit

Newton, Einstein und die Gravitation. 400 Seiten mit 100 Schwarz-
weißabbildungen. Geb.

Wir müssen die Grundideen der Einsteinschen Gravitationstheorie
verstehen, denn sie berühren Grundfragen unserer Existenz. Die
Materie, so Einstein, kann nicht unabhängig von Raum und Zeit
existieren. Sie ist sogar in der Lage, die Struktur des Raums und
den Fluß der Zeit zu verändern, zu verkrümmen. Die Schwerkraft
erweist sich nicht als eigentliche physikalische Kraft, sondern als
eine Folge der Geometrie von Raum und Zeit.
Einsteins Theorie der Gravitation ist Thema dieses Buches.
Erneut – wie schon in Fritzschs letztem großen Buch »Eine Formel
verändert die Welt« – läßt der Autor die Physiker Isaac Newton,
Albert Einstein und Adrian Haller (er ist erfunden und vertritt die
neueste Physik) miteinander diskutieren. Die fiktiven Dialoge, die
u. a. in Einsteins Sommerhaus in Caputh bei Berlin oder in Pasadena
und am Mount Wilson stattfinden, erlauben eine klare Gegenüber-
stellung der verschiedenen Positionen. Vor allem Newton stellt die
Frage, die die Leser stellen würden.

PIPER

Stuart Kauffman
Der Öltropfen im Wasser

Chaos, Komplexität, Selbstorganisation in Natur und Gesellschaft.
Aus dem Amerikanischen von Thorsten Schmidt. 464 Seiten mit
59 Abbildungen. Geb.

In den Naturwissenschaften ist eine Revolution im Gange. Es
zeichnet sich ein neues Paradigma ab, das in seiner Bedeutung der
Theorie Darwins gleichkommt. Ausgangspunkt ist die Entdeckung
der Ordnung, die tief in den komplexesten Systemen verankert ist –
vom Ursprung des Lebens über die Funktionsweise von Groß-
konzernen bis zum Aufstieg und Fall von Zivilisationen. Stuart
Kauffman, ein visionärer Vorkämpfer der neuen Wissenschaft von
der Komplexität, hat mehr als jeder andere zu dieser Revolution
beigetragen. In diesem allgemeinverständlichen Buch gibt er
aufregende Einblicke in die neue Wissenschaft und in die ordnungsbildenden Kräfte am Rande des Chaos.
Auch das Leben könnte so entstanden sein – durch »Netzwerke
in der Ursuppe«. Seine Erkenntnisse überträgt Kauffman auf die
moderne Biotechnologie, auf Ökosysteme, Wirtschaftssysteme
und kulturelle Systeme. Hier wird das neue Denken in komplexen
Systemen verständlich gemacht – von einem seiner Vordenker
und Wegbereiter.

Frank J. Tipler
Die Physik der Unsterblichkeit

Moderne Kosmologie, Gott und die Auferstehung der Toten.
Aus dem Amerikanischen von Inge Leipold, Barbara Schaden
und Martin Lavelle. 605 Seiten mit 28 Abbildungen. Geb.

»Das Besondere an Tiplers Ansatz ist nicht die Verbindung von
Wissenschaft und alten Menschheitsträumen, das Besondere ist die
Art der Verbindung. Er bietet eine komplette physikalische Theorie
mit einer experimentell überprüfbaren Prognose, einer Begründung
für die Existenz des freien Willens und dem Beweis, daß Leben,
weit davon entfernt, unbedeutend zu sein, als der letzte Sinn und
Zweck des Universums selbst betrachtet werden kann.«
Bayerischer Rundfunk

»Tipler steht in einer Phalanx von Gelehrten, die sich aus totaler
Wissenschaftsgläubigkeit tief ins Spirituelle stürzen.«
Der Spiegel

»Dieses Buch provoziert und macht nachdenklich.«
Welt am Sonntag

PIPER

Michael Fossel
Das Unsterblichkeits-Enzym

Die Umkehrung des Alterungsprozesses ist möglich.
Aus dem Amerikanischen von Angelika Bischoff und Brigitte Stein.
384 Seiten mit 27 Abbildungen. Geb.

Der amerikanische Mediziner erklärt in seinem Buch zunächst, was die Forschung heute über die Ursachen für das Altern des Menschen weiß. Im Detail zeigt er dann, welche Chancen die Telomerase-Induktion (die Unterstützung eines im Alter nachlassenden natürlichen Prozesses in den Zellen) erwaren läßt. Viele gesundheitliche Schäden können repariert, einige altersbedingte Krankheiten (z. B. der Gefäße) geheilt werden. Andere Erkrankungen – Herzinfarkte, Schlaganfälle, Hochdruck, Knochenarthrosen, Alzheimer – können zwar nicht geheilt, aber durch Vorbeugung verhindert werden. Realistisch, aber auch kritisch bewertet Fossel die Einsatzmöglichkeiten, die Risiken und Grenzen der Telomerase-Induktion und -Hemmung. Sein Buch ist Versprechen und Warnung zugleich, denn auch die sozialen Folgen einer Verlängerung unserer Lebensspanne werden diskutiert.

Norbert Bischof
Das Kraftfeld der Mythen

Signale aus der Zeit, in der wir die Welt erschaffen haben.
811 Seiten mit zahlreichen Abbildungen. Geb.

Wie kommt es, daß die Mythen aller Völker einander so
ähnlich sind? Woher stammt ihre unheimliche, heilbringende,
aber auch lebensbedrohende Kraft, die bis in die politischen
Ideologien ausstrahlt? Mythendeutung muß keineswegs unverbind-
liche Spekulation bleiben: Ihre Erforschung erschließt universelle
Einsichten in den Prozeß der Persönlichkeitsreifung.
Bischofs Analyse der Mythen als großangelegter Entwurf einer
neuen Entwicklungspsychologie ist eine Kampfansage an
fundamentalistische Intoleranz. Sie verarbeitet interdisziplinäre
Recherchen und neueste eigene Forschungsbefunde. Nicht zuletzt
revidiert sie in zentralen Punkten Freuds Entwicklungskonzept.